Additive Verarbeitung von Zink-Magnesium-Legierungen

Additive Manufacturing of Zinc Magnesium Alloys

Von der Fakultät für Maschinenwesen
der Rheinisch-Westfälischen Technischen Hochschule Aachen
zur Erlangung des akademischen Grades eines
Doktors der Ingenieurwissenschaften
genehmigte Dissertation

vorgelegt von

Maximilian Alfons Voshage

Berichter/in:

Univ.-Prof. Dr.-Ing. Dipl.-Wirt.-Ing. Johannes Henrich Schleifenbaum
Univ.-Prof. Dr.-Ing. habil. Gerd Witt

Tag der mündlichen Prüfung: 30. November 2023

ERGEBNISSE AUS DER ADDITIVEN FERTIGUNG

Maximilian Voshage

Additive Verarbeitung von Zink-Magnesium-Legierungen

Herausgeber:
Univ.-Prof. Dr.-Ing. Dipl.-Wirt.-Ing. Johannes Henrich Schleifenbaum

dap Digital Additive Production | RWTH AACHEN UNIVERSITY

Bibliografische Information der Deutschen Nationalbibliothek
Die Deutsche Nationalbibliothek verzeichnet diese Publikation in der Deutschen Nationalbibliografie; detaillierte bibliografische Daten sind im Internet über https://portal.dnb.de abrufbar.

Maximilian Voshage:

Additive Verarbeitung von Zink-Magnesium-Legierungen

1. Auflage, 2024

Gedruckt auf holz- und säurefreiem Papier, 100% chlorfrei gebleicht.

Wissenschaftsverlag des Instituts für Industriekommunikation und Fachmedien
an der RWTH Aachen
Steinbachstr. 25, 52074 Aachen
Internet: www.apprimus-verlag.de, E-Mail: info@apprimus-verlag.de

Druck: CPI Druckdienstleistungen GmbH, Ferdinand-Jühlke-Straße 7 I 99095 Erfurt

ISBN 978-3-98555-199-6

D 82 (Diss. RWTH Aachen University, 2023)

Für Oma

Danksagung

Die vorliegende Arbeit entstand parallel zum Aufbau des Lehrstuhls für Digital Additive Production DAP an der RWTH Aachen University und zu meiner dortigen Tätigkeit als wissenschaftlicher Mitarbeiter. Teile der in dieser Arbeit vorgestellten Ergebnisse entstanden in den Vorhaben: *BioStruct*, *reACT* sowie dem *IoP*. An dieser Stelle möchte ich mich herzlich bei all denjenigen bedanken, die auf ihre ganz persönliche Weise zum Gelingen dieser Arbeit beigetragen haben.

Ich danke Herrn Univ.-Prof. Dr.-Ing. Dipl.-Wirt.-Ing. Johannes Henrich Schleifenbaum für die Überlassung des Themas, Herrn Univ.-Prof. Dr.-Ing. habil. Gerd Witt für die Übernahme des Koreferates sowie Herrn Univ.-Prof. Dr. rer. nat. Wolfgang Schulz für die Übernahme des Prüfungsvorsitzes.

Mein besonderer Dank gilt Lucas Jauer für die Förderung meiner wissenschaftlichen Ausbildung und das unerbittliche Hinweisen darauf, diese Dissertation doch endlich zu verfassen. Nicht nur als „ewiger Chef" hattest du einem maßgeblichen Einfluss auf das Gelingen dieser Arbeit. Außerdem danke ich Stephan Ziegler, der meinen Weg mit dem DAP ermöglicht hat. Viele Diskussionen mit dir in den Randzeiten des Arbeitstags haben mich motiviert, immer neue Ideen und Projekte zu entwickeln.

Weiterhin möchte ich allen Kolleginnen und Kollegen für das große Engagement und die gemeinsam geleistete Arbeit danken, die nicht nur auf wissenschaftlicher Ebene, sondern auch im Technikum und der Verwaltung erbracht wurde. Hier möchte ich insbesondere Johannes Willkomm, Omid Zarei, Simon Ewald, Christian Hinke, Lennart Sayk, Max Rommerskirchen, Stefan Reich, Marie Bold, Klaus Büßenschütt, Robin Day, Ole Geisen, Alexander Kopp, Stephan Koß und Miriam Ludwigs danken. Weiterhin vielen Dank für die Unterstützung über die Grenzen des Lehrstuhls hinweg zum UKA mit Johannes Greven und Eftychios Bolierakis oder ans andere Ende der Welt mit Peng Wen und Yu Qin. Ein großer Dank gilt insbesondere meinen Studentinnen, Studenten und Hiwis, die mich über die Jahre hinweg begleitet haben. Ohne euren Fleiß und euer Engagement wäre die Ausarbeitung in vergleichbarer Form sicherlich nicht möglich gewesen. Zu nennen sind: Max Schaukellis, Paul Schückler, Merit Wagner, Marinus Kolbinger, Robin Oetzbach, Lorenz Wilkens, Weitong Wang, Marvin Hennig, Simon Pöstges, Luisa Schottstedt und Florian Fischer.

Die Zeit, die mich in Aachen allerdings am meisten geprägt hat, war nicht im Labor oder bei dem Verfassen dieser Arbeit, sondern die, die ich mit der Familie, den Arbeitskollegen und Freunden verbringen durfte, der kleinen Freitage im Domkeller oder den wunderbaren Wochenenden, die ich niemals vergessen werde. Ich bedanke mich bei allen, die mich begleitet haben und hoffentlich noch lange werden. Ohne euer Zutun hätte ich nicht das notwendige Durchhaltevermögen für die lange Zeit in der Entstehung dieser Arbeit aufbringen können.

Für großartiges Essen mit dem perfekten Wein möchte ich mich bei Tobias Pichler und Kyra van den Heuvel bedanken. Für den Schlafentzug war insbesondere das *Team Bunker* mit Yves Hagedorn, Florian Eibl, Simon Vervoort, Sascha Schriever, Caroline Semerak und Lukas Masseling verantwortlich. Seit dem Studium begleitet mich die stetig wachsende *kochen mit allen*-Gruppe, und ohne Christoph Schmitt, Benjamin Pascher, Hendrieke Stiller, Simon Drauz-Mauel, Lisa Schmadtke, Simona Englisch und meinem langjährigen Mitbewohner Thomas Wünsche wäre ich sicherlich eine andere Person geworden. Die *CoolKidz* haben sich in der Turmstraße gefunden und gehören bis heute mit vielen Weinabenden, regelmäßigem Trash-TV oder dem jährlichen Holland-Urlaub zu den engsten Freunden. Vielen Dank an Kerstin Stoppe, Luca Losem, Miriam Breuer, Vera Funke, Alex Funke, Anne Regenbogen, Sarah Biesenbach, Valerie Podlich und Hilke Gravenkamp, insbesondere für die Schwimm-Einheiten. Ihr alle (und noch viele mehr) habt mir gezeigt, wie wunderbar man seine Zeit verbringen kann und aus Aachen mein Zuhause gemacht.

Zuletzt möchte ich meiner Frau Lisa von Herzen danken. Neben deinem geduldigen Aushalten während des Verfassens dieser Arbeit hast du mir die notwendige Motivation und regelmäßige Denkanstöße gegeben. Du hast mich die letzten Jahre begleitet und jetzt möchte ich dich nicht mehr missen. Ich freue mich auf alles, was noch kommen wird.

Zusammenfassung

Gegenstand dieser Arbeit sind Untersuchungen zur additiven Verarbeitung von bioresorbierbaren Zink-Magnesium (ZnMg)-Legierungen. Das übergeordnete Ziel ist die Herstellung lasttragender, patientenindividueller Implantate mit Degradationseigenschaften zur vollständigen Auflösung im Körper ohne Schädigung des umliegenden Gewebes. Aus den Ausgangswerkstoffen Zn und Zn2Mg wird ein Pulvergemisch hergestellt, um laserbasiert mittels Powder Bed Fusion of Metals using a Laser Beam (PBF-LB/M), im Rahmen der Arbeit als Powder Bed Fusion (PBF) bezeichnet, Probekörper aus Zn0,5Mg und Zn1Mg herzustellen. Dazu wird zunächst die relative Bauteildichte im Querschliff anhand quaderförmiger Probekörpern ermittelt, die mit verschiedenen Verfahrensparametern hergestellt sind. Zudem werden die statischen mechanischen und mikrostrukturellen Eigenschaften bestimmt.

Der Einfluss von Legierungszusammensetzung, Laserleistung, Scangeschwindigkeit und Hatchabstand auf die erreichbare relative Bauteildichte, die Entstehung von Defektstrukturen und Ausbildung der Mikrostruktur werden beschrieben. Dabei werden Handlungsempfehlungen zur Vermeidung von Defektstrukturen und Herstellung von Probekörpern mit einer relativen Bauteildichte > 99,5% aufgezeigt. Die untersuchten ZnMg-Legierungen weisen ein untereutektisches Gefüge mit dendritisch ausgeprägten Zn-Primärphasen, hexagonaler Gitterstruktur und interdendritisch, eutektischer Zn+Mg_2Zn_{11}-Phase auf. Eine erhöhte Festigkeit bei abnehmender Duktilität wird für Zn1Mg im Vergleich zu Zn0,5Mg nachgewiesen. Untersuchungen nach DIN EN ISO 10993-5:2009 bestätigen eine gute Biokompatibilität der ZnMg-Legierung.

Auf Basis der Untersuchungen an quaderförmigen Volumenkörpern mit 5 mm Kantenlänge werden die Abmessungen auf Scaffoldstrukturen mit einem Strebendurchmesser von 200 µm übertragen und eine Maßhaltigkeit von ± 20 µm erreicht. Aufgrund der geringen zu belichtenden Fläche sind bei Scaffoldstrukturen die Scanvektoren entsprechend verkürzt. Als Folge wird die Oberflächenrauheit vergrößert und die Maßhaltigkeit nimmt ab. Zur Verkleinerung der Akkumulation der Schmelze und der Ansinterungen werden Belichtungspausen zwischen den kurzen Scanvektoren implementiert und die Topografie auf der Oberseite der Probekörper sowie die seitliche Flächenrauheit vermessen. Auf Grundlage der Experimente wird die Belichtungspause auf 4 ms bei aufeinanderfolgenden Scanvektoren mit bidirektionaler Belichtungsstrategie vergrößert. Durch anschließende abrasive Nachbearbeitung kann die seitliche Flächenrauheit auf S_a = 2,85 µm verkleinert werden. Auf Grundlage dieser Ergebnisse werden Handlungsempfehlungen zur reproduzierbaren Herstellung komplexer Geometrien aus der niedrigverdampfenden ZnMg-Legierung mittels PBF abgeleitet.

Die Prozesskette zur Fertigung von Probekörpern aus ZnMg-Legierungen umfasst die Schritte Datenaufbereitung, PBF-Prozess mit angepasster Belichtungsstrategie und Nachbearbeitung. Die erforschte Prozesskette wird anhand eines parametrisch ausgelegten „critical size bone defect“ und eines individuellen Kieferimplantats anwendungsorientiert demonstriert.

Summary

In this work, bioresorbable zinc-magnesium (ZnMg) alloys are additively processed. The overall goal is the manufacturing of load-bearing, patient-specific implants with degradation properties for complete dissolution in the body without damage to the surrounding tissue. A powder mixture is prepared from Zn and Zn2Mg to manufacture test specimens of Zn0.5Mg and Zn1Mg by Powder Bed Fusion of Metals using a Laser Beam (PBF-LB/M), referred to as Powder Bed Fusion (PBF). The relative density in cross-sections is determined for specimens produced with different process parameters. In addition, the static mechanical and microstructural properties are determined.

The influence of alloy composition, laser power, scanning speed and hatch distance on the achievable relative density, the formation of defects and development of the microstructure is described. Recommendations for avoiding defects and strategies for manufacturing specimen with a reproducible relative density > 99.5% are given. The investigated ZnMg alloys exhibit a hypoeutectic microstructure with dendritically pronounced Zn primary phases, hexagonal lattice structure and interdendritic, eutectic Zn+Mg_2Zn_{11} phase. An increased strength with decreasing ductility is demonstrated for Zn1Mg compared to Zn0.5Mg. Investigations according to DIN EN ISO 10993-5:2009 confirm good biocompatibility of the ZnMg alloy.

Based on the studies on cuboid specimens with 5 mm edge length, the results are transferred to scaffold structures with a strut diameter of 200 µm and a dimensional accuracy of ± 20 µm is achieved. Due to the small area to be exposed, the scan vectors of scaffold structures are shortened accordingly. As a result, the surface roughness is increased and the dimensional accuracy decreases. To reduce the accumulation of melt and sintering, exposure pauses are implemented between short scan vectors and the topography on the upper surface of the specimen and the lateral surface roughness are measured. Based on the experiments, the exposure pause is increased to 4 ms for consecutive scan vectors with bidirectional exposure strategy. Subsequent abrasive post-processing can reduce the lateral surface roughness to Sa = 2.85 µm. Based on these results, recommendations for reproducible manufacturing of complex geometries from the low-evaporation ZnMg alloy using PBF are derived.

The process chain for manufacturing test specimens from ZnMg alloys includes the steps of data preparation, PBF process with adapted exposure strategy and post-processing. The identified process chain is demonstrated using a parametrically designed critical size bone defect and a patient-specific jaw implant.

Inhaltsverzeichnis

Formelzeichen und Abkürzungsverzeichnis

Abkürzung	Einheit	Bezeichnung
316L	-	Werkstoffnummer 1.4404 / X2CrNiMo 17-12-2
A	%	Bruchdehnung
Ag	-	Silber
BCC		Body Centered Cubic
b_P	µm	Porenbreite
b_S	µm	Schmelzbadbreite
CAD	-	Computer Aided Design
Ca	-	Calcium
CoCrMo	-	Cobalt-Chrom-Molybdän-Legierung
Cu	-	Kupfer
d_S	µm	Strahldurchmesser
d_{St}	µm	Strebendurchmesser
D_S	µm	Schichtdicke
$\dot{e}$	s^{-1}	Stauchungsgeschwindigkeit
e^-	-	Elektron
E_V	J/mm^3	Volumenenergiedichte
EBSD	-	Elektronenrückstreubeugung (engl.: electron backscatter diffraction)
EDX	-	Energiedispersive Röntgenspektroskopie (engl: energy dispersive x-ray)
E-Modul	GPa	Elastizitätsmodul
EZ	-	Einheitszelle
ε	%	Stauchung
ε_{max}	%	maximale Stauchung
F	N	Kraft
f_2cc_z	-	Face Centered Cubic with z Struts
F_{max}	N	Maximalkraft
Fe	-	Eisen
Fe35Mn	-	Eisenlegierung mit 35 gew.-% Mangan

F_{max}	N	Maximale Stauchkraft
H_2O	-	Wasser
ICP-OES	-	Inductively Coupled Plasma - Optical Emission Spectrometry
l_0	mm	Höhe der Scaffoldstruktur
l_S	mm	Scanvektorlänge
LOM	-	engl. Light Optical Microscope: Auflichtmikroskopie
Li	-	Lithium
LS	-	Längsschliff
Mn	-	Mangan
Mg	-	Magnesium
MgO	-	Magnesiumoxid
MRT	-	Magnetresonanztomographie
N_{post}	µs	Delayzeit zum Abbremsen des Scannerspiegels
N_{prev}	µs	Delayzeit zur Beschleunigung des Scannerspiegels
ODF	-	Orientierungsdichteverteilungsfunktion
O_2	-	Sauerstoff
P_L	W	Laserleistung
PBF	-	Powder Bed Fusion
PBF-LB/M	-	Powder Bed Fusion of Metals using a Laser Beam
PSD	-	Particle Size Distribution (Partikelgrößenverteilung)
q0	%	Anzahlbezogene Partikelgrößenverteilung
q3	%	Volumenbezogene Partikelgrößenverteilung
QS	-	Querschliff
R_a	µm	Arithmetische Linienrauheit
RDA	mg/ Tag	Recommended Daily Allowance, empfohlene Tagesdosis
R_{eH}	MPa	Druckspannung
RelD	%	Relative Bauteildichte
REM	-	Rasterelektronenmikroskopie
R_m	MPa	Zugfestigkeit
$R_{P0,2}$	MPa	2% Dehngrenze

R_z	µm	Mittlere Rautiefe einer Linie
ROI	-	Region of Interest
SE	-	Sekundärelektronenmodus
s_{max}	mm	bei der maximalen Stauchkraft zurückgelegter Weg
S_0	mm^2	Anfangsquerschnitt
S_a	µm	Arithmetische Flächenrauheit
SPK	µm	Spurbreitenkompensation
Sr	-	Strontium
STL	-	Standard Tesselation Language
t_d	µs	Delayzeit
t_e	µs	Erstarrungszeit
Ti	-	Titan
Ti6Al4V	-	Titan-Aluminium-Vanadium-Legierung
t_S	µm	Schmelzbadtiefe
T_S	°C	Schmelztemperatur
T_V	°C	Verdampfungstemperatur
vgl.	-	vergleiche
v_c	mm/s	Traversengeschwindigkeit
VPK	-	Verfahrensparameterkombination
v_S	mm/s	Scangeschwindigkeit
$\dot{V}_{Prozess}$	mm^3/s	Theoretische Aufbaurate
WE43	-	Magnesiumlegierung mit 4 Gew-% Yttrium und 3 Gew-% Seltenen Erden
z_R	mm	Rayleigh-Länge
Zn	-	Zink
Zn0,5Mg	-	Zinklegierung mit 0,5 Gew-% Magnesium
Zn1Mg	-	Zinklegierung mit 1 Gew-% Magnesium
Zn2Mg	-	Zinklegierung mit 2 Gew-% Magnesium
ZnO	-	Zinkoxid
Δy_s	µm	Hatchabstand

1 Einleitung und Motivation

Im Jahr 2018 wurden in Deutschland annähernd 100.000 Operationen allein an Extremitäten und Becken zur Knochendefektrekonstruktion mit Implantaten durchgeführt [Rup21]. Knöcherne Defekte entstehen unter anderem durch Traumata, osteoporotische Frakturen, Osteotomien oder bei der Entfernung von Knochentumoren und sind mit hohen volkswirtschaftlichen Kosten verbunden. Die Knochendefektrekonstruktionen werden standardmäßig durch die Transplantation von autologem (körpereigenem) oder allogenem (körperfremdem, natürlichem) Knochen oder Implantation von alloplastischen (körperfremden, künstlichen) Knochenersatzmaterialien realisiert [Rup21]. Während autologe Knochenersatzmaterialien aufgrund des zusätzlich benötigten Eingriffs eine erhöhte Morbidität an der Entnahmestelle bedingen, weist der Einsatz allogener und alloplastischer Implantate eine verzögerte Knochenheilung, ein erhöhtes Infektionsrisiko und ein mögliches Materialversagen durch Ermüdung und Lockerung auf. Nach [Sch06b] ist der ideale Knochenersatz ein bioresorbierbares, biokompatibles Material, dessen physiologische Eigenschaften an die des Knochens angepasst sind und zusätzlich den Aufbau von neuem Knochen fördern. Seit den 1990er Jahren werden Implantate auf Polymerbasis klinisch angewendet [Win09]. Diese weisen in der Regel jedoch eine ungenügende mechanische Festigkeit gegenüber hohen Belastungen für die Anwendung als lasttragende Knochenersatzwerkstoffe auf. Bioresorbierbare Polymere werden bspw. für chirurgisches Nahtmaterial und temporäre Klebstoffe verwendet [Sei15, Son07]. Die mechanischen Eigenschaften von bioresorbierbaren Metallen ermöglichen den Einsatz alloplastischer Implantate unter hohen Beanspruchungen. Anwendungsbeispiele sind Knochenpins und Schrauben für die Osteosynthese [Zhe14, S. 1 ff.]. Zur Vermeidung der Entnahme von autologem, gesunden Knochen und um Komplikationen wie einem Materialversagen bestmöglich entgegenzuwirken, sind patientenindividuell gefertigte Implantate nötig [Ovs18]. Mit der Vision, biokompatible und resorbierbare Lösungen anzubieten, können die Anzahl aller vermeidbaren Entnahmeoperationen um 40% reduziert und die Kosten im Gesundheitssektor verkleinert werden [reA23].

Mittels additiven Fertigungsverfahren, wie dem *Powder Bed Fusion of Metals using a Laser Beam* (PBF-LB/M), im Rahmen der Arbeit als *Powder Bed Fusion* (PBF) bezeichnet, ist die Herstellung von komplexen, individuellen Strukturen möglich [Geb14] und für nicht-resorbierbare Implantate bereits verfügbar [Ovs18]. Die Kombination von bioresorbierbaren Werkstoffen und der additiven Fertigung eröffnet neuartige Möglichkeiten, patientenindividuelle Designs auszulegen und fertigen zu können. Die Verarbeitung von resorbierbaren Metallen mittels PBF stellt aktuell allerdings eine Herausforderung dar. In der Literatur werden Magnesium (Mg), Eisen (Fe) und Zink (Zn) mit angepassten Legierungen als resorbierbare Materialien erwähnt, die für den menschlichen Körper eine nicht-toxische Wirkung haben [Che13]. Eine notwendige Bedingung für den Einsatz resorbierbarer Materialien ist es, die mechanische Integrität zu gewährleisten, bis durch körpereigenen Knochen eine ausreichende Festigkeit besteht. Hierzu wachsen bspw. Osteoblasten in das offenporige Implantat, das Knochenwachstum wird angeregt so eine feste Verbindung zwischen Implantat und Knochen ausgebildet. Eine Herausforderung bei der Auswahl der Legierungsbestandteile ist die Freisetzung dieser bei der Resorption des Implantates im menschlichen Körper und deren mögliche Auswirkungen auf den Stoffwechsel. Dadurch wird die Anzahl der geeigneten Elemente auf die unbedenklichen, nicht-toxischen reduziert [Tsa21]. In [Emi15] werden am Beispiel von vaskulären Implantaten Mg, Fe und Zn auf Degradation untersucht. Mg-basierte Materialien werden ohne Beschichtung in der Regel zu schnell im Körper abgebaut (innerhalb von 1 - 4 Monaten), wobei während der Degradation Wasserstoff freigesetzt wird [Son11]. Fe-basierte Materialien werden in der Regel zu langsam abgebaut (über zwei bis drei Jahre) und die Abbauprodukte bleiben im Gewebe erhalten. Zn-basierte Materialien weisen Abbauzeiten zwischen denen von Mg und Fe auf und die Abbauprodukte sind, abhängig von der Legierungszusammensetzung, vollständig bioresorbierbar [Bow13]. Somit lässt sich festhalten, dass aktuell am Markt keine alloplastischen, bioresorbierbaren Implantate verfügbar sind, die sowohl eine osteoinduktive als auch osteokonduktive Wirkung haben und dabei gleichzeitig die biomechanische Stabilität des Implantates gewährleisten. Dieses Defizit soll mit der Einführung von Zink-Magnesium als Werkstoff zur Herstellung von Implantaten überwunden werden. Gepaart mit den beschriebenen Vorteilen bei der Nutzung eines patientenindividuellen Designs wird die additive Fertigung zur Verarbeitung der Legierung bzw. der Herstellung der Implantate zur bestmöglichen Versorgung erforscht.

Die grundsätzliche Machbarkeit der Verarbeitung von Zink (Zn) und Zink-Magnesium-Legierungen (ZnMg-Legierungen) mittels PBF ist bereits nachgewiesen und bspw. in [Lie18, S. 107 ff., Qin22, Vos22] dokumentiert. In der Literatur wird durch die Zugabe von Mg in Zn eine Erhöhung der Festigkeit beschrieben, allerdings bei gleichzeitiger Verkleinerung der Duktilität. Das Gefüge wird zu kleineren Korngrößen und der Ausbildung einer eutektischen Phase aus Zn+Mg_2Zn_{11} verschoben. Im Rahmen dieser Arbeit wird, ausgehend von Voruntersuchungen, eine Zn0,5Mg-Legierung mit einem Mg-Anteil von 0,5 gew.-% und eine Zn1Mg-Legierung mit einem Mg-Anteil von 1 gew.-% untersucht und Probekörper hinsichtlich relativer Bauteildichte, Mikrostruktur und mechanischer Eigenschaften analysiert. Die Prozessführung wird als Handlungsempfehlung zur Verarbeitung von ZnMg-Legierungen mit einer relativen Bauteildichte > 99,5% beschrieben und auf dieser Grundlage dünnwandige Scaffoldstrukturen mit bekannten mechanischen Eigenschaften aus der Zn0,5Mg und der Zn1Mg-Legierung mittels PBF hergestellt. Probekörper aus Zn1Mg werden hinsichtlich Biokompatibilität untersucht und bewertet. Additiv gefertigte Demonstratoren werden patientenindividuell ausgelegt und mit der neu entwickelten Prozesskette hergestellt.

2 Stand der Forschung und Technik

2.1 Materialien für die Medizintechnik

Gemäß DIN EN ISO 10993-1 wird Biokompatibilität als die „Fähigkeit eines Medizinproduktes oder Materials mit einer angemessenen Host-Reaktion Leistung in einer spezifischen Anwendung zu erbringen“ definiert. Nach [Win09] kann die Biokompatibilität einfacher als „Verträglichkeit zwischen einem technischen und einem biologischen System“ verstanden und in Strukturkompatibilität sowie Oberflächenkompatibilität unterteilt werden. Um Strukturkompatibilität zu erhalten, wird eine bestmögliche Nachahmung der vorhandenen Struktur angestrebt. Die Morphologie von biokompatiblen Medizinprodukten und Materialien wird an das umgebende, biologische Zielgewebe angepasst. Zur Morphologie bzw. dem Design der Struktur zählen beispielsweise die Porosität sowie die Größe und Form der Poren bei anorganischen Knochenersatzstoffen [Bal13]. Um eine Oberflächenkompatibilität zu erreichen, wird die Oberflächenbeschaffenheit des Medizinprodukts oder Materials an das Zielgewebe angepasst. Dies umfasst die chemischen, physikalischen, biologischen und morphologischen Eigenschaften der Oberfläche. Eine nano-skalige Faserstruktur der Oberfläche eines biokompatiblen Materials hat beispielsweise großen Einfluss auf die Adhäsionsneigung von biologischen Zellen auf dieses Material [Sti16, Win09].

Ein Implantat ist ein medizinisches Gerät, das nach DIN EN ISO 10993-1 dazu vorgesehen ist, „als Ganzes in den menschlichen Körper eingebracht zu werden“. Jedes Implantat ruft dabei eine bestimmte Reaktion des umliegenden biologischen Gewebes hervor. Diese entstehenden Gewebereaktionen können nach [Hen13, S. 1 ff.] in vier Implantat-Eigenschaften unterteilt werden:

- toxisch
- biologisch nahezu inert
- bioaktiv
- resorbierbar

Toxische Implantate verursachen die Freisetzung von toxischen Substanzen oder bestimmten Antigenen, die Immunreaktionen des menschlichen Körpers auslösen können. Diese Reaktionen äußern sich in Allergien, Gewebenekrosen oder Abstoßung des Implantats. Biologisch nahezu inerte Implantate verursachen hingegen keine Freisetzung von toxischen Substanzen oder Antigenen. Das umliegende biologische Gewebe bildet als Reaktion eine nicht-adhärente Bindegewebsschicht an den Grenzflächen des Implantats aus. Wenn eine chemische Verbindung zwischen Implantat und Empfängergewebe hergestellt wird, handelt es sich um eine bioaktive Implantat-Eigenschaft. Diese Verbindung oder Adhäsion erfolgt entlang der Grenzflächen und verhindert eine Bewegung zwischen Implantat und Gewebe. Das verwendete Implantatmaterial wird mit dem umliegenden biologischen Gewebe verbunden. Resorbierbare Implantate, auch degradierbare Implantate genannt, weisen eine spezifische Resorptionsrate auf. Wenn diese Rate bei der Interaktion mit dem umliegenden biologischen

Gewebe ausreichend hoch ist, löst sich das Implantat auf und wird im Laufe der Zeit durch neues Gewebe ersetzt. Die entstehenden Abbauprodukte müssen chemische, nicht-toxische Verbindungen sein, die ohne Schädigung der Zellen durch die umliegenden Körperflüssigkeiten abtransportiert werden können. [Win09, S. 899]

2.1.1 Biokompatible Materialien und deren Anwendungen

In der Medizintechnik finden sowohl Metalle, Polymere als auch Keramiken Einsatz als biokompatible Materialien. Eine Übersicht ausgewählter Anwendungsgebiete und Beispiele biokompatibler Materialien ist in Tabelle 2.1 zusammengefasst.

Tabelle 2.1: Auswahl von biokompatiblen Materialien in der Medizin [Bio23b, Din14, Hof19, Mat13, Med23, Win09, Yan20]

Anwendungsgebiet	Metalle	Polymere	Keramiken
Chirurgische Instrumente	Rostfreie Stähle, Ti-Legierungen	-	Aluminiumnitrid
Osteosynthese, Gelenkersatz	Rostfreie Stähle, Titan und Ti-Legierungen, CoCr- und CoCrMo-Legierungen, Mg-Legierungen	Polymethylmethacrylat, Polylactid, Polyglykolid, Polyanhydride, Polyethylen, Polycaprolacton	(Yttrium-stabilisiertes) Zirkoniumoxid, Aluminiumoxid, Calciumphosphate, Siliziumnitrid und Si-Carbid
Gefäßchirurgie, Radiologie	Cobaltbasislegierungen, Edelstahl, Nitinol, Mg und Mg-Legierungen	Polyhydroxybutyrat, Polyethylenterephtalat, Polyurethan	-
Dentalchirurgie	Rostfreie Stähle, Titan und Ti-Legierungen, Cobaltbasislegierungen, Quecksilberlegierungen (Amalgam)	Polymethylmethacrylat	(Yttrium-stabilisiertes) Zirkoniumoxid, Aluminiumoxid, Calciumphosphate

In der Medizin finden bioresorbierbare Materialien hauptsächlich Anwendung in der chirurgischen Praxis, insbesondere im Bereich der Orthopädie als Fixationsimplantate und Knochenersatzmaterialien [Li20a]. Die spezifischen Anforderungen an die Implantate werden durch die Anwendungsgebiete bestimmt [Her12]. Hier ist hervorzuheben, dass die Auflösung des Implantates und die damit einhergehende Veränderung der Elastizität, Festigkeit und Stabilität auf die Neubildung des umliegende Gewebe abgestimmt sein müssen [Win09, S. 70]. Seit den späten 1960er Jahren werden als degradierbare Materialien in der Medizin Polymere für chirurgisches Nahtmaterial, temporäre Klebstoffe und Osteosyntheseplatten untersucht und seit den 1990er Jahren klinisch angewandt [Sei15, Win09]. Wichtige Vertreter der resorbierbaren Polymere sind Polyhydroxybutyrat (PHB), Polyglykolid (PGA) und Polycaprolacton (PCL) [Ama98]. Implantate auf Polymerbasis weisen in der Regel eine unzureichende mechanische Festigkeit gegenüber hohen Belastungen sowie eine geringe Kriech- und Spannungsrelaxationsbeständigkeit auf, wodurch der Anwendungsbereich eingeschränkt ist [Sei15, Son07]. Da viele medizinische Implantate hohen statischen und/oder dynamischen Belastungen ausgesetzt sind, wird eine geeignete Kombination aus Festigkeit und Duktilität der Implantatmaterialien gefordert [Her12]. Bei Anwendungen mit mechanischen Belastungen der Implantate, die besonders in der Osteosynthese üblich sind, haben bioresorbierbare Metalle Vorteile gegenüber Polymeren und Keramiken [Her12, Sei15]. Hauptsächlich Magnesium-, Zink- und Eisenbasislegierungen werden als degradierbare Metalle für Anwendungen wie Knochennägel, Schrauben und endovaskuläre Stents hergestellt [Mah16]. Die mechanischen Eigenschaften von orthopädischen Implantaten zeichnen sich durch hohe Elastizität und (Bruch-)Festigkeit aus, während bei Stents insbesondere eine erhöhte Plastizität und Steifigkeit erforderlich sind [Her12]. Als resorbierbare, alloplastische Knochenersatzmaterialien werden meist granulare Biokeramiken, oft Calciumphosphate, verwendet. Diese werden zum Beispiel zum Auffüllen von Knochendefekten, zum Aufbau von Kieferkämmen in der Dentalchirurgie oder zur Versteifung von Wirbelkörpern verwendet. Da das granulare Füllmaterial zur Fixierung am Zielgewebe mit einer Membran abgedeckt werden muss, kommen sogenannte Biocomposites zum Einsatz. Solche bioresorbierbaren Kompositen bestehen aus granularen Keramiken (z.B. Tri-Calciumphosphat), die mit Polyactid dünn beschichtet sind und sich durch Wärmeeinbringung miteinander verbinden können [Win09]. Das alloplastische Implantat sollte sowohl eine osteoinduktive als auch osteokonduktive Wirkung haben und die mechanische Stabilität über den Zeitraum des Knochenwachstums gewährleisten, sowie die Regeneration des heilenden Knochens auf die Primärstabilität ermöglichen (vgl. Abbildung 2-2). In der vorliegenden Arbeit werden ZnMg-Legierungen zur denkbaren Anwendung am Knochen als Implantate für die Osteosynthese oder als Knochenersatzimplantate betrachtet. Dabei soll die additive Fertigung zur Herstellung patientenindividueller Geometrien mit interkonnektiver Porenstruktur angewendet werden.

Der menschliche Knochen weist ein Elastizitätsmodul im Bereich von 5 bis 30 GPa und eine Zugfestigkeit zwischen 30 und 280 MPa auf [Che15, Gu10, Voj11]. Die Variabilität dieser Kennwerte wird von mehreren Faktoren beeinflusst, darunter der Zustand des Patienten, Mineraldichte und Architektur des Knochens, die wiederum von der Art des Knochens abhängen, sowie der Richtung der Belastung [Bar08, Keb15]. Mechanische Belastung im physiologischen Umfang wird durch das Wolff'sche Gesetz der Knochentransformation beschrieben [Wol91]. Wird das Knochengewebe durch Belastung stimuliert, führt dies zum Aufbau neuer Knochenzellen und zur Steigerung der Knochendichte. Fehlt jedoch eine ausreichende Belastung, zum Beispiel durch das Implantat mit größerer Steifigkeit, passt sich der Knochen an und reduziert die Anzahl der Knochenzellen. Ein zu niedriges Elastizitätsmodul (E-Modul) des Implantatmaterials, im Vergleich zum umliegenden Knochengewebe, kann zum vorzeitigen Versagen des Implantats und zum Bruch des Knochens bei spontaner größerer Belastung führen [Fis13]. Ist das E-Modul des Implantats jedoch im Vergleich zum Knochengewebe deutlich höher, wird durch den mangelnden Transfer von Belastungen auf das Gewebe der Stimulus für den aktiven Knochenaufbau fehlen, Knochenathrophie entsteht [Fis13]. Diese Art der Belastungsabschirmung (engl.: stress shielding) kann langfristig zur Lockerung des Implantats aufgrund fehlenden Knochengewebes oder zum Versagen des Knochens führen [Nii11]. Darüber hinaus muss die Zugfestigkeit (R_m) des resorbierbaren Implantats zum Zeitpunkt der Implantation deutlich höher als die des Knochengewebes sein, da eine Abnahme der mechanischen Integrität durch fortschreitende Resorption des Implantatmaterials resultiert [Zhe14].

Einen Überblick der Werte von Zugfestigkeit und E-Modul für eine Auswahl resorbierbarer Materialien ist in Abbildung 2-1 dargestellt. Zum Vergleich wird ein Bereich dieser Werte des kompakten Knochens nach [Che15] im Bild mit aufgeführt.

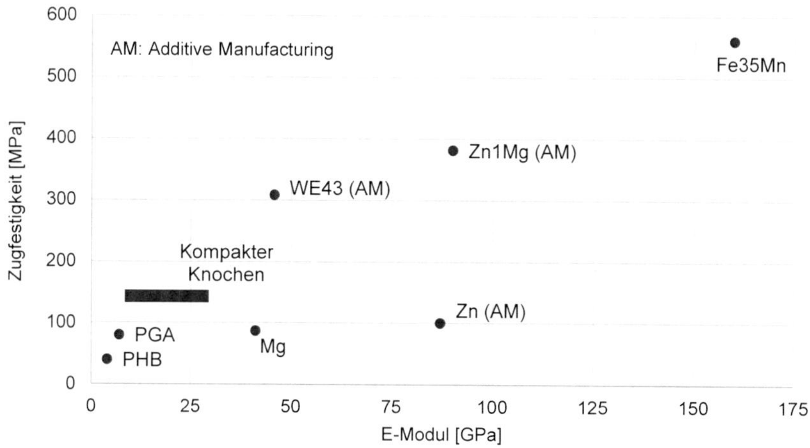

Abbildung 2-1: Vergleich mechanischer Eigenschaften verschiedener resorbierbarer Materialien mit denen von kompaktem Knochen [Ala14, Che15, Her06, Jau18, Vos22]

Bioresorbierbare Polymerwerkstoffe wie PGA und PHB sind aufgrund unzureichender mechanischer Eigenschaften für die Verwendung als lasttragende Implantate ungeeignet [Ala14]. Zink und Magnesium haben eine zu geringe Zugfestigkeit, um eine vollständige mechanische Integrität im Knochengewebe zu garantieren [Che15, Lie20]. Die bioresorbierbare Eisenlegierung Fe35Mn wird aufgrund des E-Moduls von bis zu 179 GPa bei hohen Lasten, bspw. bei Koronarstents, eingesetzt [Her06]. Als orthopädisches Implantat ist die Fe35Mn-Legierung jedoch aufgrund des großen Unterschieds im E-Modul im Vergleich zum Knochengewebe weniger geeignet, da eine mögliche Belastungsabschirmung vorliegt. Magnesium findet aufgrund der biokompatiblen und mechanischen Eigenschaften bereits Anwendungen als Schraube für die Osteosynthese und als Material für Koronarstents (vgl. Abbildung 2-3). Mittels PBF hergestelltes Zn1Mg zeigt als potenzielles bioresorbierbares Knochenimplantat auf Zinkbasis geeignete mechanische Eigenschaften [Vos22]. Durch die additive Fertigung können patientenindividuelle Implantate hergestellt werden.

Durch den Einsatz dünnwandiger Strukturen mit definierter, interkonnektiver Porenstruktur wird das Anwachsen des angrenzenden Knochengewebes und der benötigten Blutgefäße im Implantat gefördert [Hol16, Mur10, Son17]. Die osteosynthetische

Integration wird verbessert und die zentralen Faktoren des Knochenwachstums, wie die Zellbesiedlung und Vaskularisation, beschleunigt [Cur16]. Darüber hinaus werden die Abbauprodukte, die bei der Resorption entstehen, effektiv abgeführt [Bob17, Zeu17].

Insbesondere erleichtern eine geeignete Porengröße und eine hohe Porosität die Aufnahme von Nährstoffen und die Ausscheidung von Stoffwechselabfällen und bieten so ein geeignetes Umfeld für das Wachstum von Knochengewebe [He17]. Zur Erhöhung der Vaskularisation und somit zur Erleichterung des Einwachsens des Knochens wird nach [Kar05] eine minimale Porenbreite von 300 µm definiert, ohne einen Wert für den Strebendurchmesser anzugeben. Eine Porosität von 40% gilt als Mindestmaß für die Förderung des Knochenwachstums, der Vaskularisation und der Durchlässigkeit [Bra04]. In [Tan17b] ist ein Bereich zwischen 300 - 600 µm als optimale Porengröße angegeben, um gleichzeitig ausreichend hohe mechanischen Eigenschaften zu erzielen. In der Studie von [Har08] wird ein geeigneter Bereich von 50 - 800 µm angegeben. Nach [Win09, S. 382] bestimmen sowohl die Art der Verbindung zwischen mehreren Poren als auch die Porengröße den Zelltyp des Gewebes und das Gewebewachstum. Für ein erfolgreiches Einwachsen von Knochen wird dabei nach [Ash77] eine minimale Porengröße von 450 µm beobachtet. Eine zufällige geometrische Verteilung der Poren unterschiedlicher Größe führt nach [Hol86] zu einem unspezifischen Zellwachstum. Daraus folgernd sollte nach [Win09, S. 382] das alloplastische Implantat bei dem Aufbau von Gewebe der Architektur des Knochens entsprechend angepasst sein. Nach [Coc20] können mechanische Eigenschaften durch poröse Strukturen eingestellt werden, die den Eigenschaften von Spongiosa-Knochen entsprechen. Ein großes Potenzial für den Bereich der Orthopädie, insbesondere für poröse Strukturen als bioresorbierbarer Knochenersatz, wird aus der genannten Literatur abgeleitet.

2.1.2 Degradationsverhalten metallischer Materialien

Die mechanischen Eigenschaften und die Degradationsrate von resorbierbaren, orthopädischen Implantaten sollten an das Knochengewebe angepasst sein und eine minimale mechanische Integrität für drei bis sechs Monate garantieren, bis das geschädigte Knochengewebe eine ausreichende mechanische Festigkeit aufgebaut hat [Her12, Zhe14]. Die Dauer variiert, wobei diese abhängig von den individuellen Voraussetzungen des Patienten, der Art und Lage der Knochenschädigung sowie dem Zustand des umliegenden Knochengewebes ist [Zhe14].

Die Degradation von metallischen Werkstoffen, die im menschlichen Körper eingesetzt werden, wird durch Korrosionsprozesse gesteuert. Diese elektrochemischen Prozesse resultieren aus der Reaktion des Metalls mit wässriger Körperflüssigkeit. Für die anodischen Reaktionen gilt, dass das Metall bei Auflösung Elektronen freisetzt und positiv geladene Metallionen bildet (Formel 2.1). Die durch diese Oxidation entstehenden Elektronen werden im Folgenden durch eine kathodische Reaktion umgewandelt. Für Mg basiert diese Reaktion auf der Reduktion von Wasser (Formel 2.2), für Fe sowie Zn auf der Reduktion von gelöstem Sauerstoff (Formel 2.3). Die Degradation findet an

Stellen mit einer größtmöglichen Differenz des Standardelektrodenpotenzials (vgl. Tabelle 2.2) auf der gesamten Metalloberfläche statt und kann aufgrund von Korngrenzen, intermetallischen Verbindungen oder Verunreinigungen verursacht werden. Durch die Reaktion der Metallionen mit Hydroxidionen aus der Körperflüssigkeit kann sich eine korrosionsschützende Metallhydroxidschicht (Formel 2.4) bilden. Chloridionen aus der Körperflüssigkeit können jedoch das Hydroxid in Metallchloride umwandeln, sodass Lochfraßkorrosion entsteht. Eine höhere Chlorid-Konzentration führt zu einem schnelleren Abbau der Korrosionsschutzschicht und dementsprechend zu einer schnelleren Degradation des resorbierbaren Materials. Durch die Lochfraßkorrosion können sich Metallpartikel aus dem Implantatmaterial herauslösen, die von fibrösem Gewebe oder Makrophagen eingeschlossen und abgebaut werden können. Mit der Zeit können sich an der Metalloberfläche des Vollmaterials organische Moleküle, wie Proteine, Aminosäuren und Lipide ansammeln und später Zellen ansiedeln, die sich mit zunehmender Implantationszeit vermehren und Gewebe bilden können. [Zhe14]

$$M \rightarrow M^{n+} + ne^- \qquad 2.1$$

$$2H_2O + 2e^- \rightarrow H_2 + 2OH^- \qquad 2.2$$

$$2H_2O + O_2 + 4e^- \rightarrow 4OH^- \qquad 2.3$$

$$M^{n+} + \mathrm{n}OH^- \rightarrow M(OH)_n \qquad 2.4$$

Eine Methode, um die Degradationsrate von Metallen relativ zu vergleichen, ist die Verwendung der elementspezifischen Standardelektrodenpotentiale [Zhe14]. Das Standardelektrodenpotential kann als Kenngröße zur Beschreibung der Tendenz, Metallionen zu bilden, verwendet werden. Je mehr Metallionen bei der Korrosion gebildet werden, desto größer ist die Degradationsrate. Ein niedrigeres Standardelektrodenpotential weist auf eine höhere Degradationsrate hin, da eine schnellere Oxidation stattfindet. Die Standardelektrodenpotentiale in wässriger Lösung bei 25°C für Fe, Zn und Mg sind in Tabelle 2.2 dargestellt.

Tabelle 2.2: Standardelektrodenpotenziale von Fe, Zn und Mg in wässriger Lösung bei 25°C [Bra89]

Element	Reaktion	Standardelektrodenpotenzial
Eisen	$Fe^{2+}_{(aq)} + 2e^- \rightarrow Fe_{(s)}$,	-0,44 V
Zink	$Zn^{2+}_{(aq)} + 2e^- \rightarrow Zn_{(s)}$	-0,76 V
Magnesium	$Mg^{2+}_{(aq)} + 2e^- \rightarrow Mg_{(s)}$	-1,36 V

Das Aufrechterhalten der mechanischen Integrität eines bioresorbierbaren Osteosyntheseimplantates ist bis zum Erreichen einer ausreichenden Stabilität des Knochens unerlässlich. Das Degradationsverhalten eines resorbierbaren Implantats ist schematisch in Abbildung 2-2 nach [Zha17b] dargestellt.

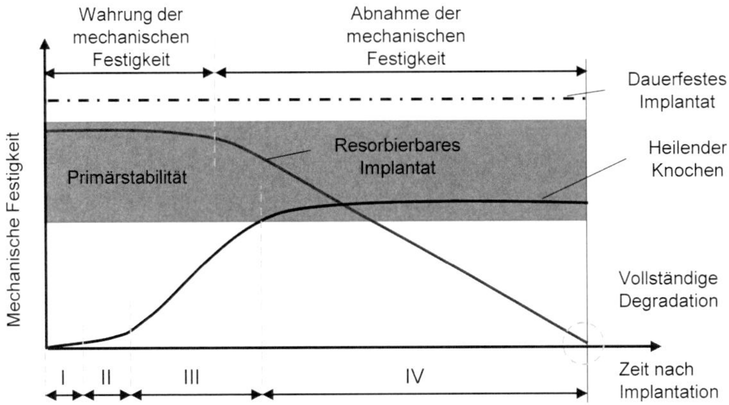

Abbildung 2-2: Schematischer Verlauf der Degradation (blaue Linie) und Knochenheilung im Bereich der Osteosynthese nach [Sch19, Zha17b]

Die Knochenheilung erfolgt nach [Sch19] in mehreren aufeinanderfolgenden mit teilweise überlappenden Phasen und ist schematisch in Abbildung 2-2 mit der Degradation eines Implantates dargestellt. Unmittelbar nach einer Verletzung des Knochengewebes tritt eine Entzündungsreaktion (I) auf, bei der Zytokine ausgeschüttet werden, die das Wachstum und die Differenzierung neuer Zellen steuern. Die mechanische Festigkeit des Knochengewebes nimmt durch die Bildung einer weichen Kallusformation (II) zu. Dieses Übergangsgewebe aus avaskulärem Knorpel wird durch Mineralisierung und Gefäßbildung synthetisiert, sodass durch die Ablagerung von Geflechtknochen eine harte Kallusformation (III) entstehen kann. In dieser Phase trägt der Knochen bereits zu einem Großteil der Primärstabilität bei. In der idealisierten schematischen Abfolge beginnt währenddessen die Degradation des Implantats. In der abschließenden Remodeling-Phase der Frakturheilung (IV) wird das Knochengewebe weiter angepasst. Die wirkenden mechanischen Belastungen werden durch das Knochengewebe aufgenommen, das durch die fortschreitende Degradation des Implantats steigende Beanspruchung erfährt. [Sch19, Zha17b]

Die Abbaurate des Implantats darf nicht zu groß sein, um eine Ansammlung von Abbauprodukten an der Implantationsstelle zu vermeiden [Her12]. Insbesondere kann Mg im Gegensatz zu Zn oder Fe während der Korrosion Wasserstoff freisetzen, der in großen Mengen Gashohlräume an der Implantationsstelle verursachen und den Heilungsprozess des umliegenden Gewebes beeinträchtigen kann [Sei15]. Obwohl die biologische Verträglichkeit von Mg und Mg-Legierungen in vielen Studien bestätigt ist, beschränkt die hohe Degradationsrate und starke Wasserstoffentwicklung die Anwendung als Implantatmaterial [Mah16]. Die Degradation tritt an der Oberfläche des Implantates auf. Aus diesem Grund degradieren Geometrien mit großen Oberflächen, wie bspw. Scaffoldstrukturen, im Gegensatz zu Schrauben in kürzerer Zeit und eine schnelle Freisetzung der Abbauprodukte kann den Heilungsprozess hemmen. Eine Möglichkeit, die Degradation zu beeinflussen und entsprechend die

Wasserstoffbildung zu reduzieren, bietet das Beschichten von Implantaten [Kop18, Ton22]. Das Medizintechnikunternehmen Biotronik (BIOTRONIK SE & Co. KG, Berlin, Deutschland) bietet einen resorbierbaren Stent, den *Mg-Scaffold Magmaris®* [Bio23a] aus einer eigenen Legierung an, der mit einer bioresorbierbaren Polymerschicht überzogen ist und zusätzlich das Medikament Sirolimus freisetzt, welches das Risiko einer Restenose reduzieren soll [Win16]. Nach [Hof19] werden Mg-Legierungen bereits in der kardiovaskulären Medizin als Koronarstents eingesetzt. Die resorbierbaren Materialien werden unter anderem für die Herstellung von orthopädischen Schrauben und Platten eingesetzt. Beispielsweise ist die *mm.IF* der Firma *Medical Magnesium* [Med23] eine Interferenzschraube aus einer Mg-Legierung, die unter anderem für die Befestigung von Kreuzbandtransplantaten verwendet wird.

mm.IF – Interferenzschraube

RemeOs™ Screw – Schraubenimplantate aus Magnesium

Magmaris Koronararterien-Stent – Resorbierbarer Magnesium-Scaffold

Abbildung 2-3: Exemplarische Darstellung von Schrauben aus resorbierbaren Mg-Legierungen von [Med23] (links) und [Bio23b] (mittig), rechts: Koronararterien-Stent [Bio23a]

Im Gegensatz dazu werden Zink oder Zinklegierungen bislang nicht als medizinische Implantate eingesetzt, aber als potenzielle Kandidaten für neue, bioresorbierbare Implantatwerkstoffe angesehen [Heh19, Mah16, Zhe14]. Stents aus ZnAg sind bereits im Tiermodell getestet und zeigen vielversprechende Eigenschaften, die für künftige Anwendungen benötigt werden [Heh19].

Die Kombination von resorbierbaren Legierungen mit PBF eröffnet neue Möglichkeiten für orthopädische Hilfsmittel. Unterschiedliche Eigenschaften können durch das Design maßgeschneidert auf die Indikation abgestimmt werden [Har18]. Mit Zink kann dabei ein neues Werkstoffspektrum für resorbierbare Implantate mit geeigneteren Eigenschaften hinsichtlich Korrosion und PBF-Verarbeitbarkeit eröffnet werden [Gua21, Li20b, Li20c, Qin19b]. ZnMg-Legierungen unterschiedlicher Zusammensetzungen werden ebenfalls in der Anwendung als resorbierbare Implantate untersucht [Gon15, Kub16, Mos16, Mur15, Voj11, Vos22].

2.2 Zinklegierungen

Die *Zinc – International Zinc Association* beschreibt Zink als „essential for modern life" und „zinc protects what matters most" mit Anwendungen im Bereich Architektur, Energie, Gesundheit, Infrastruktur, Technologie, Transport und Leben [Zin23]. Als einer der Ersten beschreibt Paracelsus (1493-1541) das Metall Zink in [Agr98]: "Es gibt noch ein anderes Metall, das im Allgemeinen unbekannt ist, genannt Zink. [...]" Nach [Ape81] wird angenommen, dass die Verarbeitung von Zink 500 v. Chr. in Indien mit der Fertigung von Armbändern begann. Früh im 20. Jahrhundert werden Zinklegierungen erstmals in Druckgussanwendungen eingesetzt, um Zinn- und Bleilegierungen mit angepassten mechanischen Eigenschaften und geringeren Kosten zu ersetzen. In der Studie wird Zink als „nützlicher technischer Werkstoff“ [Ape81] beschrieben. Nach [La07] ist Zink eines der am weitesten verbreiteten Metalle. Die größte kommerzielle Anwendung ist der Korrosionsschutz durch Beschichtung oder Verzinkung eisenhaltiger Metallprodukte. Nach [Kan23] wurden im Jahr 2021 weltweit ca. 14 Millionen Tonnen Zink verarbeitet. Damit ist Zink nach Eisen, Aluminium und Kupfer die Nummer vier der meistverwendeten Metalle. Die größten Anwendungen von Zink bzw. Zinklegierungen sind, neben dem Korrosionsschutz (ca. 50%), die Herstellung von Zink-Druckgussbauteilen, im Bereich der Batteriefertigung, in der Landwirtschaft als Düngemittel oder als Nahrungsergänzungsmittel in der Pharmazie. Beispielsweise wird für den Automobilsektor ein Verbrauch von ca. 10 kg Zink für jeden PKW angegeben[1]. Ein Beispiel für den Korrosionsschutz durch Zinklegierungen sind Brücken und deren Seilkonstruktionen [Pas20]. Heute werden mehr als 25 Zinklegierungen urformend hergestellt; die kommerziell relevantesten sind in internationalen Normen (bspw. DIN EN 12844:1999-01) festgelegt. Die mechanischen Eigenschaften von Zinklegierungen werden durch die Herstellungsverfahren und die chemische Zusammensetzung beeinflusst. Das Druckgießen zeichnet sich durch eine schnelle Erstarrung und Abkühlung aus, sodass ein feineres Gefüge ausgebildet wird. Sand- oder Schwerkraftguss zeichnen sich durch langsamere Abkühlungsraten aus, sodass gröbere Gefüge entstehen [Cam03]. In der Druckguss-Industrie wird bspw. Zamak 5, bestehend aus Zink, Aluminium, Magnesium und Kupfer, häufig als Werkstoff verwendet. In Tabelle 13.1 im Anhang sind die mechanischen Eigenschaften bei einer Auswahl an Zinklegierungen zusammengefasst [Pol20]. Eine Prozesskette zur additiven Verarbeitung von Zamak 5 wird von Protiq [Pro23] angeboten. Das ausgebildete Zinkgefüge weist nach der additiven Fertigung mittels PBF ein noch feineres Gefüge als beim Druckguss auf. Daher weichen die mechanischen Eigenschaften der auf den beiden Herstellrouten gefertigten Bauteile voneinander ab (vgl. Kapitel 2.4).

Die Verwendung von Zink in der Medizintechnik beginnt mit Hautcremes gegen Entzündungen und zur Förderung der Wundheilung. Seit 1957 wird Zink offiziell der Gruppe der wesentlichen Mikronährstoffe zugeordnet [Kan23]. Eine zunehmende Anzahl an biologischen Funktionen, Gesundheitsauswirkungen und pharmakologischen Zielen wird nachgewiesen [Fre05]. Zink ist als Bestandteil verschiedener Enzyme an der Aufrechterhaltung der strukturellen Integrität von Proteinen und bei der Regulierung der Genexpression beteiligt. Die empfohlene Tagesdosis (Recommended Daily Allowance, RDA) für Erwachsene beträgt 8 mg/Tag für Frauen und 11 mg/Tag für Männer [DGE23]. Eine Zufuhr von mehr als 100 mg/Tag ist nicht empfehlenswert, ab 200 mg können Symptome wie Übelkeit, Erbrechen oder auch Durchfall auftreten. Das

[1] Ca. 10 kg Zink in jedem PKW (3 kg Korrosionsschutz, 4,9 kg Druckgussbauteile, Rest in Zusatzstoffen wie Lack und Reifengummi) [Che23]

"Zinkschüttelfieber", auch "Montagmorgenfieber" genannt, ist ein selbstlimitierendes Inhalationsfieber, das auf eine Reihe von Metalloxiddämpfen zurückzuführen ist. Der Krankheitsverlauf ist gekennzeichnet durch Fieber, Kopfschmerzen, Myalgien, Müdigkeit und Dyspnoe und kann durch eine übermäßige Aufnahme von bspw. Zink-Schweißrauch hervorgerufen werden. [Kay02]

Reines Zn oder Zn-Legierungen werden aktuell nicht als medizinische Implantate verwendet. Dennoch werden Zn-Legierungen vermehrt in den letzten Jahren als Kandidat für neue, bioresorbierbare Implantatmaterialien in der Literatur beschrieben [Heh19, Mah16, Zhe14]. Drähte aus reinem Zn werden bspw. in [Bow13] untersucht, hierbei wird eine gleichmäßige Korrosionsrate der implantierten Drähte bei Ratten innerhalb der ersten drei Monate festgestellt, ohne eine toxische Wirkung nachweisen zu können. In [Mos18] wird die Verwendung von Zn-Legierungen als Ausgangsmaterial für Stents beschrieben. Dabei wird von einer idealen Korrosionsrate und akzeptablen Biokompatibilität berichtet.

In [Yan20] werden Probekörper aus binären Zn-Legierungen mit elementarem Mg, Calcium (Ca), Strontium (Sr), Lithium (Li), Mangan (Mn), Fe, Kupfer (Cu) und Silber (Ag) bei 260 °C stranggepresst. Die Probekörper werden systematisch als biologisch abbaubare Knochenimplantate mit Hilfe von in-vitro und in-vivo Experimenten hinsichtlich mechanischer Eigenschaften, Biodegradierbarkeit und Biokompatibilität bewertet. Li zeigt die höchste Steigerung der mechanischen Eigenschaften in der Zn-Legierung, gefolgt von Mg. Durch Zugabe von Elementen wie Mg, Ca, Sr und Li in Zn kann die Biokompatibilität, Osteogenese und Osteointegration verbessert werden. Zusammenfassend sind biokompatible Zn-basierte Implantate, mit Festigkeiten nahe an reinem Titan (Ti), vielversprechende Kandidaten in der Orthopädie für lasttragende Anwendungen.

2.3 Powder Bed Fusion von Metallen

Additive Fertigungsverfahren werden durch automatisierte und schichtweise wiederkehrende Prozesse ohne Einsatz produktspezifischer Werkzeuge gekennzeichnet [Geb14]. Beim dem verwendeten Verfahren entsprechend DIN EN ISO/ASTM 52900:2022-03 als *Powder Bed Fusion of Metals using a Laser Beam* (PBF-LB/M), im Rahmen der Arbeit als *Powder Bed Fusion* (PBF) bezeichnet, wird Metallpulver laserbasiert additiv verarbeitet [Lac17].

Verfahrensprinzip und -parameter

Das additive Fertigungsverfahren PBF wird in drei wesentliche Prozessschritte eingeteilt. Eine schematische Darstellung der einzelnen Schritte und der Begrifflichkeiten ist in Abbildung 2-4 dargestellt. Auf einer Bauplattform befindet sich eine entfernbare Substratplatte aus einem spezifischen Substratmaterial. Auf der Substratplatte wird mittels eines Beschichters eine Pulverschicht in definierter Höhe aufgetragen. Das dafür benötigte Pulver befindet sich in einem separaten Pulvervorrat. Nach dem Pulverauftrag werden durch die Wärmeenergie eines fokussierten Laserstrahls mit definiertem

Strahldurchmesser d_S in der Arbeitsebene selektiv Bereiche des Pulverbetts aufgeschmolzen und das pulverförmige Ausgangsmaterial dadurch schmelzmetallurgisch mit der Substratplatte bzw. den zuletzt umgeschmolzenen Schichten verbunden. Während des Belichtens wird durch das optische System und den Laserstrahl eine Belichtungsstrategie ausgeführt, die durch eine vorgelagerte Datenaufbereitung definiert ist [Kin15]. Nach der Belichtung wird die Bauplattform um die definierte Schichtdicke abgesenkt und ein weiterer Pulverauftrag erfolgt. Durch die mehrfache Wiederholung der Prozessschritte des Pulverauftrags, des Belichtens und Absenkens entsteht schichtweise das dreidimensionale Bauteil. [Geb96, Mei99, S. 4 ff.]

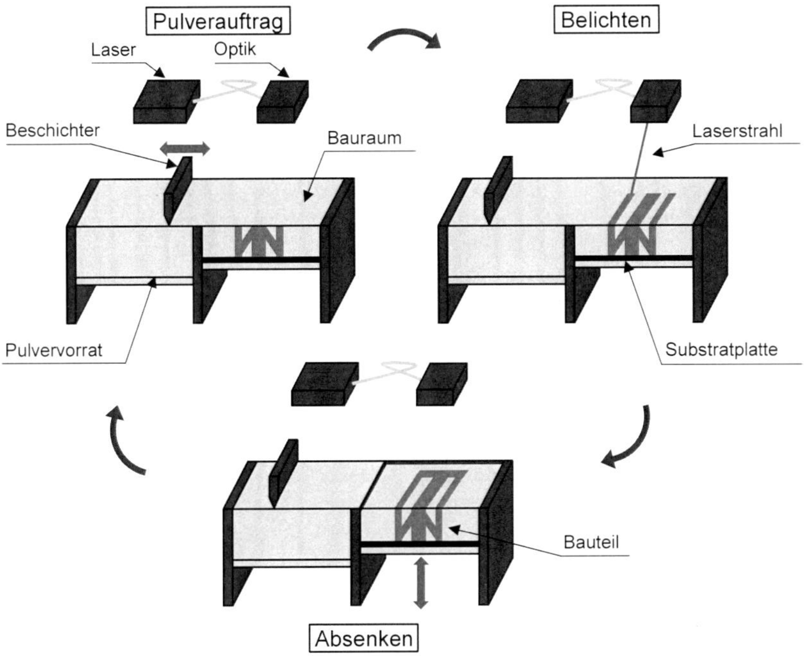

Abbildung 2-4: Schematische Darstellung des Verfahrensprinzips zum PBF, oben links: Pulverauftrag durch Verfahren des Beschichters, oben rechts: selektive Belichtung des Bauteils mittels Laserstrahl, unten: Absenken der Substratplatte um eine definierte Schichtdicke

Wesentliche Verfahrensparameter für die Prozessführung an Bauteil und Material sind Schichtdicke (D_S), Laserleistung (P_L), Strahldurchmesser (d_S), Hatchabstand (Δy_S) sowie Scangeschwindigkeit (v_S). Eine Übersicht der aufgelisteten PBF-Verfahrensparameter ist schematisch in Abbildung 2-5 dargestellt.

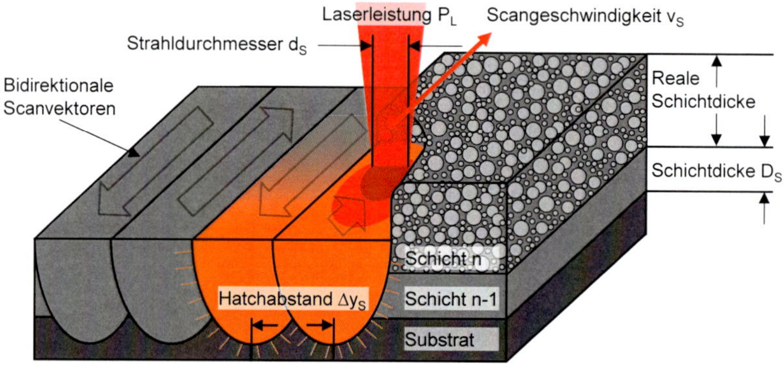

Abbildung 2-5: Schematische Darstellung der wesentlichen PBF-Verfahrensparameter

Ausgewählte PBF-Verfahrensparameter können in der Volumenenergiedichte (E_V) als Maß für den Energieeintrag nach Meiners in Formel 2.5 zusammengefasst werden [Mei99, S. 42].

$$E_V = \frac{P_L}{v_s \cdot \Delta y_s \cdot D_s} \tag{2.5}$$

mit

$E_V \left[\frac{J}{mm^3}\right]$	Volumenenergiedichte
$v_s \left[\frac{mm}{s}\right]$	Scangeschwindigkeit
$\Delta y_s\ [mm]$	Hatchabstand
$D_s\ [mm]$	Schichtdicke

Beim PBF wirken im Schmelzbad Abkühlraten im Bereich von 10^5 - 10^6 K/s und Temperaturgradienten von bis zu 10^6 K/m [Hoo18]. Mit steigender Volumenenergiedichte durch Reduzierung der Scangeschwindigkeit und/oder Erhöhung der Laserleistung nehmen Abkühlrate und Erstarrungsgeschwindigkeit der Metallschmelze ab [Sci17], eine Kornvergröberung der PBF-Probekörper kann beobachtet werden [Le20, Pra21, Sci17]. Nach [Yad09] werden über 130 Parameter bzw. Einflussgrößen genannt, die den PBF-Prozess beeinflussen können. Zur Erzeugung einer homogenen Materialschicht mit einer relativen Bauteildichte von nahezu 100% werden die folgenden Anforderungen nach [Mei99, S. 29 ff.] an das Schmelzbad bzw. die Schmelzspuren gestellt:

- Das Schmelzbad muss zusammenhängend und geschlossen sein
- Beim Umschmelzen muss im Überlappbereich auch die benachbarte Spur aufgeschmolzen werden
- Die Tiefe des Schmelzbades muss eine Anbindung an die darunterliegende Schicht ermöglichen

Als messbare Größe für die Produktivität bei Verwendung einer bestimmten Verfahrensparameterkombination wird nach [Sch12, S. 21] die theoretische Aufbaurate $\dot{V}_{Prozess}$ mit der Formel 2.6 beschrieben.

$$\dot{V}_{Prozess} = \Delta y_s \cdot D_s \cdot v_s \quad (2.6)$$

mit

$\Delta y_s\ [mm]$	Hatchabstand
$D_s\ [mm]$	Schichtdicke
$v_s\ \left[\frac{mm}{s}\right]$	Scangeschwindigkeit

Nach Formel 2.6 wird das idealisierte aufgeschmolzene Volumen einer Schicht pro Zeit abgeschätzt. Bei der Berechnung der real benötigten Zeit wird die theoretische Aufbaurate um die Nebenzeiten ergänzt. Die Nebenzeiten bestehen bspw. aus Laserschaltzeiten oder Scannerdelays [Pic22, S. 63] und dem Pulverauftrag [Sch12, S. 137]. Daraus kann über die Summe aller Schichten eine Produktivität zur Fertigung von Bauteilen mittels PBF abgeleitet werden.

Prozessnebenprodukte

Die Prozessnebenprodukte entstehen bei dem selektiven Schmelzen des Pulverwerkstoffs mittels Laserstrahlung und können nach [Sch20, S. 53] in Metallkondensat, Spritzer, schmelzflüssige und mitgerissene Pulverpartikel eingeordnet werden.

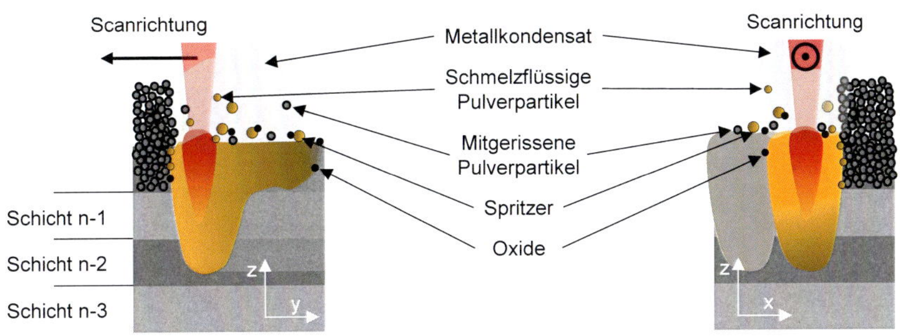

Abbildung 2-6: Schematische Darstellung potenzieller Prozessnebenprodukte während des PBF-Fertigungsprozesses nach [Lad16], links: Darstellung der z/y-Ebene, rechts: Darstellung der z/x-Ebene

Nach [Šče12, S. 59 f.] weisen die Partikel im Metallkondensat einen mittleren Durchmesser von 80 nm auf. In [Sch20, S. 155] sind Untersuchungen von Metallkondensat des Werkstoffes Ti6Al4V mit einem mittleren Durchmesser von 114 nm, allerdings mit großer Streuung von ± 28 nm, beschrieben. Nach [Gun18, Sim15] haben Spritzer und mitgerissene Pulverpartikel beim PBF eine Größe von 20 - 300 µm, abhängig von Verfahrensparametern und Werkstoffen. Während des Schmelzvorgangs beim PBF werden Prozessnebenprodukte gebildet, welche von der Schutzgasführung abgelenkt und teilweise neben dem Pulverbett abgelagert werden (vgl. Abbildung 4-5) [Sey18]. Diese Prozessnebenprodukte bewirken nach [Sey18] eine Veränderung des Pulvers hinsichtlich der Partikelformen, der Vergröberung des Pulvers und der Veränderung der Absorption sowie der Wärmeleitfähigkeit während der PBF-Belichtung. Halbkugelförmige Oxidinseln werden in Form von Nanopartikeln aus Metallkondensat an den Oberflächen der Partikel vorgefunden [San20, Sim15]. Nach [Sut20] können Prozessnebenprodukte nach Morphologie in sphärische Partikel, Agglomerate und große Agglomerate unterteilt werden. Sphärische Partikel werden durch Spritzer aus der Metallschmelze gebildet, die ohne Interaktion mit anderen Partikeln erstarren und aufgrund der Oberflächenspannung eine kugelförmige Gestalt annehmen. Agglomerate werden durch Kollision und Verbindung von Spritzern innerhalb des Prozessrauches oder mit dem Kontakt zum Pulverbett gebildet. Große Agglomerate entstehen durch das Zusammenstoßen und das vollständige Verschmelzen mehrerer Partikel.

Defektstrukturen

In der Literatur zum PBF sind die auftretenden Defekte und Auswirkungen auf die Bauteileigenschaften hinreichend beschrieben [Raf13, San21, Wit16]. Nach [Wan22] kann die Charakteristik von Porosität bei additiv gefertigten PBF-Bauteilen in vier Kategorien unterteilt werden: Quantität, Größe, Morphologie und Lage. Die Quantität von Porosität ist die universellste Charakteristik, die in nahezu jeder Forschungsarbeit zum PBF beschrieben ist. Sowohl volumenbasierte (bspw. Archimedes oder µCT) als auch flächenbasierte (bspw. Querschliffbildgebung oder Oberflächenbildgebung) Methoden werden durch die relative Bauteildichte bei der entsprechenden bildgebenden Genauigkeit beschrieben. Die anderen drei Kategorien hängen von der Bildgebung ab und können durch geschultes Personal oder algorithmenbasiert klassifiziert werden [Wan22]. Nach [Oli20] stellen unerwünschte Defekte eine Herausforderung beim PBF dar und werden in zwei Klassen aufgeteilt: Erstens Bindefehler durch eine unzureichende Volumenenergie mit der Ausbildung eines unvollständigen Schmelzbades und zweitens Gasporen durch „Keyhole"-Instabilitäten bei zu großer eingebrachter Volumenenergiedichte. Eine allgemeine Beziehung der Volumenenergiedichte, reduziert auf Laserleistung und Scangeschwindigkeit, ist mit den auftretenden Defekten schematisch in Abbildung 2-7 dargestellt. [Oli20] Die Verfahrensparameterkombinationen, bei denen diese Bedingungen auftreten, hängen von Material und Maschine ab. Im Allgemeinen legt Abbildung 2-7 nahe, dass Bauteile mit hoher relativer Bauteildichte > 99,5% bis zu dem Erreichen von Schmelzbadinstabilitäten durch gekoppelte Erhöhung der Laserleistung und Scangeschwindigkeit erreicht werden können. Diese Verallgemeinerung vernachlässigt jedoch Faktoren wie Scanstrategie und Prozessführung.

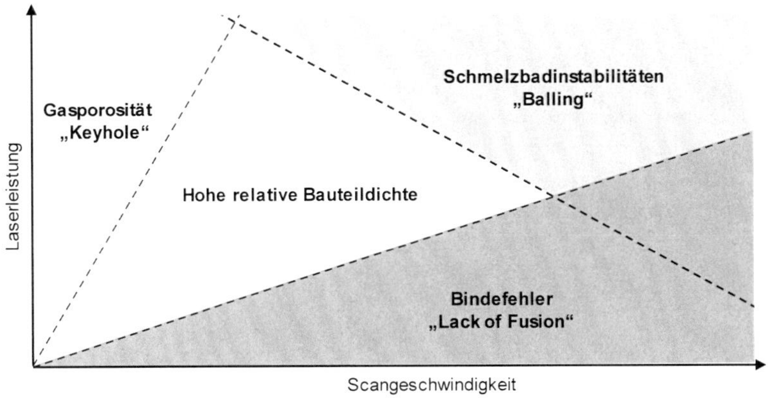

Abbildung 2-7: Einordnung der Defektstrukturen beim PBF in Abhängigkeit von Laserleistung und Scangeschwindigkeit nach [Oli20]

Das Vorhandensein von Defekten kann Auswirkungen auf die mechanischen Eigenschaften von Bauteilen haben [Dow11] und aufgrund von Spannungskonzentrationen unter mechanischer Belastung zur Keimbildung von Rissen führen [Pin16]. In der Literatur wird über eine Reduzierung der mechanischen Eigenschaften bei vergrößerter Anzahl von Defekten berichtet [Hag21, Vil19, Zha17a]. Daher wird die Reduzierung von Duktilität und dynamischen mechanischen Eigenschaften von PBF-gefertigten Bauteilen oft dem Vorhandensein von Defekten zugeschrieben [Att15, San21, Wad20]. Gleichzeitig variieren der Einfluss und das Akzeptanzniveau von Defekten in Bauteilen je nach Anwendung und Art der mechanischen Beanspruchung [Pin16].

Partikelstrahlen

Gemäß der VDI-Richtlinie 3404 zur Beschreibung der Grundlagen der additiven Fertigungsverfahren wird nach der PBF-Fertigung eine Reinigung mittels Partikelstrahlen empfohlen. Das Partikelstrahlen wird nach DIN 8200:1982-10 als Bearbeitungsverfahren bezeichnet, bei dem Strahlmittel als Werkzeug beschleunigt und zum Aufprall auf die zu bearbeitende Oberfläche eines Werkstücks gebracht wird. Ziel dieses Reinigungsprozesses ist, Verunreinigungen und lose anhaftende Pulverpartikel von der Oberfläche des Werkstücks zu entfernen. Um die Oberflächenrauheit von PBF-Probekörper zu reduzieren, wird nach [GIB15, S. 334 f.] das abrasive Partikelstrahlen empfohlen und durch Homogenisierung der Oberfläche werden die Spannungsspitzen ausgeglichen sowie Kerbwirkungen reduziert.

Herstellung komplexer Strukturen

Ein Vorteil in der additiven Fertigung ist die Herstellung komplexer Strukturen [Geb14] bzw. struktureller Gerüste, in der Medizin häufig als *Scaffold* oder *Scaffoldstruktur* bezeichnet. Die Verwendung von Scaffoldstrukturen hat ein großes Potenzial zur Funktionalisierung und ist an patientenindividuelle Indikationen anpassbar. In [Liu21] wird eine Zusammenfassung von Forschungen zur additiven Fertigung von porösen Femurschäften gegeben. Die Strukturen sind häufig regelmäßige poröse Elementarzellen und die verwendeten Materialien meist Ti6Al4V oder CoCrMo. Bei der Wahl des Designs bzw. der Porengröße stehen die biomechanischen Anforderungen mit der PBF-Herstellbarkeit im Konflikt. Bei einer zu geringen Porengröße werden die Hohlräume aufgrund der prozessbedingten Ansinterungen (vgl. Kapitel 7.1) verschlossen. Zu große Poren reduzieren das Zellwachstum. Die interkonnektive Porenstruktur und die Verteilung des Materials haben einen direkten Einfluss auf die Plastizität und Steifigkeit und müssen an die Belastungen des umgebenden Knochengewebes bei der Implantation in-vivo angepasst werden [Guv16]. Die f_2cc_z-Elementarzelle wird nach [Reh10] für den PBF-Prozess mit der höchsten Punktzahl bewertet und bereits für 316L untersucht [Ash20]. Nachteil dieses Strukturtyps ist die präferierte Lastaufnahme aufgrund der z-Streben in Aufbaurichtung. Durch die vorgegebene Kraftrichtung wird ein streckdominiertes Verformungsverhalten induziert, das bei der Auslegung berücksichtigt werden muss [Mer15, S. 113 f.].

Bei der Fertigung der dünnwandigen Strukturen mittels PBF sollte die Prozessführung angepasst werden. Am Anfang der Belichtung eines Scanvektors innerhalb eines Spurverbundes (bspw. Hatchbelichtung einer Elementarzelle) wird das Schmelzbad durch die Vorwärmung der zuvor belichteten Schmelzspur beeinflusst (vgl. Abbildung 2-5). Die erhöhte Temperatur vergrößert die Breite der Schmelzspur. In [Sch12, S. 83 ff.] wird eine auffällige Fluktuation in Spurhöhe und -breite im Bereich der Wendepunkte einzelner Scanvektoren beschrieben. Durch das Schmelzverhalten sowie den Effekt der lokalen Vorwärmung wird eine Materialanhäufung beschrieben, die unter anderem von der Scanvektorlänge beeinflusst wird. Ähnliche Abhängigkeiten der Dimensionen des Schmelzbades von lokalen Abkühlzeiten werden auch in anderen Arbeiten dargestellt [Yeu20]. In diesem Zusammenhang werden die sogenannte Repetitionszeit [Pic19] bzw. Laserwiederkehrzeit als Größe zur Beschreibung der lokalen Abkühlzeit und des Einflusses der Vorwärmung durch zuvor belichtete Scanvektoren auf das Schmelzverhalten eingeführt. In [Jau18, S. 134] werden bspw. bei der Verarbeitung der Mg-Legierung WE43 geometrieabhängige Abweichungen der Maßhaltigkeit beobachtet. Bei der Fertigung dünnwandiger Strukturen wird bei der Unterschreitung einer Scanvektorlänge von 2 mm eine vergrößerte Schmelzbadausbildung bzw. Vergrößerung des Schmelzbades beschrieben, die zu lokalen Materialüberhöhungen in der Oberflächentopografie der Schicht sowie einem Übermaß bei der Fertigung von Gitterstrukturen führen kann [Jau18, S. 134 ff.]. Diese prozessbedingte akkumulierte Wärme bei kurzen Scanvektoren wird bereits von Pichler untersucht und eine adaptive Belichtungsstrategie mit Anpassung der Verfahrensparameter innerhalb eines Scanvektors vorgeschlagen [Pic22, S. 77 ff.].

2.4 PBF von Zink und Zink-Magnesium-Legierungen

Die durch den Laserstrahl eingebrachte Wärmeenergie muss beim PBF ausreichend groß sein, um das pulverförmige Material aufzuschmelzen. Wird das Material jedoch über die Verdampfungstemperatur erhitzt, tritt ein Verdampfen ein [San18, S. 20 ff.]. Eine Verdampfung bei niedrigschmelzenden Metallen wie Zn und Mg wird aufgrund des geringen Schmelzpunktes und der geringen Differenz zwischen Schmelz- und Verdampfungstemperatur beobachtet [Yin21]. Eine solche Vaporisierung der Legierung bzw. der Legierungselemente begünstigt das Ausbilden von Prozessnebenprodukten aus feinen Partikeln und Spritzern und damit die Bildung von Defekten im Bauteil (vgl. Kapitel 4.5) [Gra18, Qin21, Zha17a]. In Tabelle 2.3 sind Schmelz- und Verdampfungstemperaturen für Mg und Zn sowie als Vergleich Fe und Ti mit der jeweiligen Schmelztemperatur der Oxide aufgelistet.

Tabelle 2.3: Vergleich Schmelztemperatur, Verdampfungstemperatur, Dampfdruck und Schmelztemperatur Oxide verschiedener Metalle bei Standarddruck von 1 bar [Röm22, TU23, Zha11]

	Magnesium	Zink	Eisen	Titan
Schmelztemperatur (T_S) [°C]	650	420	1535	1660
Verdampfungstemperatur (T_V) [°C]	1110	907	2750	3260
T_V - T_S [°C]	460	487	1215	1600
Dampfdruck bei T_S [PA]	437	20,7	3,37	0,395
Schmelztemperatur der Oxide [°C]	2800 (MgO)	1975 (ZnO)	1360 (FeO)	1855 (TiO)

Durch eine gute Biokompatibilität, Korrosionsrate und ähnliche mechanische Eigenschaften zu menschlichem Knochen können Implantate aus Mg-Legierungen hergestellt werden [Man17] und sie finden bereits Anwendung in der Medizintechnik (vgl. Kapitel 2.1.2). Scaffoldstrukturen aus WE43, die mittels PBF hergestellt werden, zeigen ein großes Potential als Knochenersatzmaterial [Bär19]. Die Verarbeitung von Mg-Legierungen mittels PBF ist jedoch aufgrund der Bildung einer erheblichen Menge an Prozessnebenprodukten und hoher Reaktivität mit Sauerstoff anspruchsvoll [Jau18, S. 33 ff.]. Bei Verfahrensparametern von 200 W Laserleistung, 1100 mm/s Scangeschwindigkeit, 130 µm Hatchabstand und 40 µm Schichtdicke können laut [Hye20] PBF-Bauteile mit einer relativen Bauteildichte > 99,5% hergestellt werden. Im Vergleich zu gegossenen Probekörpern weisen PBF-Probekörper aus WE43 aufgrund höherer Abkühlraten ein überwiegend globulares, zufällig orientiertes Gefüge mit mittleren Korngrößen von 1 bis 20 µm, Zugfestigkeiten von 308 bis 330 MPa und Bruchdehnungen von 2,8 bis 14% auf [Jau18, S. 131, Man17, Zum19].

In [Ben22] wird die binäre MgxZn-Legierung mit x = 0, 0.5, 1, 2, 5, 8 gew.-% untersucht. Im Rahmen der Arbeit wird bei der Herstellung mittels PBF eine maximale relative Bauteildichte von 98,05% bei Mg0,5Zn und 99,05% bei Mg1Zn erreicht. Die mechanischen Eigenschaften können nur bei Mg0,5Zn mit UTS von 110 MPa und Bruchdehnung von 5,4% bestimmt werden. Bei den anderen Proben wird ein vorzeitiges Versagen festgestellt. [Ben22]

In [Wei19] wird Mg mit der Zugabe von Zn mittels PBF verarbeitet (MgxZn-Legierung mit x = 1, 2, 4, 6, 8, 10, 12 gew.-%). Die Verarbeitung der binären Legierungen mit einem Zn-Gehalt > 2 gew.-% werden als herausfordernd aufgrund der Bildung von Rissen beschrieben. In allen Probekörpern wird eine Mikrostruktur aus α-Mg-Matrix und einer Mg_7Zn_3 eutektischen Phase gemessen. Mit zunehmendem Zn-Gehalt wird die Löslichkeit von α-Mg vergrößert und ein vergrößertes Aufkommen von Mg_7Zn_3 beobachtet, wobei die Morphologie der eutektischen Phase von einzelnen Körnern zu einer netzartigen Struktur umgewandelt wird. Die mechanischen Eigenschaften können ausschließlich bei Mg1Zn-Probekörpern bestimmt werden (Härte von 50 HV, Zugfestigkeit von 148 MPa, Bruchdehnung von 11,0%), bei einem höheren Zn-Gehalt ist die relative Dichte aufgrund von Rissen und Mikroporen nicht ausreichend gegeben. [Wei19]

PBF von Zink

Erste Untersuchungen zur Verarbeitung von Zn mittels PBF sind in [Lie16] aus dem Jahr 2016 dokumentiert. Beim PBF von Zink wird in der Literatur von erhöhter Bildung von Prozessnebenprodukten durch Verdampfung des Pulvermaterials berichtet [Mon17, Qin21]. Mit einer Vergrößerung der Laserleistung steigt die Temperatur des Schmelzbades und nach Überschreitung der Verdampfungstemperatur von Zn nimmt die Verdampfungsrate sprunghaft zu [Qin21]. Die entstehenden Prozessnebenprodukte interagieren mit der Laserstrahlung und die in das Pulverbett eingebrachte Laserleistung wird reduziert [Qin21, Sch20]. In PBF-Versuchen zur Verarbeitung von Zn werden in [Mon17] relative Bauteildichten von bis zu 88% für Laserleistungen von 200 bis 300 W, Scangeschwindigkeiten zwischen 600 mm/s und 1900 mm/s, 100 µm Hatchabstand und 50 µm Schichtdicke erreicht. In [Dem17] wird der PBF-Prozess von reinem Zn für zukünftige Anwendungen zur Herstellung biodegradierbarer Implantate beschrieben. Eine übermäßige Bildung von Prozessnebenprodukten aus dem Prozessbereich wird beobachtet. Bei stabilen Prozessbedingungen wird eine unzureichende Materialumschmelzung bei E_v < 40 J/mm³, maximale relative Bauteildichte von 98% bei E_v zwischen 40 – 115 J/mm³ und ein Prozessabbruch bei größerer E_v beschrieben. Zu Herstellung von Zn-Probekörpern mit geringerer Porosität wird in [Wen18a, Wen19] ein spezielles Umwälz- und Filtersystem eingesetzt, das entstehende Prozessnebenprodukte durch eine laminar über der Prozessebene verlaufende Schutzgasströmung abführt. Ein Teil der Prozessnebenprodukte kann aus der Prozesskammer abgesaugt werden, der Rest verbleibt in der Kammer, kühlt ab und kondensiert zu kleinen Partikeln, die zu größeren Partikeln aggregieren können [Qin21, Sch20]. Der Verarbeitungsbereich von Zn mit hoher relativen Bauteildichte > 99,5% liegt nach [Wen18a, Wen18b] beim PBF in einem Bereich von E_v = 60 - 289 J/mm³ bei Laserleistungen unter 120 W. Die α-Zn Körner in dem Zn-Gefüge nach dem PBF werden mit einer durchschnittlichen Größe von 5,6 µm bis 16 µm vermessen und ein epitaktisch säulenförmiges Wachstum entlang der Aufbaurichtung festgestellt [Li20c, Lie20, Qin20, Wen18b]. Mit einer Vergrößerung der Scangeschwindigkeit nimmt die Korngröße und das Vorhandensein einer Vorzugsorientierung aufgrund der steigenden Abkühlgeschwindigkeit ab [Qin20]. Die mechanischen Kennwerte von Zn-Proben, hergestellt mittels PBF, betragen nach [Wen18b] für den E-Modul 23 GPa, für die Streckgrenze 114 MPa, für die Zugfestigkeit 134 MPa und für die Bruchdehnung 10,1%.

In der Studie von [Lie20] werden Zn-Probekörper untersucht, die mittels PBF gefertigt sind. Die Mikrostruktur im Querschliff weist ein epitaktisches Kornwachstum in Aufbaurichtung über mehrere Schichten mit einer schwach ausgeprägten Textur auf. Obwohl die Texturen schwach ausgeprägt sind, wird eine messbare Anisotropie des E-Moduls und der Zugfestigkeit festgestellt (senkrecht zur Aufbaurichtung für den E-Modul 110,0 ± 0,2 GPa bzw. für die Zugfestigkeit 78,0 ± 0,4 MPa und parallel zur Aufbaurichtung für den E-Modul 81,0 ± 0,4 GPa bzw. für die Zugfestigkeit 55,0 ± 0,7 MPa). Die Bruchdehnung liegt bei etwa 10% und ist unabhängig von der Orientierung der Probe. Der Auswahl einer geeigneten Elementarzelle zur Auslegung von Scaffoldstrukturen wird von den Autoren eine große Bedeutung hinsichtlich mechanischer Eigenschaften zugeschrieben. Bei verschiedenen Elementarzellen (Diamant, Dodekaeder, flächenzentriertes kubisches Gitter oder 3D-Kagome-Gitter) bei einer konstanten Porosität von 70% variiert die maximale Druckspannung bis zum Versagen der Scaffolds, hergestellt aus den verschiedenen Elementarzellen zwischen 8 und 33 MPa. Die Scaffoldstrukturen mit den größten Überhängen werden mit den geringsten Festigkeiten bewertet, was nach den Autoren auf eine geringe Fertigungsqualität mit großen Ansinterungen bei horizontalen Streben senkrecht zur Aufbaurichtung zurückzuführen ist. Calcein-Färbung, Laktatproduktion und DNA-Messungen über einen Zeitraum von 13 Tagen zeigen, dass die Vitalität der mesenchymalen Stammzellen für die Zn-Scaffolds gering ist. Dies widerspricht den Arbeiten von [Li20c] und [Zhu17]. Weitere Forschung wird von [Lie20] empfohlen, um die Biokompatibilität dieses Materials zu analysieren, mit dem Ziel, Zn-basierte Scaffolds für Knochenreparaturen verwenden zu können.

In einer Studie [Xia23] werden Zn-Scaffoldstrukturen erfolgreich mittels PBF für einen „critical size bone defect" hergestellt. Die in-vitro und in-vivo Eigenschaften werden hinsichtlich Degradationseigenschaften für die Scaffoldstrukturen untersucht, mit dem Ergebnis einer geeigneten Abbaurate für Knochenimplantate von 0,132 ± 0,004 mm/Jahr. Darüber hinaus zeigen die Scaffoldstrukturen eine gute in-vitro Biokompatibilität und eine osteogene Wirkung. Die in-vivo Implantationsergebnisse zeigen, dass Zn-Scaffolds für eine Anwendung bei großen Knochendefekten mit osteogenen Eigenschaften geeignet sind. [Xia23]

In [Zho22] wird die Nutzung von additiver Fertigung zur Herstellung von Zinkimplantaten zusammengefasst. Die Bauteilqualität, die sich bspw. an der relativen Bauteildichte, den mechanischen- oder Degradations-Eigenschaften festmachen lässt, hängt von den Pulvereigenschaften, der Legierungszusammensetzung, der PBF-Prozessführung und dem Bauteildesign ab. Obwohl in den letzten Jahren Fortschritte bei der additiven Verarbeitung von Zink erzielt werden konnten, befindet sich nach [Zho22] die additive Fertigung von Zink und Zinklegierungen im Vergleich zu anderen biomedizinischen Metallen noch im Anfangsstadium. Um klinische Anwendungen von

PBF-Zinkimplantaten zu realisieren, sind weitere Forschungsarbeiten notwendig. Die Entwicklung von Zn-basierten Legierungen für das PBF muss vorangetrieben, Verarbeitungsdefekte untersucht, die Auswirkungen von Scaffoldstrukturen auf die Biokompatibilität bewertet und die biologischen Wechselwirkungen in-vivo und in-vitro sowie im menschlichen Körper erforscht werden. [Zho22]

PBF von Zink-Magnesium-Legierungen

Untereutektische ZnMg-Probekörper, die mittels PBF hergestellt sind, weisen in der Mikrostruktur hexagonal dicht gepackte α-Zn Körner auf, die von eutektischer Phase, bestehend aus Zn+Mg_2Zn_{11}, umgeben sind [Qin19a, Qin22, Vos22, Yan18]. Die Mikrostruktur ist ähnlich zu ZnMg-Probekörpern, die mittels Gießverfahren hergestellt sind [Pro08, Voj11]. Bei kristallographischer Betrachtung sind im Vergleich zu anderen Strukturen weniger Gleitsysteme vorhanden und die hergestellten Probekörper weniger duktil [Hor13, Ma21]. Gemäß dem in Abbildung 2-8 dargestellten binären Zn-Mg-Phasendiagramm, berechnet mit der Software Thermo-Calc (Version 2022a) und Verwendung der Datenbank TCFE11: Steels/Fe-Alloys v11.0 (Thermo-Calc Software AB, Solna, Schweden), bildet sich bei 364°C die eutektische Phase, bestehend aus Zn+Mg_2Zn_{11}, an den α-Zn Korngrenzen. Das intermetallische Mg_2Zn_{11} weist eine kubisch raumzentrierte Kristallstruktur auf [Sam49].

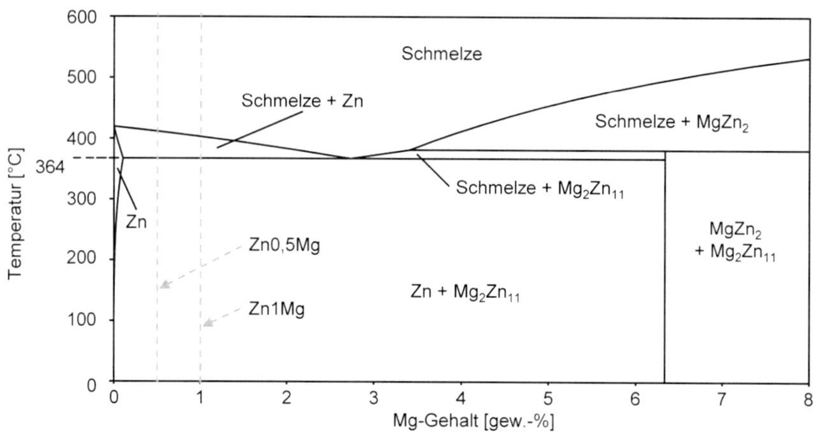

Abbildung 2-8: Zn-Mg-Phasendiagramm, berechnet mit der Software Thermo-Calc unter Verwendung der Datenbank TCFE11: Steels/Fe-Alloys v11.0, Markierung von Zn0,5Mg und Zn1Mg durch gestrichelte Linie

Mit steigendem Mg-Anteil sinkt die α-Zn-Korngröße, während die eutektische Phase sowie der Anteil von Mg_2Zn_{11} im metallischen Gefüge zunimmt [Qin22, Vos22, Yan18]. Durch eine Kornfeinung wird gemäß Hall-Petch-Beziehung [Got14, S. 268 ff.] eine Steigerung der Festigkeit erwartet. Die Festigkeitssteigerung ist bei steigendem Mg-Gehalt bei untereutektischen ZnMg-Legierungen in [Qin19a] nachgewiesen. Beispielhaft aufgezeigt nimmt nach [Yan18] die α-Zn Korngröße mit zunehmendem Mg-Gehalt ab. So weist Zn eine anzahlgewichtete Korngröße von 104,4 ± 30,4 µm, Zn1Mg von

10,2 ± 2,8 µm und Zn3Mg von 5,2 ± 1,3 µm auf. Mit steigendem Mg-Gehalt steigt ebenso der Anteil der eutektischen Zn+Mg_2Zn_{11}-Phase entlang der α-Zn Korngrenzen. Der mittels energiedispersiver Röntgenspektroskopie festgestellte Elementgehalt der eutektischen Phase beträgt für Zn3Mg 5,31 gew.-% Mg und 94,69 gew.-% Zn. E-Modul, Streckgrenze, Zugfestigkeit sowie Bruchdehnung steigen im untereutektischen Bereich mit dem Mg-Gehalt der Legierung an. In Zn4Mg können Mg_2Zn_{11} sowie $MgZn_2$-Phasen festgestellt werden. Die $MgZn_2$-Phase wird durch eine peritektische Reaktion gebildet. ZnMg-Bauteile verschiedener Mg-Anteile mit höheren relativen Bauteildichten > 99,5% weisen nach [Vos22] eine ähnliche Mikrostruktur mit einer durchschnittlichen α-Zn-Korngröße bei Zn1Mg von 2 µm auf. Die Körner sind in den untersuchten Probekörpern im Querschliff zufällig orientiert. Magnesiumoxide können zudem nach [Suc20] an Korngrenzen und Defekten festgestellt werden, wirken als Schwachstellen in den PBF-Mikrostrukturen und sind anfällig für Rissbildung. Weiter treten bei hohen Volumenenergiedichten E_V > 289 J/mm^3 Gasporosität und bei niedrigen Volumenenergiedichten E_V < 60 J/mm^3 Bindefehler auf [Vos22].

In der Studie von [Yan18] werden Proben aus ZnxMg (x = 0, 1, 2, 3, 4 gew.-%) mittels PBF hergestellt und untersucht, um die Eignung als degradierbare und belastbare Knochenimplantate zu bewerten. Eine relative Bauteildichte von 97,8 ± 1,3% (Zn1Mg), 96,6 ± 2,1% (Zn2Mg), 98,2 ± 1,2% (Zn3Mg) und 98,1 ± 1.4% (Zn4Mg) wird anhand von Querschliffen bestimmt. Eine geringere relative Bauteildichte bei weniger Mg in der Zinklegierung wird beobachtet, was auch in [Vos22] festgestellt wird. Die untersuchte Zn3Mg-Legierung weist eine geeignetere Degradationsrate zwischen 0,10 ± 0,04 mm/Jahr und 0,18 ± 0,03 mm/Jahr auf. Angesichts der analysierten mechanischen Eigenschaften, geeigneten Degradationsrate und guten Zellverträglichkeit wird in [Yan18] PBF-verarbeitetes Zn3Mg als vielversprechend für die Anwendung als Biomaterial für Knochenimplantate bewertet.

In den Untersuchungen von [Cap22, Gua21] wird Zn0,5Mg mittels PBF verarbeitet. Zur Herstellung von dünnwandigen Strukturen < 200 µm wird die Belichtungsstrategie der „Single Point Exposure" eingeführt. Gitterstrukturen mit BCC-Geometrie können erfolgreich hergestellt werden. In Tabelle 2.4 ist eine Übersicht zu den erzielten Strebendurchmessern bei Zn und Zn-Legierungen mittels PBF zusammengefasst.

Tabelle 2.4: Übersicht der Literatur zur Herstellung dünnwandiger Strukturen mittels PBF aus Zn und Zn-Legierungen

Quelle	Material	Strebendurchmesser
[Qin19a]	Zn-xWE43	562 µm
[Li20c]	Zink	441 µm
[Li20b]	Zink	357 – 442 µm
[Xia23]	Zink	600 µm
[Gua21]	Zn0,5Mg	120 – 220 µm
[Vos22]	ZnxMg (x = 0, 1, 2, 3, 5)	300 µm

Alloplastische und bioresorbierbare Implantate sind bereits untersucht, allerdings erfüllen diese bisher nicht die Wunschvorstellungen einer osteoinduktiven und osteokonduktiven Wirkung bei gleichzeitiger Gewährleistung einer ausreichenden Festigkeit, bis die Primärstabilität durch körpereigenen Knochen wiederhergestellt ist. Zn ist eines der am weitesten verbreiteten Metalle mit der größten kommerziellen Anwendung als Korrosionsschutz. In der Medizin wird Zn zur Hemmung von Entzündungen und der Wundheilung eingesetzt und gehört zu den notwendigen Spurenelementen im Körper. Die korrosionsrate von Zn und bestimmten Zn-Legierungen liegt dabei im idealen Bereich zum Einsatz als resorbierbares Knochenimplantat. Durch die additive Verarbeitung von Zn-Legierungen können patientenindividuelle Designs mit interkonnektiver Porenstruktur hergestellt werden. Zum Einsatz als alloplastisches, bioresorbierbares Knochenimplantat, mit der Möglichkeit zur additiven Verarbeitung, werden in der Literatur ZnMg-Legierungen als zielführend beschrieben. Es wird deutlich, dass die aktuellen Defizite zur Anwendung einer ZnMg-Legierung als Implantatwerkstoff mit patientenindividuellem Design in unzureichendem Wissen zur Verarbeitung mittels PFB, großer Standardabweichung in den mechanischen Eigenschaften sowie einer unvollständigen Prozesskette zur reproduzierbaren Herstellung patientenindividueller Scaffoldstrukturen liegen.

3 Zielsetzung und Aufbau der Arbeit

Unzureichendes Wissen zur defektarmen Verarbeitung, die unvollständige Prozesskette zur Herstellung dünnwandiger Strukturen und mechanische Eigenschaften ohne reproduzierbare Ergebnisse stellen die Herausforderungen zu der Verarbeitung von ZnMg-Legierungen dar.

3.1 Forschungsbedarf

Verglichen mit industriell etablierten Metallen wie Titan-, Eisen- oder Aluminiumlegierungen, ist in der Literatur nur wenig und hauptsächlich erst in den letzten 8 Jahren zur Verarbeitung von Zn- und ZnMg-Legierungen mittels PBF zu finden. Die grundsätzliche Machbarkeit zur Herstellung von Probekörpern aus Zn- und ZnMg-Legierungen mittels PBF ist bspw. in [Lie18, S. 107 ff., Qin22, Vos22] nachgewiesen, wobei die meisten Veröffentlichungen mit der Empfehlung zu weiteren Forschungsarbeiten in dem Themengebiet enden. Die Machbarkeit zur Verarbeitung von niedrigverdampfenden Legierungen, wie bspw. Magnesium, ist in der Literatur bereits nachgewiesen. Nach [Jau18, S. 139] wird die additive Verarbeitung mittels PBF als „herausfordernd" beschrieben. Zink weist ein ähnlich herausforderndes Verhalten bei der Verarbeitung mittels PBF auf und eine große Verdampfung des Materials kann bestätigt werden [Wen18b, Wen19]. Aus der Literatur geht hervor, dass neben den einzustellenden Verfahrensparametern und der Prozessführung mit Entfernung der entstehenden Prozessnebenprodukte, die Verarbeitbarkeit maßgeblich von der ausgewählten Legierungszusammensetzung abhängt und bei ZnxMg mit $x < 2$ eine große Prozesssensitivität beobachtet wird [Vos22]. Die Verarbeitung von ZnxMg mit $x \leq 1$ wird in der Literatur als zielführend zur Herstellung von Implantaten bewertet, ist aber bisher nicht ausreichend dokumentiert und weder die beobachteten Mikroporositäten noch die ausgeprägte längliche Defektstruktur ist hinreichend beschrieben. Erste Analysen der mechanischen Eigenschaften an Zn- und ZnMg-Legierungen sind bereits durchgeführt, jedoch ist bei ZnMg-Legierungen mit Mg < 2 gew.-% in der Literatur eine vergrößerte Standardabweichung mit geringer Reproduzierbarkeit zu beobachten. Die Vermutung liegt nahe, dass aufgrund des kleinen Prozessfensters und des Einflusses der Prozessführung auf die Bauteilqualität die hergestellten Zugproben keine ausreichende bzw. keine reproduzierbare hohe relative Bauteildichte aufweisen. Die Biokompatibilität ist bereits für ZnMg nachgewiesen, sollte aber in Abhängigkeit des Herstellungsprozesses, der Legierungszusammensetzung und der Prozessführung individuell durchgeführt werden.

Die Prozessführung zur Verarbeitung von ZnMg-Legierungen mittels PBF soll entwickelt werden, mit dem übergeordneten Ziel, patientenindividuelle Implantate mit osteoinduktiven und osteokonduktiven Eigenschaften zu fertigen, die eine lasttragende Wirkung aufweisen. Zur Umsetzung muss eine offenporige Struktur zum Einwachsen des Knochengewebes und Ausschwemmen der Abbauprodukte der Implantate gegeben sein. Untersuchungen zu dünnwandigen Strukturen bzw. Scaffolds sind in [Gua21] beschrieben. Aus ZnMg-Legierungen werden bspw. mittels Punktbelichtungen einzelne Streben gefertigt. Die Herausforderung der vergrößerten Wärmeeinbringung in die Schmelze bei kurzen Scanvektoren mit einer erheblichen Entwicklung von Prozessnebenprodukten ist durch die Autoren erkannt und mittels angepasster Prozessführung umgangen. Mit dieser Methode sind die geometrischen Abmessungen jedoch auf definierte Strebendurchmesser limitiert und komplexe Bauteile mit Änderungen der Geometrie in Abhängigkeit der Anforderungen können nicht umgesetzt werden. Bei der Verarbeitung von ZnMg-Legierungen, speziell bei der Punktbelichtung, wird eine vergrößerte Oberflächenrauheit durch Ansinterungen in der Literatur erwähnt, aber bisher noch keine Beschreibung der Entstehung oder Lösung zur Reduktion dieser ausgearbeitet. Bedingt durch oberflächliche Ansinterungen und eine unbekanntes Schmelzverhalten der ZnMg-Legierungen sind bisher keine Untersuchungen zur Maßhaltigkeit dokumentiert. Bei der Umsetzung einer patientenindividuellen Auslegung des lasttragenden Implantates müssen die geometrischen Abmessungen mit Strebendurchmesser und Porosität nach der PBF-Fertigung bekannt sein. Gleichzeitig sind die mechanischen Eigenschaften abhängig von dem Strebendurchmesser und der ausgewählten Elementarzelle. Bei dünnwandigen Kompressionsproben führt eine vergrößerte Oberflächenrauheit zu undefinierten Kerbwirkungen. Eine Prozesskette zur reproduzierbaren Herstellung komplexer Bauteile ist bisher nicht dokumentiert.

3.2 Zielsetzung und Forschungsfrage

Basierend auf den Defiziten sollen im Rahmen dieser Arbeit Handlungsempfehlungen zur Verarbeitung von ZnMg-Legierungen mittels PBF erarbeitet werden, um eine reproduzierbare Bauteilqualität erzeugen zu können. Dabei werden die Ziele in vier Sub-Ziele unterteilt, die schematisch in Abbildung 3-1 dargestellt und deckungsgleich zu den Ergebniskapiteln (Kapitel 5-7) mit anschließender Anwendungsdemonstration (Kapitel 7) sind.

Abbildung 3-1: Graphische Übersicht zur Vorgehensweise in den Ergebniskapiteln mit Demonstration

Verarbeitung von Zn0,5Mg und Zn1Mg

Das Ziel ist die Herstellung von Probekörpern mit einer hohen relativen Bauteildichte > 99,5% und der Beschreibung der ausgebildeten Defektstrukturen mit Analyse der Mikrostruktur. Dabei sollen Methoden zur Reduzierung bzw. Eliminierung der Defektstrukturen untersucht werden. Durch eine grundlegende Untersuchung der Mikrostruktur sollen die Einflüsse der Legierungszusammensetzung, der Verfahrensparameter und der Defektstrukturen auf das ausgebildete Gefüge herausgearbeitet werden. Die mechanischen Eigenschaften sollen anhand von Probekörpern mit hoher relativer Bauteildichte (> 99,5%) bestimmt werden.

Biokompatibilität von ZnMg

Das Ziel ist, anhand von PBF-Probekörpern, gefertigt aus der beschriebenen ZnMg-Legierung, die Biokompatibilität verifizieren zu können. Die Lebensfähigkeit der Zellen soll nach DIN EN ISO 10993-5:2009 hinsichtlich der Zytotoxizität bewertet werden und das Überleben von Osteoblasten und Chondrozyten auf der gefertigten PBF-Oberfläche von ZnMg-Probekörpern untersucht werden.

Herstellung dünnwandiger Strukturen

Im Rahmen dieser Arbeit soll die Prozesskette zur reproduzierbaren Herstellung von Scaffolds untersucht werden. Dabei soll ein Strebendurchmesser von 200 µm bei einer Maßhaltigkeit von ± 20 µm erzielt werden. Die Wärmeeinbringung und deren Einfluss auf kurze Scanvektoren mit kleinen Laserwiederkehrzeiten ist bekannt, aber nicht für ZnMg-Legierungen beschrieben und soll im Rahmen dieser Arbeit untersucht werden. Die Anpassung der Prozessführung soll als Handlungsempfehlung abgeleitet werden. Die Herausforderungen einer großen Oberflächenrauheit nach dem PBF-Prozess sollen durch Maßnahmen in der Prozesskette gelöst werden. Eine ausreichende Maßhaltigkeit der Bauteile im Vergleich zum CAD-Modell ist unabdingbar und soll quantifiziert werden. Das CAD-Modell, bspw. ein patientenindividuelles Implantat, muss mit dem hergestellten Bauteil mit definierter Maßhaltigkeit übereinstimmen und die gesamte Prozesskette zur reproduzierbaren Herstellung dünnwandiger Strukturen beschrieben werden.

Anwendungsdemonstration

Zur Demonstration werden die gewonnenen Erkenntnisse auf patientenindividuelle Anwendungen übertragen. Dabei soll parametrisch ein „critical size bone defect“ im CAD erzeugt und die Geometrie anschließend mit der bekannten Prozesskette gefertigt werden. Als zweite Anwendung soll ein patientenindividuelles Kieferimplantat aus der ZnMg-Legierung gefertigt werden.

Aus den genannten Sub-Zielen wird die folgende Forschungsfrage abgeleitet:

Welchen Einfluss haben die Legierungszusammensetzungen und PBF-Verfahrensparameter auf Defektbildung, Mikrostruktur und mechanische Eigenschaften von ZnMg-Probekörpern und welche prozessbedingten Maßnahmen sind zur reproduzierbaren Herstellung von Scaffoldstrukturen notwendig?

3.3 Aufbau der Arbeit

Zur Beantwortung der Forschungsfrage wird die Arbeit in drei Ergebniskapitel (Kapitel 5 - 7) mit anschließender Anwendungsdemonstration (Kapitel 8) gegliedert. Schematisch ist eine Übersicht mit allen Kapiteln in Abbildung 3-2 dargestellt.

Kapitel 1 — **Einleitung**

- Ausgangssituation & Motivation der Arbeit

Kapitel 2 — **Stand der Forschung und Technik**

- Biokompatible Werkstoffe & Zink, Grundlagen zum PBF

Kapitel 3 — **Zielsetzung und Aufbau der Arbeit**

- Defizite mit abgeleiteter Forschungsfrage & Übersicht zu den Kapiteln

Kapitel 4 — **Werkstoffe, Anlagen und Analytik**

- Verwendete Pulverwerkstoffe, PBF-Anlagentechnik & Probenanalyse

Kapitel 5 — **Verarbeitung von Zn0,5Mg und Zn1Mg**

- Prozessführung mit Analyse der relativen Bauteildichte anhand von Querschliffen an Probekörpern mit einer Kantenlänge von 5 mm
- Beschreibung von Defektbildung & Mikrostruktur
- Bewertung der mechanischen Eigenschaften anhand von Zugversuchen
- Zwischenfazit mit Handlungsempfehlungen zur Verarbeitung von ZnMg

Kapitel 6 — **Biokompatibilität von ZnMg**

- Untersuchungen zur Lebensfähigkeit der Zellen im Prüfmuster
- Lebend- / Tot-Vergleich mittels FACS-Analyse
- Überleben von Osteoblasten und Chondrozyten auf PBF-Oberflächen

Kapitel 7 — **Herstellung dünnwandiger Strukturen**

- Herausforderungen beim Aufbau dünnwandiger Strukturen
- Anpassen der Belichtungsstrategie und Nachbearbeitung
- Bewertung der mech. Eigenschaften anhand von Kompressionsversuchen
- Zwischenfazit mit Handlungsempfehlungen zur Herstellung von Scaffolds

Kapitel 8 — **Demonstration**

- Entwicklung eines patientenindividuellen Designs
- Prozesskette zur Herstellung komplexer Bauteile

Kapitel 9 — **Zusammenfassung und Ausblick**

Abbildung 3-2: Graphische Übersicht der vorliegenden Arbeit

In Kapitel 1 wird die Ausgangssituation mit der Motivation der Arbeit beschrieben. Aus einem Überblick der Literatur zu Knochendefektrekonstruktionen mit medizinischen Implantaten wird ein Praxisdefizit abgeleitet und die allgemeine Zielsetzung der Arbeit formuliert.

In Kapitel 2 ist der Stand der Technik und Forschung bezogen auf das Thema der vorliegenden Arbeit beschrieben. Materialien für die Medizintechnik werden mit deren Anwendung dargestellt und das Degradationsverhalten der metallischen Materialien beschrieben. Zink bzw. Zinklegierungen werden in dem aktuellen Umfeld mit industriellen Anwendungen beschrieben. Zur Herstellung von Probekörpern wird das Verfahren *Powder Bed Fusion of Metals using a Laser Beam* (PBF-LB/M), im Rahmen der Arbeit als *Powder Bed Fusion* (PBF) bezeichnet, ausgewählt und in diesem Kapitel mit der Datenaufbereitung, dem Verfahrensprinzip und den Verfahrensparametern beschrieben. Aktuelle Untersuchungen und Arbeiten zum PBF von ZnMg-Legierungen werden aufgelistet und die Erkenntnisse zur Herstellung dünnwandiger Strukturen beschrieben.

In Kapitel 3 werden aus der Motivation zur Herstellung von patientenindividuellen Implantaten mit osteoinduktiven, osteokonduktiven und lasttragenden Eigenschaften und dem Stand der Technik und Forschung der Forschungsbedarf bei der Verarbeitung von ZnMg-Legierungen mittels PBF abgeleitet. Anschließend werden die Ziele herausgestellt, in den Kontext zu den aktuellen Arbeiten gesetzt und eine Forschungsfrage formuliert; folgend ist der Aufbau der Arbeit skizziert.

In Kapitel 4 sind die Werkstoffe, Anlagen und Analysen beschrieben. Beginnend mit den verwendeten Pulverwerkstoffen Zn und Zn2Mg und deren Charakterisierung hinsichtlich chemischer Zusammensetzung, Morphologie und Oberfläche, wird das Vorgehen zur Herstellung der Pulvermischungen Zn0,5Mg und Zn1Mg beschrieben. Bei der Verarbeitung der Pulverwerkstoffe wird ein PBF-Laborsystem verwendet und mit den relevanten Komponenten beschrieben. Die Aufbereitung der Daten mit den verwendeten Probekörpern und Belichtungsstrategien wird dokumentiert. Zur Analyse der Querschliffe werden die Probekörper in der Metallografie präpariert und hinsichtlich relativer Bauteildichte mittels Auflichtmikroskops und hinsichtlich Mikrostruktur mittels Rasterelektronenmikroskopie (REM) analysiert. Die mechanischen Eigenschaften werden durch statische Zug- und Kompressionsversuche ermittelt. Die Beschreibung der verwendeten Geräte und die Prozessführung sind Inhalt dieses Kapitels.

Nach den vorherigen Kapiteln zur Motivation, der Vorgehensweise und der verwendeten Anlagentechnik mit der Analytik ist der Kern der Arbeit in den Kapitel 5 – 8 beschrieben und graphisch in Abbildung 3-1 dargestellt.

In Kapitel 5 sind die Ergebnisse zur Verarbeitung von Zn0,5Mg und Zn1Mg mittels PBF dargestellt. Eine Prozessentwicklung wird für die verwendeten Pulverwerkstoffe beschrieben und die relative Bauteildichte der Probekörper im Querschliff analysiert. Die Herausforderungen bei der Verarbeitung von ZnMg-Legierungen mittels PBF zur Herstellung von Probekörpern mit hoher relativer Bauteildichte (> 99,5%) werden herausgearbeitet. Der Einfluss der Verfahrensparameter, bspw. Laserleistung und Scangeschwindigkeit, und Legierungszusammensetzung auf die Defektstrukturen und die ausgebildeten Mikrostrukturen werden untersucht. Die mechanischen Eigenschaften werden mittels Zugversuchs bestimmt. Die Defekte werden eingeordnet und Möglichkeiten zur Vermeidung aufgezeigt. Im Zwischenfazit werden Handlungsempfehlungen zur Verarbeitung von ZnMg-Legierungen abgeleitet.

In Kapitel 6 wird die ZnMg-Legierung auf Biokompatibilität hin untersucht. Aus der Zn1Mg-Legierung hergestellte Probekörper werden zur Analyse mittels Primärzellen aus Schafsknochen (Osteoblasten und Chondrozyten) untersucht und die Lebensfähigkeit bewertet.

In Kapitel 7 wird auf Basis der Ergebnisse vorangegangener Untersuchungen eine Prozesskette zur Herstellung dünnwandiger Strukturen entwickelt. Beginnend mit einer im Rahmen dieser Arbeit genutzten Definition dünnwandiger Strukturen werden die Herausforderungen bei der Verarbeitung der ZnMg-Legierung bei kurzen Scanvektoren abgeleitet. Das Schmelzverhalten wird anhand von geätzen Querschliffen analysiert, die Oberflächen hinsichtlich Ansinterungen und der daraus resultierenden Rauheit vermessen und anschließend die Belichtungsstrategie zur Vergrößerung der Maßhaltigkeit angepasst. Zur Reduktion der Ansinterungen und Verkleinerung der Oberflächenrauheit wird eine abrasive Nachbearbeitung mittels Partikelstrahlen untersucht und beschrieben. Abschließend werden die mechanischen Eigenschaften mittels Kompressionsversuchen an dünnwandigen Strukturen durchgeführt und hinsichtlich Eignung als Implantatwerkstoff bewertet. In dem Zwischenfazit wird die Prozesskette mit den Maßnahmen zur reproduzierbaren Herstellung von Scaffoldstrukturen zusammengefasst und es werden Handlungsempfehlungen zur Umsetzung abgeleitet.

In Kapitel 8 werden die Erkenntnisse demonstriert und auf Anwendungen übertragen. Die Prozesskette für dünnwandige Strukturen mit Datenaufbereitung, PBF-Fertigung und Nachbearbeitung wird anhand patientenindividueller Geometrien durchlaufen und validiert. Exemplarisch werden Scaffoldstrukturen als „critical size bone defect" parametrisch ausgelegt und ein Kieferausschnitt mit konturangepasstem Design ausgewählt. Die Herstellung dieser Demonstratoren erfolgt aus der ZnMg-Legierung mittels PBF und der entwickelten Prozesskette.

In Kapitel 9 sind die Ergebnisse der vorherigen Kapitel zusammengefasst und die Erkenntnisse hinsichtlich der Verarbeitung von Zn0,5Mg und Zn1Mg, der Prozesskette zur Herstellung dünnwandiger Strukturen sowie der mechanischen Eigenschaften aufgeführt. Die Forschungsfrage wird aufgegriffen und ein Ausblick mit einer Beschreibung zukünftiger Forschungsarbeiten gegeben.

4 Werkstoffe, Anlagen und Analytik

In diesem Kapitel werden die Werkstoffe, Anlagen und Analysen beschrieben, die in dieser Arbeit verwendet werden. Beginnend mit den verwendeten Pulverwerkstoffen Zn und Zn2Mg und deren Charakterisierung hinsichtlich chemischer Zusammensetzung, Morphologie und Oberfläche, wird das Vorgehen zur Herstellung der Pulvermischungen Zn0,5Mg und Zn1Mg beschrieben. Bei der Verarbeitung der Pulverwerkstoffe wird das Laborsystem AconityMINI (Aconity GmbH, Herzogenrath, Deutschland) verwendet. Die Aufbereitung der Daten zu den verwendeten Probekörpern und Belichtungsstrategien wird beschrieben. Zur Analyse der Probekörper werden diese metallografisch präpariert und hinsichtlich relativer Bauteildichte mittels Auflichtmikroskopie (engl. Light Optical Microscope: LOM) bzw. Mikrostruktur mittels Rasterelektronenmikroskopie (REM) bewertet. Die mechanischen Eigenschaften sollen durch Zug- und Kompressionsversuche ermittelt werden. Das Vorgehen und die verwendeten Geräte werden in diesem Kapitel dargestellt.

4.1 Verwendete Pulverwerkstoffe

Pulverproben werden vor dem Mischen der gewünschten Legierungszusammensetzung aus den Zn- und Zn2Mg-Grundpulvern des Herstellers Nanoval (Nanoval GmbH und Co. KG, Berlin, Deutschland) entnommen. Die Handhabung des Pulvers findet nicht unter Schutzgasatmosphäre statt, sodass eine Oxidschicht auf der Oberfläche der Pulverpartikel gebildet werden kann [Sey18]. Zur Validierung der angegebenen Werkstoffspezifikationen wird für jedes Pulver eine Partikelgrößenverteilungs-Messung (Engl.: Particle Size Distribution: PSD) mittels Partikelanalysator Camsizer X2 (Retsch GmbH, Haan, Deutschland) durchgeführt. Um die verwendeten Pulverwerkstoffe zu charakterisieren, werden lose und geschliffene Pulverproben von Zn und Zn2Mg Pulver mittels REM und EDX am Rasterelektronenmikroskop XL30 (Koninklijke Philips N.V., Eindhoven, Niederlande) untersucht. REM-Aufnahmen werden bei verschiedenen Vergrößerungen durchgeführt und fünf EDX-Punktmessungen an unterschiedlichen Pulverpartikeln mit einer Beschleunigungsspannung von 20 kV und einer Messdauer von 100 Sekunden analysiert. Die Spektren werden von den möglichen Al-, Si- und C-Peaks für die Datenauswertung bereinigt. Aluminium und Kohlenstoff stammen insbesondere von dem Probenhalter in der Vakuumkammer des REM, ein Silizium-Peak kann durch die verwendeten Präparations-Medien in den Spektren festgestellt werden. In Abbildung 4-1 sind links PSD und rechts REM-Aufnahmen der Pulver dargestellt. In der Verteilungskurve ist ein Unterschied der anzahlbezogenen (q0) und der volumenbezogenen (q3) Partikelgrößenverteilungen erkennbar. Zwischen 15 µm und 45 µm befinden sich volumenbezogen 92% und anzahlbezogen 71% der Pulverpartikel des Zn-Pulverwerkstoffes. Auf den REM-Aufnahmen sind teilweise unregelmäßig geformte Partikel und an der Partikeloberfläche haftende kleinere Pulverpartikel (Satelliten) dargestellt. Solche Satelliten sind charakteristisch für gasverdüste Pulverwerkstoffe [Sey18]. Beide Pulverproben zeigen, dass die Zn- und Zn2Mg-Pulverpartikel größtenteils sphärisch sind und die volumenbezogenen Pulverpartikel ähnlich den Herstellerangaben zwischen 15 µm und 45 µm liegen (vgl. Tabelle 4.1). In den Verteilungskurven sind keine Ausreißer erkennbar.

Tabelle 4.1: Herstellerangaben (Nanoval) des verwendeten Grundpulvers

Pulver	Mg [gew.-%]	Mittlere Partikelgröße d_{50} [µm]	Kornfraktion [µm]
Zn	0	23,4	-45 / +15
Zn2Mg	2	26,2	-45 / +15

Bei dem Zn2Mg-Grundpulver sind in der REM-Aufnahme vermehrt größere Partikel zu erkennen. In den Diagrammen der PSD ist die Verteilungskurve zum volumenbezogenen Anteil der Pulverpartikel bei Zn2Mg im Gegensatz zu Zn bei den Partikeln > 40 µm zu größeren Durchmessern verschoben. Zusätzlich ist der mittlere Durchmesser der Partikel d_{50} nach Herstellerangaben mit 2,8 µm größer angegeben. Im Rahmen dieser Arbeit wird kein Unterschied bei der Verarbeitung mittels PBF erwartet.

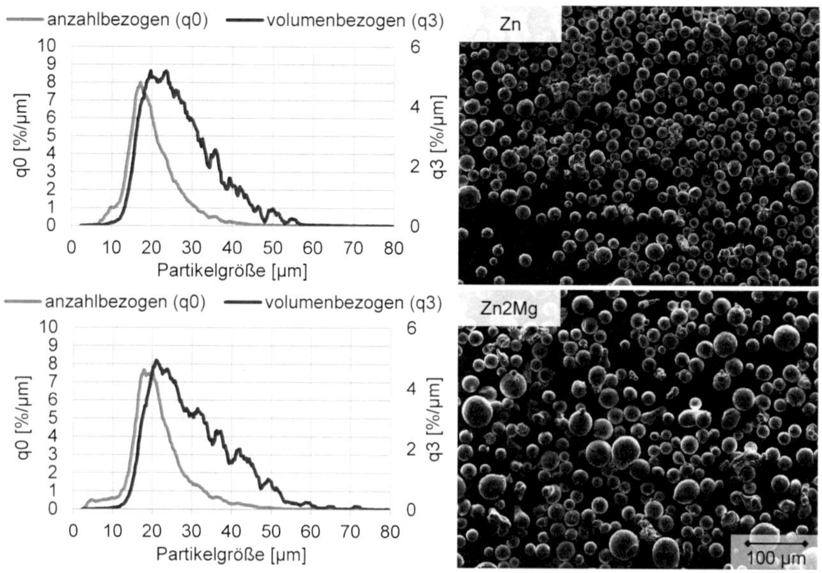

Abbildung 4-1: Vergleich der verwendeten Grundpulver Zn (oben) und Zn2Mg (unten), links: PSD-Analyse, rechts: REM-Aufnahme

In Abbildung 4-2 sind REM-Aufnahmen von einzelnen (links) sowie eingebetteten und geschliffenen (rechts) Zn- und Zn2Mg-Pulverpartikeln dargestellt. Vereinzelt haften Satelliten an den Partikeln, was auch in anderen Arbeiten für Zn-Pulver festgestellt wird [Qin19a, San20, Vos22]. Bei der vergrößerten Darstellung einzelner Pulverpartikel wird bei Zink eine zackenförmige Erstarrung der Materialoberfläche beobachtet und die Namensgebung „*Zacke, Zahn*" abgeleitet [Kal12, S. 55]. Durch die Zugabe von 2 gew.-% Mg wird eine untereutektische ZnMg-Legierung erzeugt, die bei der Erstarrung aus der Schmelze direkt zwei Phasen bildet: Primäres Zink (helle Flächen) ist von eutektischem Zn+Mg_2Zn_{11} umhüllt (dunkle Flächen). Die Partikel weisen eine sphärische

Oberfläche auf. In den geschliffenen Pulverpartikeln sind vereinzelt Hohlräume innerhalb der Pulverpartikel zu erkennen. Diese können bei der Gasverdüsung entstehen, wenn ein Teil des umgebenden Schutzgases in den Pulverwerkstoffen bei der Erstarrung eingeschlossen wird [Zha17a]. Bei der Pulveranalyse bzw. den exemplarischen Querschliffen werden nur vereinzelt Hohlräume in den Partikeln festgestellt. Aufgrund der geringen Anzahl der Hohlräume wird kein großer Einfluss auf die relative Bauteildichte im PBF erwartet.

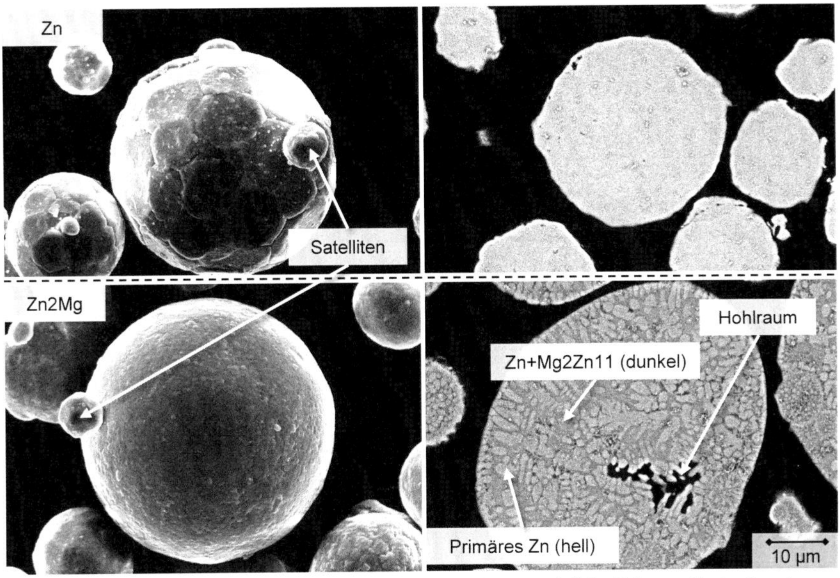

Abbildung 4-2: REM-Aufnahmen von Zn (oben) und Zn2Mg (unten), links Pulverpartikel mit vorhandenen Satelliten, rechts: eingebettete und angeschliffene Pulverpartikel

Die Ergebnisse der energiedispersiven Röntgenspektroskopie (engl: energy dispersive x-ray), im Folgenden als EDX bezeichnet, zur Bestimmung der Legierungszusammensetzung des Grundpulvers sind in Tabelle 4.2 aufgeführt. Die Messung auf den Zn-Partikeln ergibt einen Sauerstoffgehalt von 0,34 gew.-%. Dies kann auf eine Oxidschicht zurückgeführt werden, die sich bei der Verdüsung und Handhabung des Pulvers gebildet hat [San20, Sey18]. Die gemessenen Zn2Mg-Partikel weisen im Mittel einen Mg-Gehalt von 1,25 gew.-% und O-Gehalt von 0,58 gew.-% auf. Bei der Analyse des Sauerstoffgehaltes mittels EDX ist eine messbedingte Abweichung zu erwarten (vgl. Kapitel 4.4.2). Der gemessene Mg-Anteil der Zn2Mg-Pulverpartikel ist somit niedriger als der Sollwert von 2 gew.-% Mg. Der Sauerstoffgehalt auf Zn2Mg-Pulverpartikeln ist im Mittel größer als auf den Zn-Pulverpartikeln. Metalle, die ein stark negatives Standardelektrodenpotenzial aufweisen, neigen zur Bildung von Oxidschichten [Hor15]. Der erhöhte O-Gehalt auf Zn2Mg-Pulverpartikeln im Vergleich zu den Zn-Partikeln kann daher auf das Mg zurückgeführt werden. Aufgrund des Unterschieds im Standardelektrodenpotenzial (vgl. Tabelle 2.2) hat Mg eine höhere Tendenz zur

Ausbildung einer Oxidschicht. Aufgrund von Messungenauigkeiten bei EDX-Punktmessungen werden am Pulver und PBF-Probekörpern zusätzlich Elementanalysen mittels ICP-OES (Inductively Coupled Plasma - Optical Emission Spectrometry) an einer Varian 720-ES (Agilent Technologies Inc., Santa Clara, USA) durchgeführt. Mit dieser Methode wird ein Teil der Probe verflüssigt, das Aerosol in ein Argon-Plasma eingeleitet und die Bildung von Atomen und Ionen hervorgerufen. Diese werden angeregt und die Elemente anhand der Wellenlänge analysiert, um quantitative Aussagen zur Legierungszusammensetzung zu machen. Die Messung der Zn2Mg-Pulverpartikel ergibt einen Mg-Gehalt von 1,95 gew.-%.

Tabelle 4.2: Ergebnisse der EDX-Punktmessungen und der Elementanalyse mittels ICP-OES des Grundpulvers

Messung	Pulver	Zn [gew.-%]	Mg [gew.-%]	O [gew.-%]
EDX	Zn	99,66 ± 0,07	-	0,34 ± 0,07
	Zn2Mg	98,18 ± 0,54	1,25 ± 0,48	0,58 ± 0,19
ICP-OES	Zn	100	-	-
	Zn2Mg	98,05	1,95	-

Die Legierungszusammensetzungen werden durch Abwiegen und Mischen von reinem Zn-Pulver sowie vorlegiertem Zn2Mg-Pulver erzielt. Gemäß DIN EN ISO / ASTM 52900 wird eine solche Kombination aus Pulvern mit unterschiedlichen Zusammensetzungen im Folgenden als Pulvergemisch bezeichnet. Die Pulver werden in den Verhältnissen 1:3 (Zn : Zn2Mg) für Zn0,5Mg bzw. 1:1 (Zn : Zn2Mg) für Zn1Mg auf ca. 3 kg zusammengegeben und mittels eines Taumelmischers vom Typ Turbula 2F Taumelmischer (Willy A. Bachofen AG, Muttenz, Schweiz) für 45 Minuten auf der höchsten Rotationsstufe trockengemischt (vgl. Abbildung 4-3 links).

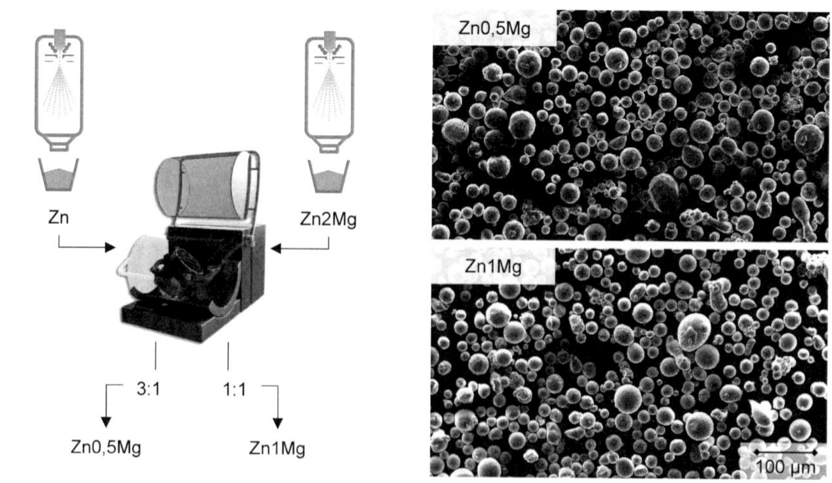

Abbildung 4-3: links: Schematische Darstellung zum Pulvermischen mittels Taumelmischer, rechts: REM-Aufnahmen der Pulvergemische Zn0,5Mg (oben), Zn1Mg (unten)

Nach [Mos21] sind die Voraussetzungen zur Verwendung von Pulvergemischen durch die ähnlichen Materialeigenschaften hinsichtlich Schmelzpunkt, spezifischer Materialdichte, Viskosität, Wärmeleitfähigkeit, Absorptionsverhalten, Partikelgröße und PSD erfüllt. Die Morphologie der Pulvermischungen ist in Abbildung 4-3 rechts dargestellt, wobei die Zn-Partikel optisch anhand der hexagonalen Oberflächenstruktur identifiziert werden können. Nachdem das Pulvergemisch in den Vorratsbehälter der PBF-Anlage gefüllt ist, werden Probekörper aus unbenutztem Pulver hergestellt. Parallel zu den Untersuchungen unterschiedlicher chemischer Zusammensetzungen durch das Mischen von Zn und Zn2Mg wird eine Zn1Mg-verdüste Pulverlegierung verarbeitet. Eine Analyse von vorlegiertem Zn1Mg desselben Herstellers ist im Anhang AA11 beschrieben. Bei der Wiederverwertung wird im Rahmen dieser Arbeit das Rest-Pulver aus dem Überlaufbehälter der PBF-Anlage mit 63 µm Maschenweite gesiebt und vor dem Einfüllen in den PBF-Vorratsbehälter erneut im Taumelmischer mit den beschriebenen Einstellungen gemischt. Eine Verunreinigung des Pulvers ist aufgrund der Prozessnebenprodukte bei der Verarbeitung von ZnMg-Legierungen zu erwarten (vgl. Kapitel 2.3 und Kapitel 5.2).

4.2 PBF-Anlagentechnik

Die Herstellung der Probekörper erfolgt auf der PBF-Anlage AconityMINI. Eine schematische Skizze der Anlage ist in Abbildung 4-4 dargestellt und gleicht der verwendeten Anlagentechnik in [Qin19a, Qin22, Vos22, Wen19]. Die Prozesssteuerung erfolgt über die Bedienungssoftware SLMmachine V3.91 (Ortmann Digitaltechnik GmbH, Attendorn, Deutschland). Als Strahlquelle zur Energieeinbringung in den Schmelzprozess wird ein Ytterbium-Faserlaser vom Typ YLR-400 des Herstellers IPG (IPG Photonics Corporation, Oxford, Massachusetts, USA) mit einer Wellenlänge von 1070 nm mit 400 W maximaler Laserleistung eingesetzt. Die Ablenkung des Laserstrahls erfolgt über einen Galvanoscanner hurrySCAN20 (Scanlab AG, Puchheim, Deutschland). Ausgehend vom Galvanoscanner wird die Laserstrahlung mit Hilfe einer LINOS F-Theta-Ronar Linse (Nummer 4401-508-000-21) für eine Wellenlänge von 1030-1080 nm und einer Brennweite von 420 mm (Qioptiq Photonics GmbH & Co. KG, Göttingen, Deutschland) durch eine Einkoppelscheibe auf die Bearbeitungsebene fokussiert. Eine Kaustikmessung wird gemäß DIN EN ISO / ASTM 52941 durchgeführt. Der ermittelte Strahldurchmesser d_S beträgt in der Arbeitsebene 74,88 µm bei einer Rayleighlänge z_R von 3,88 mm. Der Bericht für 40 W Laserleistung ist im Anhang in Abbildung 13-1 aufgeführt.

Die Herstellung der Probekörper in der Prozesskammer erfolgt auf einer zylindrischen Bauplatte aus dem Substratmaterial Zink und einem Durchmesser von 50 mm. Der Pulverauftrag erfolgt durch einen Beschichter mit Silikon-Beschichterlippe von dem zylindrischen Vorratsbehälter über die Bauplattform. Überschüssiges Pulver wird in einem Überlaufbehälter gesammelt. Der gesamte PBF-Prozess findet unter Schutzgasatmosphäre aus Argon mit einem Restsauerstoffgehalt < 100 ppm statt. Der O_2-Gehalt wird während des gesamten Prozesses durch einen Sensor ZR5 (Zirox Sensoren &

Elektronik GmbH, Greifswald, Deutschland) erfasst. Aufgrund der O_2-Affinität des Pulvermaterials wird der Restsauerstoff innerhalb der ersten 1 – 10 Schichten (in Abhängigkeit von der zu belichteten Fläche) in der Prozesskammer auf < 1 ppm reduziert.

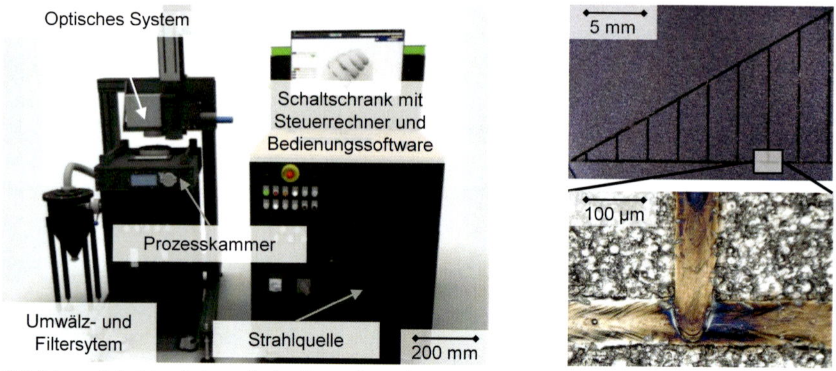

Abbildung 4-4: links: Schematische Darstellung der verwendeten PBF-Anlage AconityMINI, rechts: LOM-Aufnahme eines Einbrandes auf einem Metallplättchen zur Vermessung der Beschleunigungs- und Abbremsvorgänge bei anlagenbedingten Delay-Einstellungen

Durch Abbrems- und Beschleunigungsvorgänge können aufgrund der Trägheit der Scannerspiegel im optischen System inhomogene Scangeschwindigkeiten am Anfang sowie am Ende eines Scanvektors auftreten. Um eine gleichbleibende Scangeschwindigkeit eines kompletten Scanvektors zu gewährleisten, wird das sogenannte Sky-Writing verwendet. Dabei werden die Beschleunigungs- und Abbremsvorgänge vor und nach jedem Scanvektor ohne Laserstrahlung durchgeführt. Die Einführung des Sky-Writing stellt zwar eine konstante Scangeschwindigkeit der Scanvektoren sicher, jedoch ergeben sich zwischen aufeinanderfolgenden Scanvektoren Belichtungspausen im Mikro- bis Millisekunden-Bereich, die zu einer Erhöhung der Prozessnebenzeiten führen. Das Sky-Writing wird aus einer Beschleunigungs- (N_{prev}) und Abbremszeit (N_{post}) zusammengesetzt und zur Belichtungspause summiert. Schematisch ist das Sky-Writing im Anhang in Abbildung 13-2 dargestellt. Eine mikroskopische Aufnahme eines Einbrandes auf einem Metallplättchen zur Validierung der Maßhaltigkeit bei N_{prev} = 150 µs und N_{post} = 100 µs ist in Abbildung 4-4 rechts dargestellt.

Die PBF-Anlage verfügt über ein integriertes Umwälz- und Filtersystem, sodass entstehende Prozessnebenprodukte durch eine über der Prozessebene verlaufende Umwälzströmung mit Schutzgas abgeführt werden können und somit die Bildung von Defekten reduziert wird. Rauch- und Spritzerentwicklung ist bei Zink bereits nachgewiesen [Wen18a] und eine Schutzgasströmung zur Minimierung der Wechselwirkung von Laserstrahlung und Prozessnebenprodukten implementiert [Wen19]. In Abbildung 4-5 sind entstehende Prozessnebenprodukte, bspw. Metallkondensat, durch die Vaporisierung der Legierungselemente während des PBF dargestellt.

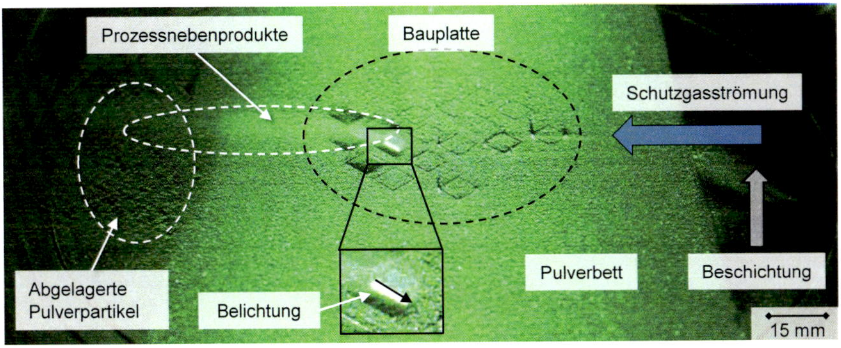

Abbildung 4-5: Exemplarische Aufnahme bei der Verarbeitung von Zn1Mg mittels PBF mit Kennzeichnung der Prozessnebenprodukte und der abgelagerten Pulverpartikel

Schematisch sind die entstehenden Prozessnebenprodukte in Abbildung 2-6 dargestellt. Eine automatische Regelung der Gasgeschwindigkeit stellt über die Prozessdauer hinweg konstante Prozessbedingungen sicher.

4.3 Datenaufbereitung

Die Aufbereitung eines Baujobs[2] erfolgt typischerweise aus CAD-Modellen, die mittels Triangulation angenähert sind. Als Datenformat wird das 1988 von der Firma 3D Systems entwickelte STL-Format (*Stereolithografie* oder *Surface Tessellation Language*) verwendet und ist bspw. in VDI 3405:2014-12 beschrieben. Die Außenhülle wird dabei in dreieckige Flächenelemente aufgeteilt und dem CAD angenähert. Herausforderungen ergeben sich bei beliebig komplexen Freiformflächen oder dünnwandigen Strukturen mit rundem Querschnitt. Durch eine Aufteilung in beliebig viele kleine Dreiecke kann die Datenmenge, in Abhängigkeit von der gewählten Auflösung, mehrere GB betragen. Die Datenaufbereitung für das PBF wird mit Spezialsoftware für die additive Fertigung unterschiedlicher Anbieter durchgeführt. Im Rahmen dieser Untersuchungen werden die Daten mittels NetFabb Premium 2021 (Build Number: 2054) (Autodesk GmbH, München, Deutschland) aufbereitet und in Schichten definierter Höhe (Schichtdicke D_S) geteilt. Aus der STL-Datei werden für jede Bauteilschicht der Bauteilaußenkontur entsprechende Polygonenzüge abgeleitet. Im Rahmen der Arbeit wird die Schichtdicke D_S konstant bei 30 µm gehalten. Die Konturen werden nach einem optionalen Versatz zur Kompensation des Laserstrahldurchmessers durch die Spurbreitenkompensation (im Folgenden SPK abgekürzt) ins Innere des Bauteils gelegt. Dem Füllmuster der inneren Bereiche werden Belichtungsstrategien wie Hatchabstand Δy_S einzelner Scanvektoren zueinander oder Rotationswinkel aufeinanderfolgender Schichten zugewiesen. Ein Konturversatz kann optional eingestellt werden und

[2] Als Baujob wird nach [Sti22] das digitale Modell bzw. gegenständliche Objekt bezeichnet, das die in einem Fertigungsvorgang herzustellenden Bauteile in einer räumlich eindeutig definierten Anordnung beinhaltet

definiert den Abstand zwischen Kontur und Hatch. Die Dateien werden anschließend gespeichert und in die Bedienungssoftware SLMmachine der PBF-Anlage geladen. Die Bauteile werden auf der Bauplatte positioniert, orientiert und die Verfahrensparameter wie Laserleistung P_L, Scangeschwindigkeit v_S und Belichtungsreihenfolge zugewiesen. In Abbildung 4-6 ist die Datenaufbereitung einer einzelnen Schicht (rechts) am Beispiel eines Probekörpers (links) schematisch dargestellt. Nachfolgend sind die verwendeten Geometrien beschrieben und die Datenaufbereitung ist schematisch dargestellt. Dabei werden zuerst die Hatchvektoren und anschließend die Kontur belichtet.

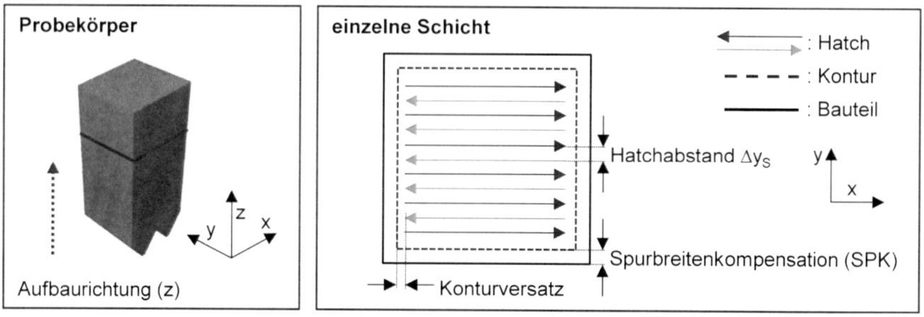

Abbildung 4-6: links: Isometrische Ansicht des Probekörpers, rechts: Schematische Darstellung der Parameter zur Datenaufbereitung in NetFabb

Quader

Für die Ermittlung der relativen Bauteildichte und REM-Untersuchungen der Mikrostruktur bei unterschiedlichen Verfahrensparametern und Legierungszusammensetzungen werden quaderförmige Probengeometrien der Abmessungen 5 mm x 5 mm x 10 mm mit jeweils zwei dreiseitigen Prismen als Stützstrukturen verwendet (vgl. Abbildung 4-6 links). In Abbildung 4-7 ist links eine schematische Darstellung der Quader mit der gewählten Schliffebene parallel zur Aufbaurichtung dargestellt. Die Quader sind in Aufbaurichtung z in einem 45° Winkel zur Richtung des Beschichters sowie der Schutzgasströmung angeordnet. Die Belichtung erfolgt bidirektional mit 180° alternierenden Scanvektoren (vgl. Abbildung 4-7 rechts). Bei aufeinanderfolgenden Schichten wird die Hatchbelichtung um 90° alternierend mit konstanter Scanvektorlänge und Vorschubrichtung entgegen der Schutzgasströmung aufbereitet. Die Belichtungsstrategie, Vorschubrichtung und Belichtungsreihenfolge ist so gewählt, dass möglichst wenig entstehende Prozessnebenprodukte im Laserstrahl absorbiert werden und sich während des Umschmelzprozesses möglichst wenig Prozessnebenprodukte aus vorangegangenen Belichtungen im Schmelzbereich folgender Geometrien ablegen.

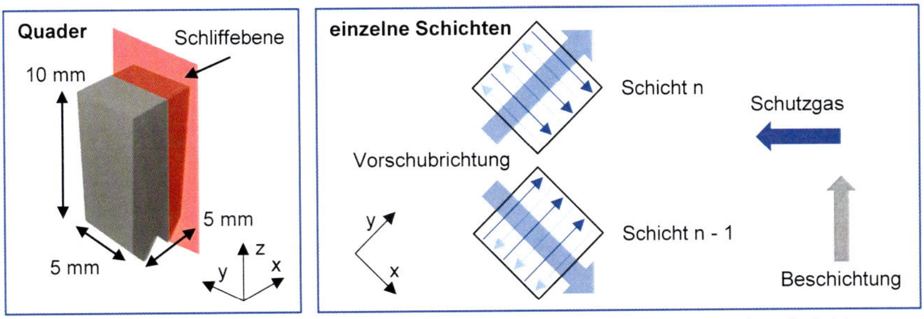

Abbildung 4-7: links: Schematische Darstellung des Quaders mit Schliffebene, rechts: Belichtungsstrategie einzelner Schichten und Orientierung des Quaders zum Schutzgas und zum Beschichter

Zylinder

Zur Ermittlung der mechanischen Eigenschaften werden zylindrische Volumenkörper mit Abmessungen Ø 7 mm x 50 mm mit der zylindrischen Grundfläche in der x/y-Ebene orientiert und mittels PBF gefertigt. In Abbildung 4-8 ist links eine schematische Darstellung der Zylindergeometrie und die ausgewählte Schliffebene zur Analyse der relativen Bauteildichte über die Höhe des Zylinders dargestellt. Die von Schicht zu Schicht alternierenden Scanvektoren sind in Abhängigkeit des Beschichters und der Schutzgasströmung in Abbildung 4-8 rechts dargestellt.

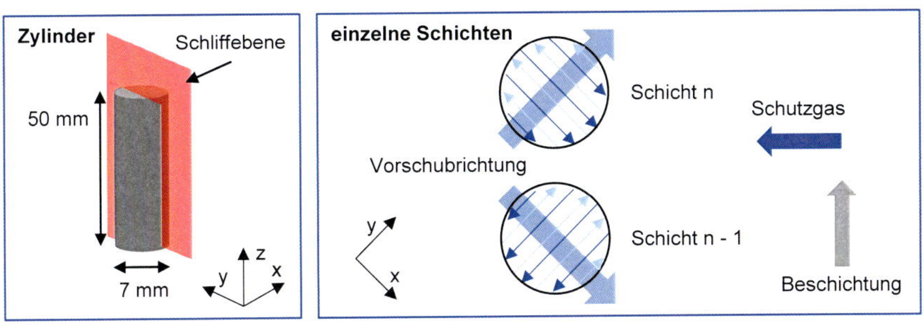

Abbildung 4-8: links: Schematische Darstellung des Zylinders mit Schliffebene, rechts: Belichtungsstrategie einzelner Schichten und Orientierung des Zylinders zum Schutzgas und zum Beschichter

Extrusionskörper mit dreieckiger Grundfläche

Anhand eines Extrusionskörpers mit dreieckiger Grundfläche mit einer konstanten Kantenlänge von 5 mm und einer Höhe von 10 mm, im Folgenden als Dreieck bezeichnet, wird das Schmelzverhalten untersucht. Die Belichtung wird in jeder Schicht um 120° rotiert und die Scanvektorlänge von 5 mm kontinuierlich bis zur Spitze verkürzt. Die Linienrauheit der obersten Schicht wird gemessen und durch Ätzen von Querschliffen in der dargestellten Schliffebene das Schmelzverhalten bewertet. Schematisch ist in Abbildung 4-9 links die dreieckige Geometrie mit Schliffebene dargestellt und rechts die rotierenden Scanvektoren mit Bezug zum Schutzgas und des Beschichters eingezeichnet. Die zuletzt umgeschmolzene Schicht ist die dargestellte *Schicht n* mit Vorschubrichtung entgegengesetzt zum Schutzgas.

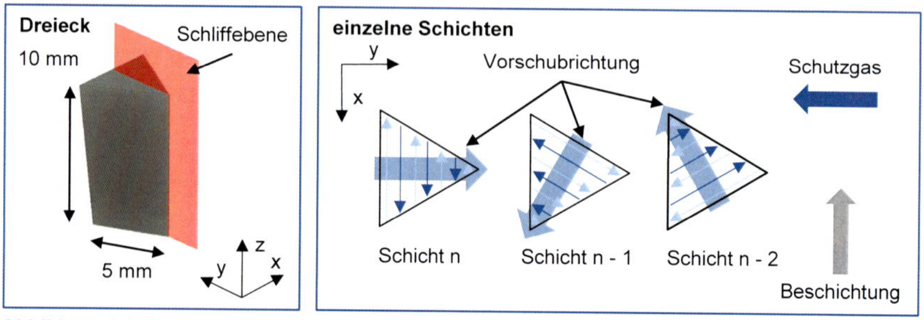

Abbildung 4-9: links: Schematische Darstellung des Dreiecks mit Schliffebene, rechts: Belichtungsstrategie einzelner Schichten und Orientierung des Dreiecks zum Schutzgas und zum Beschichter

Wand

Anhand von dünnen Wänden wird die Breite in Aufbaurichtung in x/y-Ebene nach dem PBF-Prozess bei unterschiedlichen Belichtungspausen vermessen. An den Flächen wird in y/z-Ebene anschließend die Flächenrauheit von beiden Seiten analysiert. Das Schmelzverhalten wird bei aufeinanderfolgenden Belichtungsvektoren untersucht und dadurch ein Ersatzsystem definiert, um eine Prozessführung für komplexe Probekörper vereinfacht zu untersuchen. Die Wände haben dabei eine Wandstärke von 200 µm mit 10 mm Höhe und 10 mm Breite. Die Ausrichtung der Belichtungsvektoren erfolgt in einem Winkel von 45° zur Seitenfläche. So wird eine möglichst konstante Scanvektorlänge von ca. 280 µm entlang der Wand erreicht. Die Wände werden mit unterschiedlichen Belichtungspausen (vgl. Abbildung 13-2) aufgebaut und der Effekt auf die Rauheit quantifiziert. Weiterhin wird die Nachbearbeitung mittels Partikelstrahlens an den Wänden untersucht. Schematisch ist die Geometrie mit Orientierung im Bauraum in Abbildung 4-10 links und rechts die Belichtungsstrategie in Abhängigkeit vom Schutzgas und der Beschichtung dargestellt. Dabei wird die Wand in einem Winkel von 10° zum Schutzgas auf der Substratplatte orientiert.

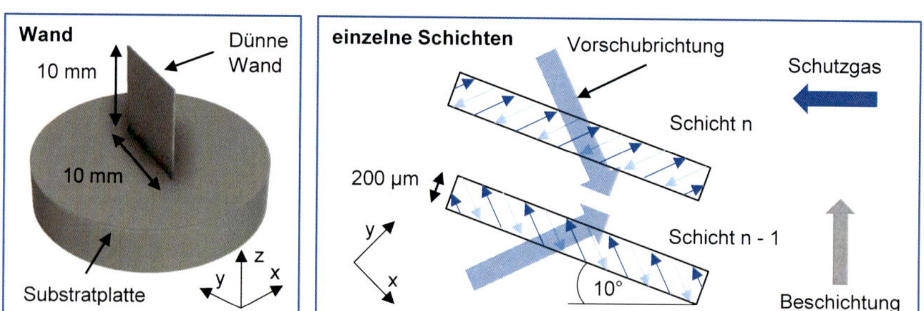

Abbildung 4-10: links: Schematische Darstellung der Wand, rechts: Belichtungsstrategie einzelner Schichten und Orientierung der Wand zum Schutzgas und zum Beschichter

Scaffoldstruktur

Zur Analyse der Maßhaltigkeit wird eine Scaffoldstruktur auf Grundlage der im Stand der Technik und Forschung beschriebenen Randbedingungen erstellt (vgl. Kapitel 2.3). Die Scaffoldstruktur wird mit einem Strebendurchmesser d_{St} von 200 µm und einer Porenbreite b_P von 800 µm aufbereitet. f_2cc_z-Elementarzellen werden zu einer Scaffoldstruktur mit einem Zylinder von 10 mm im Durchmesser und einer Höhe von 12 mm angenähert, wobei ausschließlich ganze Zellen verwendet werden. Anhand der Scaffoldstruktur wird die Herstellbarkeit einer dünnwandigen Struktur mit interkonnektiven Poren verifiziert und der Einfluss der Nachbearbeitungsschritte auf die Maßhaltigkeit dünnwandiger Bauteile beurteilt. Darüber hinaus werden die Kompressionseigenschaften bei unterschiedlichen Strebendurchmessern analysiert und die Spurbreitenkompensation (SPK) festgelegt. Schematisch ist eine Scaffoldstruktur mit f_2cc_z Elementarzelle in Abbildung 4-11 links und rechts die Belichtungsstrategie der einzelnen Schichten dargestellt.

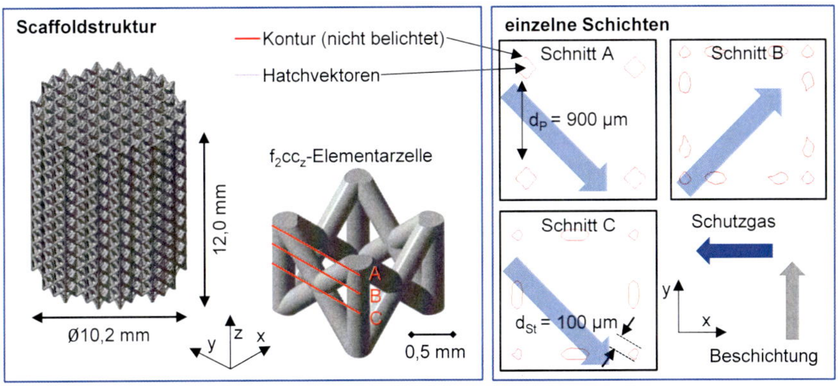

Abbildung 4-11: links: Isometrische Darstellung einer Scaffoldstruktur mit f_2cc_z-Elementarzelle, rechts: Belichtungsstrategie mit Datenaufbereitung bei d_{St} = 100 µm Strebendurchmesser[3]

Kompressionsprobe

Die Kompressionsversuche werden gemäß DIN 50134 durchgeführt, in der das Testen metallischer poröser Strukturen beschrieben ist. Sie Struktur basiert auf der f_2cc_z Elementarzelle mit 200 µm Strebendurchmesser und 800 µm Porenbreite. Nach DIN 50134 sind mindestens 10 Zellen in alle Raumrichtungen und ein Verhältnis der Zellen innerhalb der Probekörper von 2/3 bezogen auf Kantenlänge zu Probenlänge notwendig. Entsprechend ist die Probengeometrie mit 10 x 10 x 15 Elementarzellen (EZ)

[3] CAD-Strebendurchmesser von 200 µm mit einer eingestellten SPK von 50 µm (vgl. Kapitel 7.3)

definiert, was den äußeren Abmessungen von 10,2 mm x 10,2 mm x 15 mm entspricht. Schematisch ist die Kompressionsprobe in Abbildung 4-12 links dargestellt.

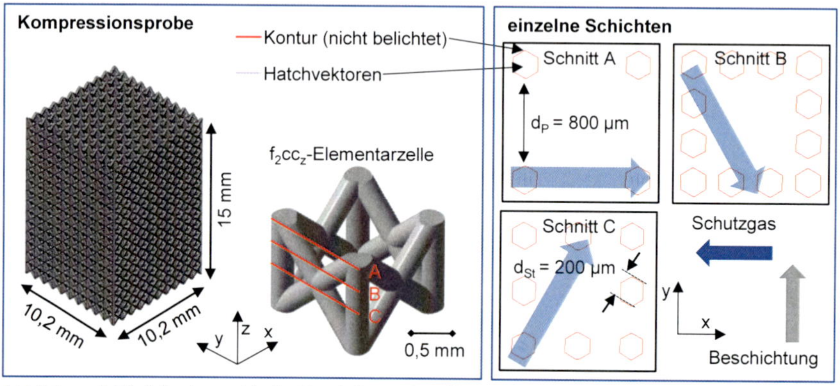

Abbildung 4-12: links: Isometrische Darstellung einer Kompressionsprobe mit f_2cc_z -Elementarzelle, rechts: Belichtungsstrategie mit Datenaufbereitung bei d_{St} = 200 µm Strebendurchmesser mit 50 µm Konturversatz bei 6-eckiger Strebenform mit der Darstellung von drei einzelnen Schichten

Für die ausgewählte Geometrie werden Anpassungen des Strebenquerschnitts und der Scanstrategie vorgenommen. Durch den Verzicht auf die Konturbelichtung (vgl. Abbildung 13-5 im Anhang) wird der Randbereich bei standardisierter Datenaufbereitung von kreisrunden Streben durch kurze Scanvektoren begrenzt, die eine geringe geometrische Abbildung zur Folge haben (vgl. Abbildung 4-13 rechts). Aufgrund der kurzen Scanvektoren in den Randbereichen der kreisähnlichen Streben werden die Vektoren nicht belichtet und fallen weg. Daher wird durch eine regelmäßige n-Eck Geometrie die kreisrunde Strebe angenähert. Die Scanvektoren werden parallel zu den Seitenflächen der n-Eck Geometrie angeordnet und so ein definierter Randbereich der Strebe erzeugt. Je größer dabei die Anzahl der Ecken n gewählt wird, desto kreisähnlicher wird die Geometrie, desto kleiner werden jedoch die Scanvektoren und damit die verbundene geringe geometrische Abbildung. Dieser Effekt ist in Abbildung 4-13 durch einen Vergleich der Flächeninhalte der Strebenquerschnitte der n-Eck-Geometrien dargestellt. Je kleiner der Flächeninhalt, desto kreisähnlicher ist die Geometrie. Gleichzeitig kann durch die Annäherung der Streben zu eckigen Formen die Datenmenge der STL-Datei reduziert werden. Zur Herstellung der Kompressionsproben wird im Rahmen dieser Arbeit ein Strebenquerschnitt mit 6-eckiger Fläche gewählt. Der geometrische Fehler des Flächeninhaltes liegt bei ca. 9% und dadurch bei einem Strebendurchmesser von 200 µm bei einer größeren Fläche von ca. 0,0028 mm². Aufgrund des Schmelzverhaltens bei dem verwendeten Analgensetup mit einer Fläche des Laserstrahls im Fokus von 0,0044 mm² ist der geometrische Fehler zu vernachlässigen.

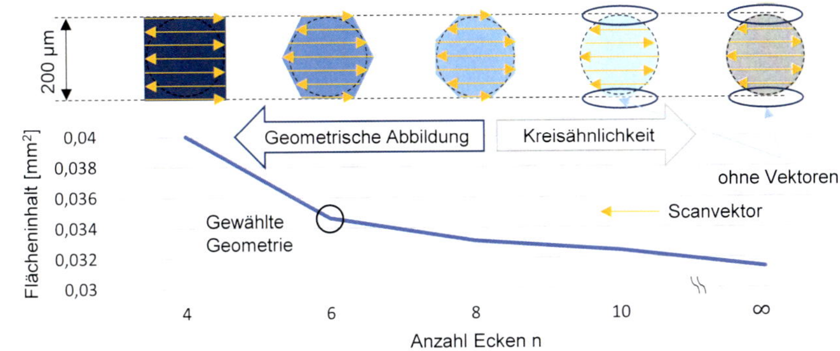

Abbildung 4-13: Schematische Darstellung der Flächen n-Ecken, oben: Scanvektoren innerhalb der n-Eckigen Geometrie bei einem Strebenquerschnitt mit Durchmesser 200 µm, unten: Flächeninhalt zwischen Quadrat und Kreis

In Abbildung 4-12 ist links schematisch die Kompressionsprobe in isometrischer Ansicht mit einer exemplarischen f_2cc_z-Elementarzelle und rechts drei ausgewählte Schnittebenen mit 6-eckiger Strebenform dargestellt. Durch das gewählte 6-eckige Design wird bei der Datenaufbereitung sichergestellt, dass mindestens zwei Scanvektoren in den Streben mit einem Durchmesser von 200 µm belichtet werden und ein ausreichender schmelzmetallurgischer Zusammenhalt besteht. Die Rotation der Scanvektoren beträgt zur folgenden Schicht 60° und die Vorschubrichtung ist entgegengesetzt des Schutzgases (n = -60°, n_{+1} = 0°, n_{+2} = 60°, n_{+3} = -60°, n_{+4} = 0°, n_{+5} = 60°, …).

4.4 Probenpräparation und Analyse

Zur Bestimmung der relativen Bauteildichte sowie für Untersuchungen der Mikrostruktur werden die Probekörper präpariert. Zur Bestimmung der relativen Bauteildichte werden die Probekörper nach dem Abtrennen von der Zn-Substratplatte in Epoxidharz kalt eingebettet und über mehrere Schleif- und Polierstufen präpariert. Die gewählten Schliffebenen sind für die verwendeten Probekörper-Geometrien in Kapitel 4.3 aufgezeigt, befinden sich mindestens 1 mm tief im Vollmaterial und parallel zur Aufbaurichtung. Eine detaillierte Beschreibung der Schleif- und Polierstufen ist im Anhang in Abbildung 13-3 erläutert. Ab der letzten Schleifstufe werden die Probekörper nach jeder Präparationsstufe in Ethanol mittels Ultraschalls für mindestens 5 Minuten gereinigt. Die ausgewählten Probekörper zur Analyse der Mikrostruktur im REM werden nicht eingebettet.

4.4.1 Relative Bauteildichte

Die Analyse der PBF-Probekörper erfolgt mittels Auflichtmikroskop vom Typ VGX-6000 (Keyence, Osaka, Japan). Nach dem PBF werden LOM-Aufnahmen der letzten Schicht der Probekörper, in dieser Arbeit als Oberseite bezeichnet, angefertigt. Nach der Schliffpräparation wird für jeden kalt eingebetteten Probekörper eine Übersichtsaufnahme des Querschliffes bei geeigneter Vergrößerung am LOM durchgeführt. Die Bestimmung der relativen Bauteildichte erfolgt nach der Bildanalyse von metallografischen Schliffen entsprechend der VDI-Richtlinie 3405. Dazu werden bei 200-facher Vergrößerung jeweils fünf sich nicht überschneidende Bildausschnitte pro Probekörper aufgenommen. In Abbildung 4-14 ist die schematische Vorgehensweise zur Erstellung lichtmikroskopischer Aufnahmen sowie die Platzierung der Bildausschnitte dargestellt. Die Bestimmung der relativen Bauteildichte erfolgt mit Hilfe der integrierten Analysesoftware VHX-6000 (V. 2.07) (Keyence, Osaka, Japan). Nach der Wahl eines entsprechenden Schwellwertes wird die LOM-Aufnahme in schwarze und weiße Pixel binarisiert. Die schwarzen Pixel entsprechen den Defekten und die weißen (hier rot eingefärbten) Pixel dem Vollmaterial. Das Verhältnis der weißen Pixel zu der Gesamtanzahl an Pixeln der binarisierten LOM-Aufnahme entspricht der relativen Bauteildichte des Bildausschnittes. Die relative Bauteildichte des Probekörpers wird aus dem arithmetischen Mittel der fünf Bildausschnitte gebildet.

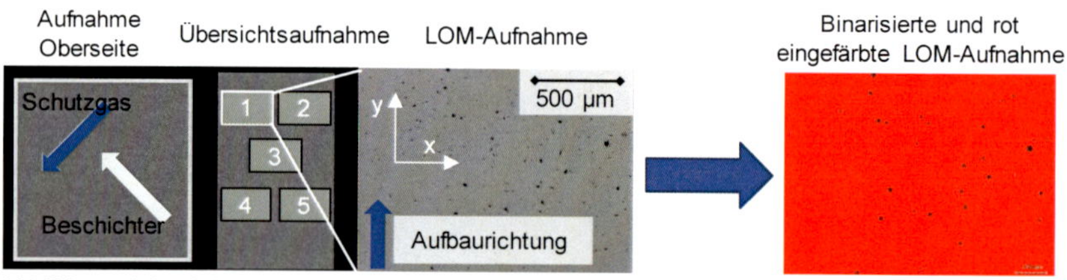

Abbildung 4-14: Schematische Vorgehensweise der lichtmikroskopischen Betrachtung und Bestimmung der relativen Bauteildichte eines Probekörper Probekörpers

Ausgewählte präparierte Querschliffe werden für die Analyse des Schmelzverhaltens angeätzt, indem zunächst eine Endpolitur vorgenommen, die Probe für 10 s mit 3% Nitalsäure behandelt und anschließend mit Ethanol abgespült wird.

4.4.2 Mikrostruktur

Mit Hilfe des REM können hochauflösende Aufnahmen einzelner Pulverpartikel oder Probekörper angefertigt werden. Zusätzlich ist die Ermittlung der Legierungszusammensetzung mittels EDX-Messung an festgelegten Punkten oder Flächen möglich. Jedes chemische Element zeigt im EDX charakteristische Signale, die mit der gemessenen Stärke zur Konzentration des jeweiligen Elements korreliert. So können Elemente mit Ordnungszahlen über 12 bis zu einer Konzentration von 0,1 - 0,2 gew.-% nachgewiesen werden. Theoretisch können Elemente ab der Ordnungszahlen 4 nachgewiesen werden, jedoch steigt der Fehler mit abnehmender Ordnungszahl an [Gro13, S. 18]. Entsprechend fehlerbehaftet können die absoluten Werte der Messung des Sauerstoffanteils mittels EDX ausfallen. Im Rahmen dieser Arbeit werden die EDX-Messergebnisse für Sauerstoff nur relativ zueinander verglichen, um den Fehler möglichst gering zu halten. In dieser Arbeit wird das Rasterelektronenmikroskop XL30 (Koninklijke Philips N.V, Niederlande) sowie das GeminiSEM 300 (Carl Zeiss AG, Oberkochen, Deutschland) verwendet.

PBF-Probekörper

Für die Analyse der Mikrostrukturen von ZnMg-Legierungen werden sechs ausgewählte Probekörper mittels REM untersucht. Die Auswahl basiert auf den Ergebnissen aus Kapitel 5.1 für die Verarbeitung von Zn0,5Mg und Zn1Mg mittels PBF. Ausgewählte Probekörper werden erneut hergestellt und für die REM-Untersuchungen präpariert. Für jeden Probekörper werden Aufnahmen bei verschiedenen Vergrößerungen durchgeführt und mögliche Defekte im Gefüge analysiert. Weitere Analysen der Mikrostrukturen umfassen definierte EDX-Punkt- und Flächenaufnahmen an relevanten Bereichen wie Phasen, interdendritischen Zwischenräumen und Defekten, die bei 20 kV Beschleunigungsspannung und 100 s Messzeit oder bei höherer Vergrößerung mit 5 kV Beschleunigungsspannung und 10 s Messzeit durchgeführt werden.

Kristallographische Betrachtungen mittels EBSD

Um die Phasenbestandteile sowie die Korngröße und Kornorientierung in den hergestellten Probekörpern zu bestimmen, werden Elektronenbeugungs-Spektroskopie-Untersuchungen (engl.: Electron Backscatter Diffraction EBSD) durchgeführt. Für diese hochauflösenden Aufnahmen ist eine Ionenpolitur der zu untersuchenden Oberfläche erforderlich. Die Probekörper werden händisch geschliffen, poliert und abschließend eine Ionenpolitur mit Argon-Ionen für 9 Stunden bei 6 kV Beschleunigungsspannung mit Hilfe des Ionenpräparationssystems SM-09010 (JEOL GmbH, Freising, Deutschland) durchgeführt. Hierfür muss der Probekörper vorab auf eine maximale Höhe von 5 mm geschliffen und die angrenzende Fläche zusätzlich präpariert werden. Eine schematische Darstellung der Probenpräparation ist in Abbildung 4-15 dargestellt. Seite A bzw. Seite B sind die polierten Flächen des Quer- bzw. Längsschliffs, die später bei den EBSD-Untersuchungen betrachtet werden. Die jeweils angrenzenden, senkrechten Flächen werden zusätzlich bis auf die letzte Polierstufe präpariert, damit die ionenpolierte Fläche eine scharfe Oberkante aufweist. Exemplarisch ist der Quer- und Längsschliff mit Ionenpolitur in Abbildung 5-33 dargestellt.

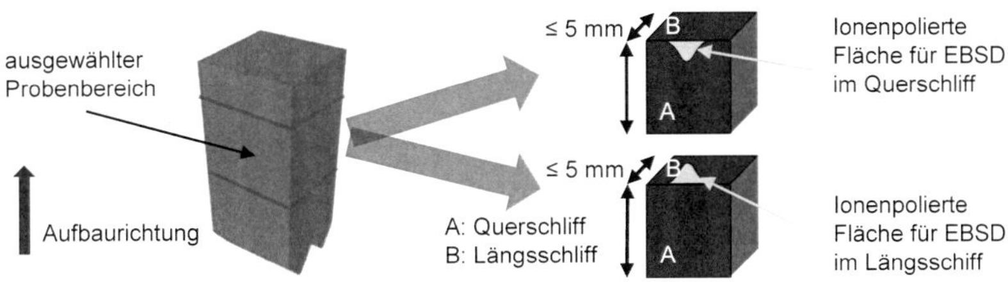

Abbildung 4-15: Schematische Darstellung der präparierten Flächen für die Ionenpolitur

Die EBSD-Aufnahmen erfolgen bei 1500-facher Vergrößerung bei 10 kV Beschleunigungsspannung und 10 ms Verweildauer pro Messpunkt. Der Messbereich beträgt 65 µm x 50 µm (3250 µm^2) bei einer Messpunktschrittweite von 50 nm. Bei Probekörpern mit auffälligen Defektstrukturen soll mindestens ein Bereich mit Defekten sowie ein defektarmer Bereich im Messfeld liegen, um mögliche kristallographische

Unterschiede zu erkennen. Die Vorgehensweise zum EBSD ist im Anhang in AA10 beschrieben.

Die Kornorientierungen können anhand der Farbgebung und der Legende zugeordnet werden und beziehen sich auf die z-Richtung der Messung, die der Aufbaurichtung aller Probekörper entspricht. Bei einem in der z-IPF[4]-Map Zn ideal rot gefärbten Korn liegt somit die Normale der 0001 Ebene (Grundfläche des hexagonalen Kristallgitters) parallel zur z-Achse. Zusätzlich werden die Polfiguren der kristallographischen Orientierungen entsprechend der jeweiligen Orientierungsdichteverteilungsfunktion (ODF) dargestellt. Die dazugehörige Legende ist für jede EBSD-Probe individuell skaliert und stellt Informationen über die statistische Verteilung der Kornorientierungen unter Berücksichtigung aller Orientierungsmessungen dar. Eine ideal zufällige Verteilung der Kornorientierung hätte den Wert eins (in den Polfiguren grün eingefärbt). Der Maximalwert in der ODF bedeutet, dass die Messpunkte mit den dazugehörigen rot eingefärbten Orientierungen so häufig vorhanden sind, wie diese bei einer zufälligen Verteilung der Orientierungen zu erwarten und relativ zu den untersuchten Probekörpern zu bewerten wären. Die ODF wird zur Quantitativen Beschreibung der Textur verwendet. Nach [Was62, S. 1] wird die Textur zur Beschreibung der Gesamtheit aller Orientierungen der Kristalle eines vielkristallinen Stoffes bezeichnet.

4.4.3 Mechanische Eigenschaften

Die statischen mechanischen Eigenschaften werden in Kapitel 5.5 anhand von Zugversuchen und in Kapitel 7.4 anhand von Kompressionsproben ermittelt.

Zugversuche

Zur Ermittlung der mechanischen Eigenschaften von Zn0,5Mg und Zn1Mg-Probekörpern werden Zugversuche nach DIN EN ISO 6892-1 (Verfahren B) mit einer zylindrischen Probengeometrie und konischen Schultern durchgeführt. Hierfür werden die zylindrischen Volumenkörper durch mechanische Nachbearbeitung auf Maß für die Zugversuche (vgl. Abbildung 4-16) abgedreht. Die Zugversuche werden an einer Universalprüfmaschine Z010 (ZwickRoell AG, Ulm, Deutschland) durchgeführt. Aus den Zugversuchen können die mechanischen Eigenschaften Zugfestigkeit R_m, Dehngrenze $R_{P0,2}$, Bruchdehnung A und E-Modul abgeleitet werden.

[4] Inverse Polfigur (engl.: Inverse Pole Figure IPF) ist eine Stereografische Projektion relativ zu den Achsen der Kristalle

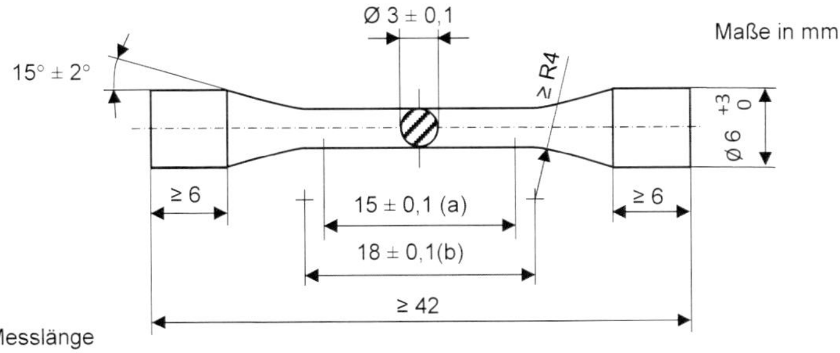

a – Messlänge
b – Rotationssymmetrischer Anteil des Probekörpers

Abbildung 4-16: Abmessungen der verwendeten Zugprobengeometrie nach DIN EN ISO 6892-1

Kompressionsversuche

Die Kompressionsprüfung wird in Anlehnung an Norm DIN 50134 für zellulare Probekörper mit einer Porosität > 50% durchgeführt, um die Druckfestigkeit zu ermitteln. Dabei wird eine dehnungsgeregelte Stauchungsgeschwindigkeit von 0,001 s^{-1} gewählt, sodass die Druckversuche im quasistatischen Bereich ablaufen. Eine Vorlast von 50 N wird angelegt und für 1 s gehalten. Die Probekörper werden nach der PBF-Fertigung mittels Partikelstrahlen (vgl. Kapitel 7.3) nachbearbeitet und dadurch nicht vollständig umgeschmolzene Pulveranhaftungen entfernt. Die Versuchsdurchführung erfolgt bei konstanter Traversengeschwindigkeit v_C. Die Traversengeschwindigkeit ist das Produkt aus der Anfangslänge der Probekörper L_0 und der Stauchungsgeschwindigkeit $\dot{e}$. Aus den Kompressionsversuchen können Kraft-Dehnungsdiagramme (F-ε) abgeleitet werden. Anhand dieser werden die mechanischen Eigenschaften der maximalen Druckkraft F_{max} und maximalen Stauchung ε_{max} abgeleitet. Für spröde Werkstoffe wird keine Verdichtung der Probekörper und kein Plateaubereich erwartet, sondern das Auftreten eines Bruchs, der zum Bauteilversagen führt. Der Kennwert F_{max} wird direkt vor Versagen der Probekörper gemessen. Der dazugehörige Stauchungs-Wert wird als ε_{max} definiert.

4.4.4 Rauheitsmessung an metallischen Oberflächen

In der Fertigungstechnik werden DIN-Normen wie DIN EN ISO 4287 verwendet, um technische Oberflächen zu bewerten und zu vergleichen. Bei der Herstellung von PBF-Bauteilen können jedoch inhomogene Oberflächen gebildet werden. Für eine Vermessung solcher inhomogenen Oberflächen wird nach DIN EN ISO 25178 eine Flächenrauheit Sa empfohlen. In einem Review von [Tow16] sind die bevorzugten Messsysteme und Rauheitskennwerte zusammengefasst, mit dem Ergebnis, dass in 90% der Fälle der Flächenrauheitskennwert Sa zur Bewertung der PBF gefertigten Bauteile verwendet wird. Zur Vermessung der oberflächlichen Topografie wird zusätzlich noch die Linienrauheit R_a bestimmt. Im Rahmen dieser Untersuchungen werden tiefenscharfe Aufnahmen mittels Auflichtmikroskops vom Typ VGX-6000 zur optischen Vermessung der Rauheit verwendet.

Linienrauheit R_a

Zur Identifizierung kritischer Scanvektorlängen und zum Vergleich verschiedener Belichtungsstrategien wird der Rauheitskennwert R_a gemäß der Norm DIN EN ISO 52902 ermittelt. Grundlage für die Messung sind tiefenscharfe LOM-Aufnahmen. Anhand der Aufnahmen wird über eine definierte Länge ein Messschrieb erstellt, der das Höhenprofil abbildet. Die Rauheitskennwerte sind nach der Anwendung zweier Filter ablesbar. Laut ISO 52902 müssen hierfür die Filter λ_C und λ_S eingestellt werden (vgl. Abbildung 4-17 rechts). λ_C ist ein Tiefpassfilter, der üblicherweise identisch mit der Messlänge ist, während λ_S einen Hochpassfilter definiert. Dieser entfernt die Mikrorauheit, die durch das Messinstrument oder Umgebungsrauschen entsteht. Da dieses Rauschen bei der optischen Rauheitsmessung eine untergeordnete Rolle spielt, wird der λ_S-Filter nicht eingestellt.

Flächenrauheit Sa

Die Messung der Oberflächenrauheit erfolgt ebenfalls gemäß der Norm DIN EN ISO 52902. Anhand des Flächenrauheitskennwertes Sa wird der Einfluss der Belichtungspausen und der Nachbearbeitung durch Partikelstrahlen auf die Oberflächenbeschaffenheit der dünnen Wände beurteilt. Die Messungen basieren auf tiefenscharfen LOM-Aufnahmen der 10 mm x 10 mm großen Seitenflächen. Analog zur Messung der relativen Bauteildichte werden fünf Messflächen je Probekörper ausgewertet und gemittelt. Hierzu werden 2 x 2 mm^2 große Quadrate ausgewählt (vgl. Abbildung 4-17 links) und zwei Messfilter (L und S) auf diese Fläche angewendet, um vom Welligkeitsprofil auf das Rauheitsprofil zu schließen. Die eingestellten Werte sind in Abbildung 4-17 rechts aufgeführt.

Art der Messung	Filter	Typische Werte	Eingestellte Werte
Linienrauheit	λ_C	Identisch mit Messlänge	4,33 mm
	λ_S	Radius der Tastspitze	-
Flächenrauheit	L-Filter	Identisch mit Seite der Messfläche	2 mm
	S-Filter	10 µm	10 µm

Abbildung 4-17: links: Darstellung der Messflächen mit 2 x 2 mm^2, rechts: In dieser Arbeit verwendete Werte für die Filter nach ISO 52902

4.5 Prozessführung

In Kapitel 2.4 werden die entstehenden Prozessnebenprodukte als Herausforderung zur Verarbeitung von ZnMg-Legierungen genannt. Die Wechselwirkung von Laserstrahlung und den Prozessnebenprodukten kann häufig in der Literatur bei der Verarbeitung von Metallpulver mittels PBF beobachtet werden und wird als möglicher Grund zur Bildung von Defekten beschrieben [Sch20]. Bei der PBF-Verarbeitung von ZnMg-Legierungen mittels PBF wird eine große Entwicklung von Prozessnebenprodukten beim Schmelzprozess aufgrund des hohen Dampfdrucks beobachtet [Qin21, Vos22]. Durch die Kombination mit der Entwicklung von Prozessnebenprodukten und daraus resultierender Abschirmung der Laserstrahlung mit der geringen verwendeten Laserleistung bei ZnMg-Legierungen ($P_L \leq 60$ W) wird eine ungleichmäßige Ausbildung der Defekte hervorgerufen. Durch die Prozessnebenprodukte wird die Laserstrahlung reflektiert, absorbiert oder gestreut, sodass als Konsequenz nicht die gesamte fokussierte Laserstrahlung auf der Bearbeitungsfläche zum Schmelzvorgang zur Verfügung steht [Sch20]. Dieser reduzierte bzw. unkontrollierte Energieeintrag kann zu einer Defektbildung innerhalb der Bauteile führen. Die Behauptung von Jauer, eine Abschirmung der Laserstrahlung durch den Prozessrauch und damit eine Bildung von Defekten, kann im Rahmen dieser Arbeit bestätigt werden [Jau18, S. 37 f.]. In [Qin21] wird der Einfluss des Laserenergieeintrags und des Schutzgasstroms auf den Prozessrauch untersucht. Die Aussage einer notwendigen Absaugung wird bestätigt. In dem verwendeten Anlagensetup (vgl. Kapitel 4.2) werden die Prozessnebenprodukte effizient von der Schutzgasströmung entfernt und ein stabiler Schmelzprozess ermöglicht. Einhergehend mit der effizienten Absaugung ist eine Maßnahme zur Verkleinerung der Defekte die kontrollierte Vorschubrichtung entgegen der Schutzgasströmung. Im Rahmen der Arbeit wird eine um 90° alternierende Belichtungsrichtung gewählt und bspw. werden die Probekörper im 45° Winkel zur Schutzgasströmung orientiert. Schematisch ist die Datenaufbereitung mit gekennzeichneter Vorschubrichtung und Schutzgasströmung in Kapitel 4.3 für alle Geometrien dargestellt. Die Prozessnebenprodukte werden zur Absaugung hin in den Filter gezogen oder auf dem Pulverbett abgelagert. Die Prozessnebenprodukte bestehen aus sphärischen Partikeln < 1 µm, die sich in der Prozesskammer, auf den optischen Komponenten und auf den Probekörpern ablagern [Sch20].

In den Randbereichen des Bauteils kann an den Umkehrpunkten aufgrund der kurzen Laserwiederkehrzeit der bidirektionalen Belichtung die Laserstrahlung durch die entstehenden Prozessnebenprodukte gestreut werden und der Energieeintrag variieren [Pic19, Sch20]. Dieser Effekt wird durch eine Vergrößerung der Belichtungspause minimiert und den Prozessnebenprodukten Zeit gegeben, um von der Schutzgasströmung abgeführt und aus der Interaktionszone mit der Laserstrahlung entfernt zu werden. Eine Belichtungspause von 1 ms an den Umkehrpunkten wird zur Herstellung der Quader und Zylinder in Kapitel 5 verwendet.

In der Literatur wird bspw. [Mei99, S. 90 f.] eine Konturbelichtung zur Vergrößerung der Oberflächenqualität empfohlen. Dieser Effekt kann bei ZnMg-Legierungen nicht bestätigt werden. In Abbildung 13-5 sind im Anhang exemplarische Querschliffe von Probekörpern mit Konturbelichtung dargestellt. Bei einem Abstand von 100, 50 oder 0 µm ist ein Porensaum im Randbereich erkennbar. Eine Verkleinerung der Oberflächenrauheit, im Gegensatz zur Belichtung ohne Kontur, kann nicht beobachtet werden. Aus diesem Grund wird im Rahmen dieser Arbeit keine Belichtung der Kontur ausgewählt.

Nach [Lac22] hat die Schichtdicke einen maßgeblichen Einfluss auf die Fertigungsdauer und die Bauteilqualität. Je größer die Schichtdicke, desto größer der Schichtversatz und damit Verkleinerung der geometrischen Abbildung bei komplexen Bauteilen, wie bspw. Scaffolds. Zusätzlich wird die Kontaktfläche der aufeinander folgenden Schichten verkleinert und bei Scaffolds mit Überhangwinkeln von 45° zur Bauplattform, wie der f_2cc_z-Elementarzelle, eine schmelzmetallurgische Verbindung verkleinert [Cov18]. Zur Herstellung dünnwandiger Strukturen wird eine hohe Detaillierung gefordert und für alle Versuche eine konstante Schichtdicke von 30 µm eingestellt.

5 Verarbeitung von Zn0,5Mg und Zn1Mg

Nach den Kapiteln zur Zielsetzung, den Werkstoffen, verwendeten Anlagen und der Analytik sollen in diesem Kapitel die Herausforderungen bei der Verarbeitung von Zn0,5Mg und Zn1Mg mittels PBF herausgestellt und die Ergebnisse zur relativen Bauteildichte, der Mikrostruktur und den statischen mechanischen Eigenschaften dargestellt und diskutiert werden. Das Vorgehen zur Prozessführung, um die verwendeten Pulverwerkstoffe zur verarbeiten, ist in Kapitel 4.5 zusammengefasst. Die relative Bauteildichte der Probekörper soll analysiert und die auftretenden Defektstrukturen beschrieben und bewertet werden. Der Einfluss der Verfahrensparameter (bspw. Laserleistung und Scangeschwindigkeit) und der Legierungszusammensetzung auf die auftretenden Defektstrukturen wird diskutiert. Von ausgewählten Probekörpern werden die ausgebildeten Mikrostrukturen analysiert und untereinander verglichen. Dabei können Rückschlüsse auf die Entstehung der Defektstrukturen gezogen und Verbesserungsmaßnahmen zur Verarbeitung von ZnMg-Legierungen mittels PBF abgeleitet werden. Dabei sollen die auftretenden Defektstrukturen in den Stand der Technik und Forschung eingeordnet werden und die vorhandene Literatur ergänzen. Zur Steigerung der Übersichtlichkeit werden die verwendeten Verfahrensparameterkombinationen (VPK) direkt im Bild hinter die Legierungszusammensetzung geschrieben, bspw. ist der Zn1Mg-Probekörper mit VPK 5 mit Zn1Mg_5 benannt.

5.1 Relative Bauteildichte

In Abbildung 5-1 ist links eine fotografische Aufnahme der Zn1Mg-Probekörper auf einer Zn-Substratplatte nach der Herstellung mittels PBF dargestellt. Fotografische Aufnahmen der hergestellten Probekörper auf einer Zn-Substratplatte sind im Anhang AA7 dargestellt und die Nummerierung der VPK zugeordnet. In Abbildung 5-1 ist rechts schematisch der Baujob mit Anordnung der Probekörper auf der Substratplatte mit Zuordnung der VPK schematisch dargestellt.

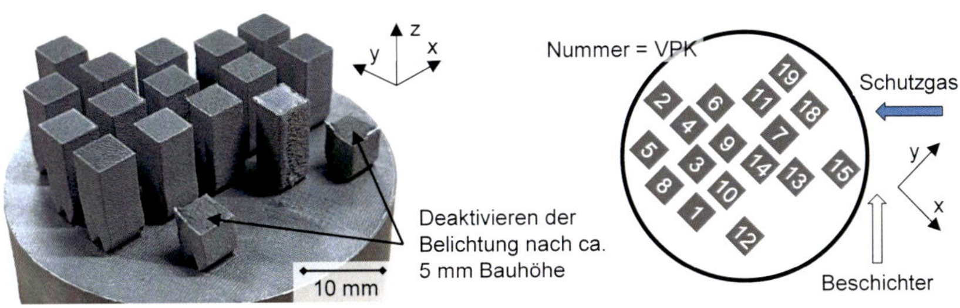

Abbildung 5-1: links: Fotografische Aufnahme der Zn1Mg-Probekörper auf einer Zn-Substratplatte nach der Herstellung mittels PBF, rechts: Schematische Darstellung der Anordnung der Probekörper mit Zuordnung der VPK

5.1.1 Legierungszusammensetzung Zn0,5Mg und Zn1Mg

In der Zielsetzung (vgl. Kapitel 3.2) wird eine relative Bauteildichte von > 99,5% beschrieben. Die Ergebnisse der ermittelten relativen Bauteildichten anhand von Querschliffen der Probekörper hergestellt bei unterschiedlichen VKP sind für Zn0,5Mg und Zn1Mg in Abbildung 5-2 gegenübergestellt.

Zn0,5Mg

Scangeschwindigkeit v_s [mm/s]	Laserleistung P_L [W]						
	30	35	40	50	60	70	80
150	96,72 ± 0,97	97,79 ± 0,56	99,94 ± 0,03				
200	96,54 ± 0,84		97,97 ± 0,99	99,25 ± 0,15			95,38 ± 0,85
300			96,85 ± 0,60	99,88 ± 0,05	99,17 ± 0,36		
400						99,50 ± 0,12	99,16 ± 0,30
500						x	x
600			96,15 ± 0,57				

Zn1Mg

Scangeschwindigkeit v_s [mm/s]	Laserleistung P_L [W]						
	30	35	40	50	60	70	80
150	97,06 ± 0,57	99,78 ± 0,08	99,73 ± 0,10				
200	96,74 ± 0,42		99,53 ± 0,05	99,19 ± 0,17			90,61 ± 2,08
300			97,32 ± 0,72	99,53 ± 0,14	98,79 ± 0,38		
400						99,14 ± 0,15	98,99 ± 0,21
500						x	x
600			94,60 ± 0,67				

Schichtdicke D_s = 30 µm, Hatchabstand Δy_s = 50 µm — 90% relative Bauteildichte 100%

Abbildung 5-2: Darstellung der relativen Bauteildichte von Zn0,5Mg und Zn1Mg-Probekörpern im Querschliff mit Einfärbung entsprechend der relativen Bauteildichte

Die Probekörper der Zn0,5Mg- und Zn1Mg-Legierungszusammensetzungen weisen unter lichtmikroskopischer Betrachtung bei gleichen verwendeten Verfahrensparametern ähnliche Defektstrukturen mit entsprechender relativer Bauteildichte auf. Die ermittelten relativen Bauteildichten der Zn0,5Mg-Probekörper, mit Ausnahme für VPK 13, weichen maximal 2% von der ermittelten relativen Bauteildichte der Probekörper aus Zn1Mg bei gleicher VPK ab. Die Standardabweichung der relativen Bauteildichte im Querschliff eines Probekörpers wird ab 99,5% mit maximal ± 0,14% gemessen. Daraus wird eine gute Reproduzierbarkeit ohne lokal auftretende Porosität bei der Verarbeitung beider Legierungszusammensetzungen abgeleitet. Die hergestellten Probekörper sind jeweils im Querschliff und mit einer fotografischen Aufnahme der Oberseite in AA9 in Abbildung 13-6 für Zn1Mg und Abbildung 13-7 für Zn0,5Mg im Anhang dargestellt. In Abbildung 5-3 sind exemplarisch die Querschliffe der Probekörper, hergestellt mit VPK 1 (links) und VPK 13 (rechts), jeweils für Zn0,5Mg und Zn1Mg gegenübergestellt; die Defektstrukturen weisen bei gleicher VPK eine ähnliche Struktur auf.

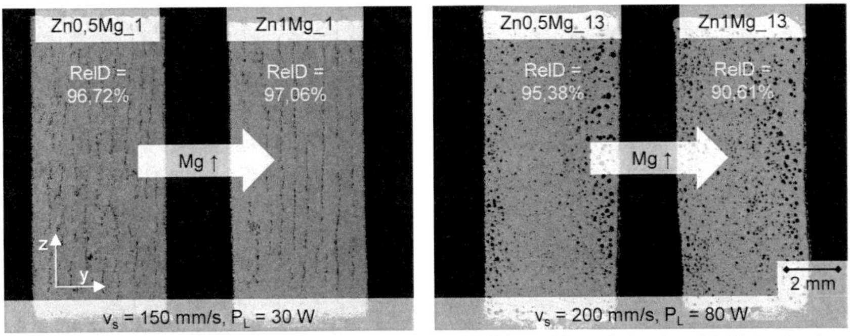

Abbildung 5-3: Einfluss der VPK auf die ausgebildeten Defektstrukturen bei unterschiedlicher Legierungszusammensetzung, beispielhaft anhand LOM-Aufnahmen im Querschliff von Zn0,5Mg und Zn1Mg-Probekörpern

Die vermessenen Querschliffebenen der Zn0,5Mg- und Zn1Mg-Probekörper, die mit VPK 13 hergestellt sind, weisen eine Differenz der Porosität von 4,77% auf. VPK 13 bewirkt jedoch bei beiden Legierungszusammensetzungen eine ausgeprägte Gasporosität, sodass der Unterschied der relativen Bauteildichte auf Messungenauigkeiten mit einer Standardabweichung von ± 2,08% bzw. auf die gewählte Schliffebene zurückzuführen ist (vgl. Abbildung 5-3 rechts). Während bei Zn1Mg insgesamt vier Probekörper hohe relative Bauteildichten > 99,5% im Bereich der Volumenenergiedichte von 111 - 178 J/mm³ aufweisen, kann nur bei zwei Probekörpern aus Zn0,5Mg eine geringe Porosität < 0,5% beobachtet werden. Beide Probekörper sind im selben Bereich der Volumenenergiedichte von 111 - 178 J/mm³. Die VPK 5 (P_L = 40 W, v_S = 200 mm/s) kann bereits in der Literatur als VPK zur Herstellung von Probekörpern mit hoher relativer Bauteildichte (> 99,5%) bestätigt werden [Vos22]. Zn0,5Mg weist bei dieser VPK jedoch keine eindeutige Reproduzierbarkeit und teilweise längliche Defektstrukturen auf (vgl. Abbildung 5-6). Beide Legierungszusammensetzungen können in dem gewählten Prozessfenster verarbeitet werden.

In Abbildung 5-4 sind die Messwerte zur relativen Bauteildichte aus Abbildung 5-2 über die Volumenenergiedichte aufgetragen.

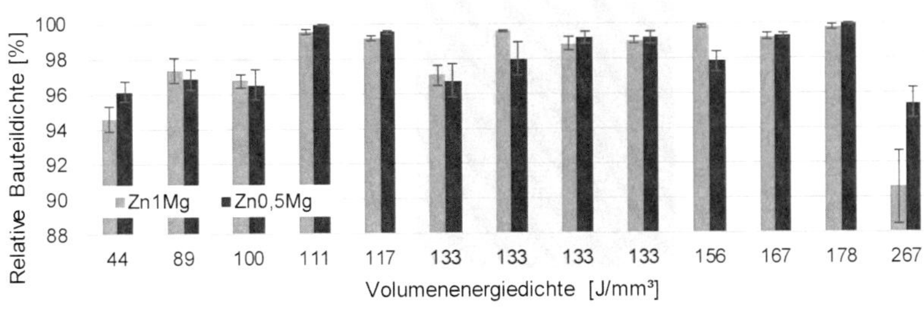

Abbildung 5-4: Diagramm zur relativen Bauteildichte über die Volumenenergie aufgetragen, grauer Bereich mit konstanter Volumenenergie von 133 J/mm³ hervorgehoben

Eine Abhängigkeit kann im Rahmen dieser Untersuchungen nicht festgestellt werden. Vielmehr wird die Annahme bestätigt, dass eine hohe relative Bauteildichte > 99,5% durch eine geeignete Kombination der einzelnen Verfahrensparameter wie Laserleistung und Scangeschwindigkeit erzeugt werden kann und nicht über den Wert der Volumenenergie eine Aussage getroffen wird. In dem grau hinterlegten Bereich aus Abbildung 5-4 kann bspw. die relative Bauteildichte zwischen 96,72 ± 0,97% und 99,53 ± 0,05% bei derselben Volumenenergiedichte von 133 J/mm³ liegen.

5.1.2 Scangeschwindigkeit und Laserleistung

Eine Erhöhung der Scangeschwindigkeit reduziert nach Formel 2.5 die eingebrachte Volumenenergiedichte in das Pulverbett. Die daraus resultierende steigende Abkühlgeschwindigkeit bewirkt eine Veränderung der Schmelzbaddynamik, sodass Instabilitäten der Schmelze und dadurch Defekte auftreten können [Qin20, Zho15]. Eine Erhöhung der Scangeschwindigkeit von v_S = 200 mm/s auf v_S = 300 mm/s bei P_L = 40 W resultiert bei Zn0,5Mg- und Zn1Mg-Probekörpern in länglichen Defektstrukturen, hervorgerufen durch Bindefehler. Wird die Scangeschwindigkeit noch weiter erhöht, werden Bindefehler in der gesamten Probe vorgefunden (vgl. AA9 im Anhang). Beispielsweise weist der Zn1Mg-Probekörper bei VPK 5 (P_L = 40 W, v_S = 200 mm/s) eine hohe relative Bauteildichte von 99,53% im Querschliff auf (vgl. Abbildung 5-5 links). Bei Vergrößerung der Scangeschwindigkeit um 100 mm/s (VPK 6 mit P_L = 40 W, v_S = 300 mm/s) wird im Querschliff eine relative Bauteildichte von 97,32% aufgrund länglicher Defektstrukturen gemessen (vgl. Abbildung 5-5 mittig). Eine Erhöhung der Laserleistung vergrößert nach Formel 2.5 die eingebrachte Volumenenergiedichte. Als Folge wird die Porosität in den Probekörpern reduziert. So weist der Probekörper, der mit VPK 9 (P_L = 50 W, v_S = 300 mm/s) hergestellt ist, im Querschliff keine länglichen Defektstrukturen und eine hohe relative Bauteildichte von 99,53% auf (vgl. Abbildung 5-5 rechts). Dieses Ergebnis deckt sich mit der in Kapitel 2.3 dargestellten Literatur zur Einordnung der Defekte. Eine gleichzeitige Vergrößerung von Scangeschwindigkeit und Leistung bleibt nach Abbildung 2-7 in dem Bereich der hohen relativen Bauteildichte.

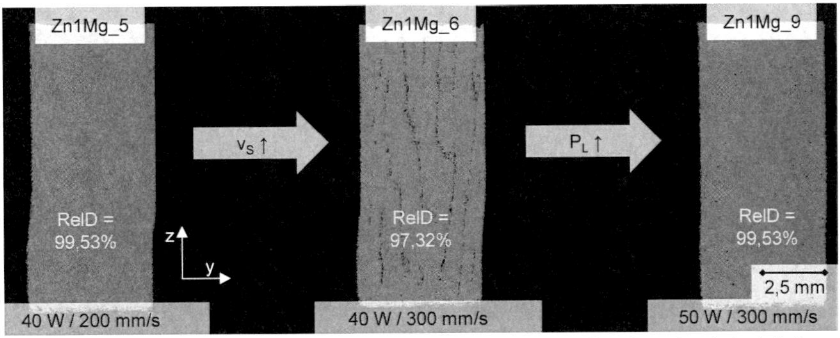

Abbildung 5-5: Einfluss von Scangeschwindigkeit und Laserleistung auf die Porosität, beispielhaft anhand LOM-Aufnahmen im Querschliff von Zn1Mg-Probekörpern, links: Zn1Mg_5[5], mittig: Zn1Mg_6, rechts: Zn1Mg_9

Die Ergebnisse der LOM-Aufnahmen stützen die Vermutung, dass die länglichen Defektstrukturen durch Schmelzbadinstabilitäten und entstehende Mehrschichtdefekte hervorgerufen werden. Mit Erhöhung von Laserleistung oder einer Reduzierung der Scangeschwindigkeit kann mit Vergrößerung der eingebrachten Energie die längliche Defektstruktur vermieden und eine hohe relative Bauteildichte erzeugt werden. Ab einer Volumenenergiedichte > 178 J/mm^3 können Gasporen in den Probekörpern aus Zn0,5Mg und Zn1Mg festgestellt werden.

5.1.3 Hatchabstand

Eine Veränderung des Hatchabstandes bewirkt nach Formel 2.5 eine Reduktion der eingebrachten Volumenenergiedichte. Bei konstanter Laserleistung und Scangeschwindigkeit wird ausgehend von einer VPK mit hoher relativer Bauteildichte eine steigende Porosität mit Vergrößerung des Hatchabstandes beobachtet. Anhand von Querschliffen der Zn0,5Mg-Probekörper, die mit VPK 5, 17 und 18 hergestellt sind, wird diese Beobachtung in Abbildung 5-6 beispielhaft dargestellt. Bei der VPK 17 (P_L = 40 W, v_S = 200 mm/s, Δy_s = 40 µm) wird im Querschiff eine hohe relative Bauteildichte von 99,95% gemessen (vgl. Abbildung 5-6 links). Bei Vergrößerung des Hatchabstandes auf Δy_s = 50 µm bei VPK 5 wird eine relative Bauteildichte von 99,44% bzw. 97,97% im Querschliff gemessen (vgl. Abbildung 5-6 mittig). Bei einer weiteren Vergrößerung des Hatchabstandes auf Δy_s = 60 µm bei VPK 18 wird eine relative Bauteildichte von 96,33% im Querschliff gemessen (vgl. Abbildung 5-6 rechts). Eine Übersicht lichtmikroskopischer Aufnahmen der Probenkörper-Oberseite ist in Abbildung 5-24 dargestellt.

---

[5] Bei dem Baujob aus der Zn1Mg-Legierung wird ein stufiger Versatz im Querschliff beobachtet. Aufgrund des Hochziehens der Probekörper mit VPK 12 und VPK 15 stehen die Ecken aus dem Pulverbett heraus (vgl. Abbildung 5-1). Dadurch wird durch den Beschichter die Substratplatte in Rotation versetzt. Der Effekt verschwindet, sobald die hochgezogenen Probekörper deaktiviert werden. Im Rahmen dieser Untersuchungen kann kein negativer Einfluss auf die Bauteilqualität beobachtet werden.

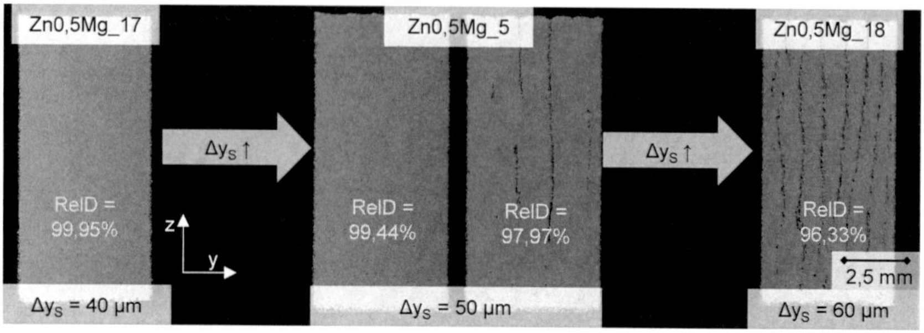

Abbildung 5-6: Einfluss des Hatchabstandes auf die Porosität, beispielhaft anhand LOM im Querschliff von Zn0,5Mg-Probekörper für unterschiedliche VPK, links: VPK 17, mittig: VPK 5 und rechts: VKP18 (P_L = 40 W, v_S = 200 mm/s)

VPK 5 wird bei Zn0,5Mg für die Herstellung von zwei Probekörpern bei unterschiedlichen Baujobs verwendet. Während ein Probekörper eine längliche Defektstruktur und eine relative Bauteildichte von 97,97% aufweist, wird bei dem anderen eine um 1,47% geringere Porosität festgestellt. Eine mögliche Erklärung für diesen Unterschied könnten Prozessnebenprodukte mit hohem Sauerstoffgehalt darstellen. Durch anhaftende Oxide wird die Benetzung der Schmelze auf dem verfestigten Material verringert [Lie18, S. 105], es werden Schmelzbadinstabilitäten hervorgerufen und somit ein ungleichmäßiges Schmelzen und das Entstehen von Bindefehlern bewirkt. Möglicherweise ist dadurch eine vollständige Reproduzierbarkeit von VPK 5 für Zn0,5Mg aufgrund der stochastischen Entstehung der Prozessnebenprodukte nicht gegeben.

Bei Zn0,5Mg-Probekörpern, die mit einer konstanten Volumenenergiedichte von 167 J/mm^3 sowie einer konstanten Laserleistung von 50 W hergestellt sind, werden relative Bauteildichten in Querschliffen von 99,85% bei VPK 20 (v_S = 250 mm/s, Δy_s = 40 µm), 99,65% bei VPK 8 (v_S = 200 mm/s, Δy_s = 50 µm), 99,02% bei VPK 21 (v_S = 167 mm/s, Δy_s = 60 µm) und 98,79% bei VPK 22 (v_S = 143 mm/s, Δy_s = 70 µm) festgestellt. In Abbildung 5-25 sind die Querschliffe mit LOM der Oberseite dargestellt. Eine stetige Vergrößerung des Hatchabstandes um je 10 µm führt bei gleichbleibender Volumenenergiedichte durch Reduzierung der Scangeschwindigkeit zu einer geringeren relativen Bauteildichte. Für eine konstante Volumenenergiedichte von 167 J/mm^3 und Scangeschwindigkeit von v_S = 200 mm/s und bei steigendem Hatchabstand und steigender Laserleistung wird ebenfalls eine Reduzierung der relativen Bauteildichte beobachtet. Der Querschliff des Zn0,5Mg-Probekörpers, der mit VPK 17 (P_L = 40 W, Δy_s = 40 µm) hergestellt wird, weist eine relative Bauteildichte von 99,95% auf. Eine Vergrößerung des Hatchabstandes um je 10 µm bei steigender Lasterleistung führt im Querschliff der Probe für VPK 24 (P_L = 70 W, Δy_s = 70 µm) zu einer relativen Bauteildichte von 96,27% und Gasporosität wird festgestellt. Die Querschliffe der Probekörper und LOM der Oberseite sind in Abbildung 5-26 dargestellt. Folglich stimmen die Ergebnisse der Versuche zum Einfluss des Hatchabstandes mit denen nach [Abe15] überein und eine Vergrößerung des Hatchabstandes führt zu einer Erhöhung der Porosität. Die Beschreibung von Porosität lediglich aufgrund der Volumenenergiedichte ist den Ergebnissen nach nur in einem kleinen Prozessfenster möglich. Die Unterschiede der relativen Bauteildichte resultieren aus den auftretenden Defektstrukturen. Diese werden anhand ausgewählter Beispiele im Kapitel 5.3 erläutert und eingeordnet.

5.2 Einfluss der Prozessnebenprodukte auf die ZnMg-Legierung

In Kapitel 2.3 werden Entstehung und mögliche Auswirkungen von Prozessnebenprodukten beim PBF dargestellt und in Kapitel 4.5 die Prozessführung mit der Minimierung der Interaktion von Prozessnebenprodukten und Laserstrahlung beschrieben. Exemplarisch wird nach der Herstellung des in Abbildung 5-1 dargestellten Baujobs aus den abgelagerten Pulverpartikeln (vgl. Abbildung 4-5) eine Pulverprobe entnommen und am REM analysiert. EDX-Punktmessungen an zehn zufällig ausgewählten Partikeln ergeben einen mittleren Sauerstoffgehalt von 1,43 gew.-%, wobei eine große Abweichung erkennbar ist. Die Abweichungen können auch mit der Ordnungszahl < 12 und dadurch vergrößerter Messungenauigkeit begründet werden (vgl. Kapitel 4.4.2). In Abbildung 5-7 sind REM-Aufnahmen verschiedener Pulverpartikel sowie ausgewählte Ergebnisse der EDX-Punktmessungen dargestellt.

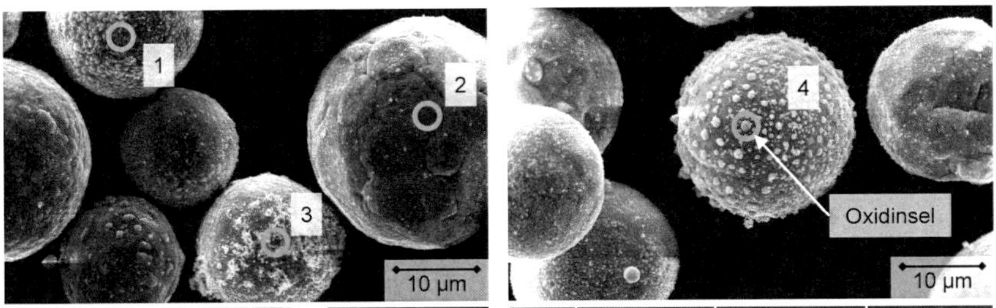

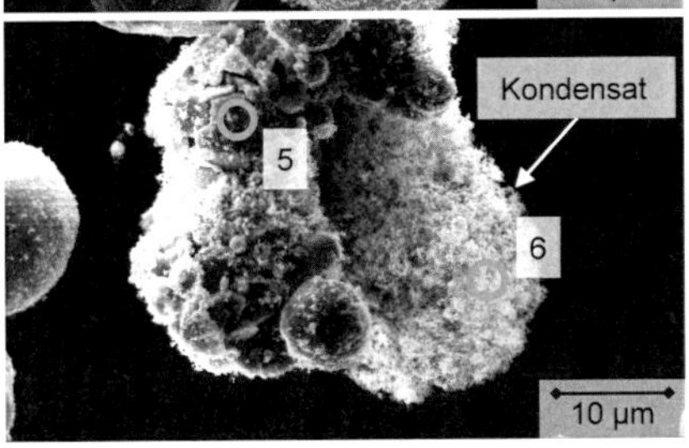

Nr.	Zn [gew.-%]	Mg [gew.-%]	O [gew.-%]
1	98,59	0,32	1,09
2	99,15	-	0,85
3	97,02	1,77	1,20
4	97,61	1,57	0,82
5	99,07	-	0,93
6	94,25	0,93	4,82

Abbildung 5-7: REM-Aufnahmen verschiedener abgelagerter Pulverpartikel mit halbkugelförmigen Oxidinseln und nanoskaliger Kondensate auf der Partikeloberfläche, unten rechts: Ergebnisse ausgewählter EDX-Punktmessungen

Die Pulverprobe der abgelagerten Partikel weist einen erhöhten Oxidgehalt gegenüber dem Grundpulver in den drei typischen Morphologien nach [Sut20] auf. Halbkugelförmige Oxidinseln in der Größe von ca. 1 µm sowie nanoskalige Metallkondensate werden auf Partikeln beobachtet und sind in Abbildung 5-7 dargestellt. Die Entstehung der Prozessnebenprodukte ist nicht zu vermeiden und mit dem niedrigen Dampfdruck der ZnMg-Legierung verbunden. Eine Verunreinigung des Pulvers durch die Oxide an den Pulverpartikeln kann eine Veränderung des Pulvers bewirken. Nach dem PBF-Prozess wird das verwendete Pulver gesiebt und erneut verwendet. Hierbei besteht die Möglichkeit, dass durch mehrmalige Benutzung eine Veränderung des Pulvers stattfindet. Der vergrößerte Oxidgehalt und die Ablagerung von Kondensat kann zu einer Veränderung der Legierungszusammensetzung und des Schmelzverhaltens führen. Insbesondere die Magnesiumoxide (MgO) werden in der Schmelze schlechter benetzt und Defektstrukturen vorzugsweise ausgeprägt [Kru04]. Dies kann eine Verkleinerung der relativen Bauteildichte zur Folge haben und bspw. Mikroporosität hervorrufen (vgl. Kapitel 5.3.3). In Tabelle 2.3 sind die Verdampfungstemperaturen von Mg, Zn und Ti und die Schmelztemperaturen der jeweiligen Oxide dargestellt. Die Schmelztemperatur MgO liegt bei 2800°C und damit ca. 1900°C oberhalb der Verdampfungstemperatur von Zn. Während des Schmelzprozesses der ZnMg-Legierung werden nicht die Temperaturen zur Schmelze des MgO erreicht, vorher verdampft das Grundmaterial. Das MgO wird in fester Phase verbleiben (vgl. Kapitel 5.3.3). Über eine mehrfache Nutzung des Pulvers und die große Affinität mit Sauerstoff zu reagieren, verändert sich das Pulver und eine konstante Qualität kann nicht gewährleistet werden. In Abbildung 5-8 sind REM-Aufnahmen von angeschliffenen Pulverkörnern der gemischten Zn1Mg-Legierung dargestellt.

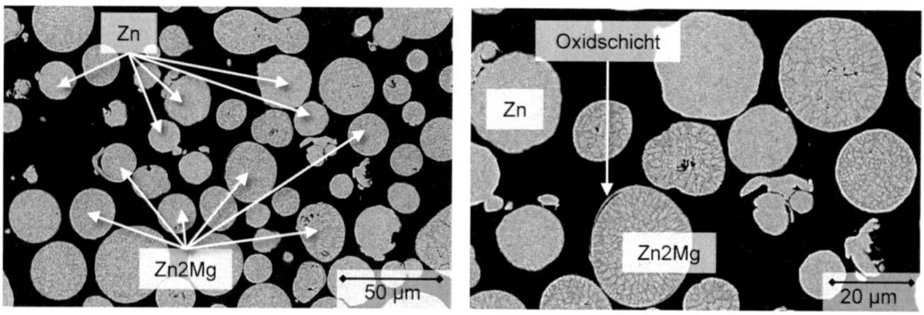

Abbildung 5-8: REM-Aufnahmen von geschliffenen Pulverkörnern einer häufig verwendeten Zn1Mg-Legierung mit eingezeichneten Zn- und Zn2Mg-Pulverkörnern sowie einer Oxidschicht in der Detailaufnahme (rechts)

Hierbei können die Zn und Zn2Mg Pulverkörner aufgrund der ausgebildeten Mikrostruktur (vgl. Kapitel 4.1) unterschieden werden. Bei den Pulverkörnern kann teilweise eine ausgebildete Hülle beobachtet werden, die vermutlich auf eine Oxidation an der Oberfläche der Pulverkörner zurückzuführen ist. Eine mögliche Begründung für die Oxidschicht ist, dass diese Partikel zu den Prozessnebenprodukten gehört und bereits auf oder angeschmolzen sind. Durch die eingebrachte Wärme hat eine Reaktion des Mg mit dem Restsauerstoff in der Prozesskammer stattgefunden und eine Hülle ausgebildet. Eine Reaktion mit dem Einbettmaterial ist nicht auszuschließen, aber unwahrscheinlich, weil bei den zuvor nicht unbenutzten und eingebetteten Pulverpartikeln keine Oxidation festgestellt wird (vgl. Kapitel 4.1 in Abbildung 4-2 und Tabelle 4.2).

Durch die Entstehung der Prozessnebenprodukte wird durch die Modifikation des Pulvermaterials auch die chemische Zusammensetzung der hergestellten Probekörper verändert. Zur statistischen Auswertung der Legierungszusammensetzung werden die

Probekörper mittels EDX-Messungen analysiert. Dabei wird der Bereich an und um die Defekte von den defektarmen Bereichen unterschieden und die Zusammensetzung mit dem Pulvergemisch verglichen. Exemplarisch ist ein Messbereich in Abbildung 5-16 bei Zn1Mg_5 dargestellt. Die Ergebnisse der EDX-Flächenmessungen im defektarmen Bereich, reduziert auf die Elemente Zn, Mg und O, sind in Tabelle 5.1 dargestellt. Die Ergebnisse sowie die Standardabweichung werden aus drei Flächenmessungen berechnet.

Tabelle 5.1: Ergebnisse der EDX-Flächenmessungen zur Legierungszusammensetzung ausgewählter ZnMg-Probekörper in defektarmen Bereich (vgl. Abbildung 5-16)

Probekörper	Zn [gew.-%]	Mg [gew.-%]	O [gew.-%]
Zn0,5Mg mit VPK 4	98,87 ± 0,06	0,67 ± 0,06	0,47 ± 0,06
Zn0,5Mg mit VPK 5	98,88 ± 0,05	0,68 ± 0,05	0,48 ± 0,05
Zn1Mg mit VPK 5	98,20 ± 0,06	1,3 ± 0,10	0,57 ± 0,12

Für die untersuchten REM-Probekörper wird ein Sauerstoffgehalt von bis zu 0,57 gew.-% festgestellt, wobei eine Ungenauigkeit aufgrund der Probenpräparation sowie der Messmethode mittels EDX nicht ausgeschlossen werden kann. Für Zn1Mg-Probekörper ist dieser um ca. 0,1 gew.-% größer als bei Zn0,5Mg. Der erhöhte Mg-Gehalt bewirkt eine größere Neigung zur Ausbildung einer Oxidschicht. Sowohl bei den Zn1Mg-Probekörpern als auch bei den Probekörpern aus Zn0,5Mg wird ein vergrößerter Mg-Anteil bezogen auf den Ausgangszustand von 1 gew.-% bzw. 0,5 gew.-% Mg gemessen. Dieses Ergebnis wird bereits in [Qin22] beschrieben und kann mit einer Verdampfung von Zn bei tieferen Temperaturen im Vergleich zu Mg begründet werden. Sowohl die Schmelz- als auch die Verdampfungstemperatur sind bei Zn um ca. 200°C kleiner als bei Mg (vgl. Tabelle 2.3). Mit dem Grundpulver Zn2Mg und einem daraus hergestellten Probekörper (v_S = 200 mm/s, P_L = 40 W) wird eine Elementanalyse mittels ICP-OES durchgeführt. Das Zn2Mg-Pulver hat einen Anteil von 1,95 gew.-% Mg und der aufgeschmolzene Probekörper einen Anteil von 2,18 gew.-% Mg. Zusätzlich wird bei unterschiedlichen Legierungszusammensetzungen der Pulvergemische eine ICP-OES-Analyse des Mg-Anteils in Pulver und Probekörper durchgeführt; die Ergebnisse sind in Tabelle 13.2 im Anhang zusammengefasst. Bei allen untersuchten Probekörpern ist der Mg-Anteil im Probekörper höher als im Pulvergemisch. Die starke Verdampfung von Zn in zinkhaltigen Mg-Legierungen im PBF-Prozess ist bereits in der Literatur quantifiziert [Ben22]. In [Wei15b] wird bspw. bei der Mg-Legierung ZK60 eine Verkleinerung des Zn-Gehaltes von 5,2% in dem Ausgangspulver auf 4,4% im hergestellten Bauteil festgestellt, während der Mg-Gehalt von 94,0% auf 94,4% ansteigt. Zur Auswahl der finalen Legierungszusammensetzung in einem Bauteil ist eine Anpassung des Grundpulvers zu einem kleineren Magnesiumanteil von ca. 12% notwendig (vgl. Tabelle 13.2 im Anhang) und muss bei zukünftigen Untersuchungen beachtet werden.

Die Ablagerung der Prozessnebenprodukte auf dem Pulverbett sowie die Interaktion des Pulvers mit der Sauerstoffumgebung bei Prozessen wie Sieben, Trockenmischen oder dem Einfüllen in die PBF-Anlage führt zu einer Vergrößerung der Menge an Oxiden in der ZnMg-Legierung über mehrere Bauprozesse hinweg. Dies kann zu einer veränderten Prozessführung von unbenutztem zu gebrauchtem Pulver führen und sollte bei der Verarbeitung berücksichtigt werden. Exemplarische LOM-Aufnahmen von quergeschliffenen Probekörpern aus vorlegierter Zn1Mg-Charge (vgl. AA11 im Anhang), hergestellt mit identischen VKP (v_s = 200 mm/s, P_L = 40 W) werden bei Beginn der Vorversuche und 15 Monate später nach häufiger Verwendung in Abbildung 5-9 gegenübergestellt. Defektstrukturen, insbesondere längliche, werden beobachtet und die Vermutung einer Veränderung des Pulverwerkstoffs bei Alterung kann bestätigt werden.

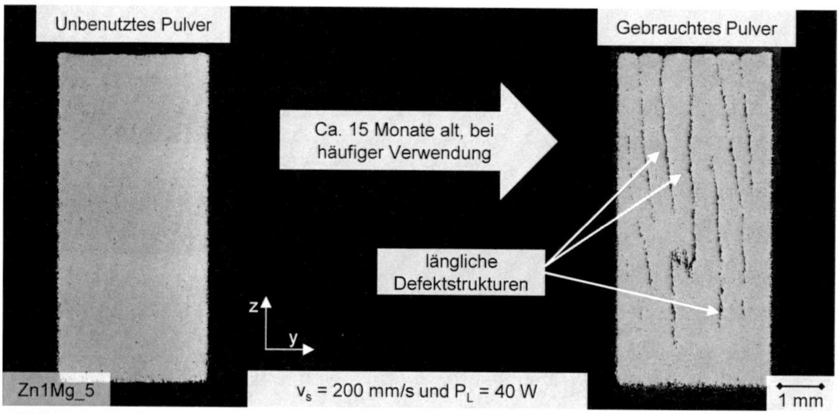

Abbildung 5-9: Gegenüberstellung von LOM im Querschliff von Probekörpern aus von neuem, unbenutztem Pulver (links) und 15 Monate altem Zn1Mg Pulver nach häufiger Verwendung mit länglicher Defektstruktur (rechts)

Die Entstehung der Defektstrukturen wird auf eine vergrößerte Menge der Prozessnebenprodukte bzw. dem Ablagern dieser auf dem Pulver in der Prozesskammer zurückgeführt. Nach Wiederaufbereitung des Pulvers wird es dem PBF-Prozess zurückgeführt und es werden erneut Probekörper hergestellt. Dabei nimmt die Menge der Oxide über die Dauer der Verwendung zu, die Benutzbarkeit in der Schmelze wird herabgesetzt und die in Abbildung 5-9 rechts dargestellte längliche Defektstruktur entsteht. Die Defektstruktur und eine Theorie zur Entstehung sind in Kapitel 5.3.4 beschrieben.

5.3 Defektstrukturen

Nachdem die relative Bauteildichte anhand der Probekörper bestimmt ist und die Unterschiede zwischen den Legierungszusammensetzungen und den Verfahrensparametern dargestellt sowie die Prozessnebenprodukte mit Veränderung des Pulvers beschrieben sind, werden im folgenden Kapitel die resultierenden Defektstrukturen klassifiziert. Nach [Zha17a] haben viele Parameter einen Einfluss auf die Bauteilqualität, exemplarisch sind Laserleistung, Scangeschwindigkeit, Hatchabstand, Schichtdicke,

Ausgangsmaterial oder Bauraumbedingungen zu nennen. Defekte werden durch eine Kombination dieser Parameter hervorgerufen bzw. beeinflusst und können nach [Zha17a] in drei Kategorien unterteilt werden: Gasporosität, Bindefehler und Risse. Im Rahmen der bisherigen Untersuchungen werden für ZnMg-Legierungen keine Risse beobachtet und entsprechend nicht klassifiziert. In den Querschliffen der ZnMg-Probekörper werden jedoch Mikroporositäten und bei bestimmten VPK eine längliche Defektstruktur festgestellt. Die Defektstrukturen Gasporosität, Mikroporosität, Bindefehler und die längliche Defektstruktur werden im Folgenden beschrieben und eingeordnet (vgl. Abbildung 2-7).

5.3.1 Gasporosität

Bei niedrigeren Scangeschwindigkeiten (z.B. v_S = 200 mm/s) und höheren Laserleistungen (z.B. P_L = 80 W) mit entsprechend größerer Volumenenergiedichte wird bei ZnMg-Legierungen eine erhöhte Bildung von runden Gasporen beobachtet. In der Literatur deuten diese Defekte auf ein Schweißregime hin, das durch Tiefschweißen geprägt ist [Kha16, Kin14, Mei99, Zha17a]. Die Gasporosität wird durch den Einschluss von Gas in der Schmelze verursacht und ist durch sphärische Poren gekennzeichnet [Hag21, Hoj19, Kha16]. Das Gas in der Schmelze formt, bedingt durch Oberflächenspannung, sphärische Blasen, die nicht entweichen können und beim Erstarren Poren ausbilden [Kin14]. Die Folge von Gasporen ist die negative Beeinflussung der mechanischen Eigenschaften, insbesondere Zug- und Dauerfestigkeit, da Poren mit Spannungsüberhöhungen einhergehen und die Entstehung sowie Ausbreitung von Rissen fördern [Wan22]. Die VPK 13 (P_L = 80 W, v_S = 200 mm/s) weist bei einer Volumenenergiedichte von 267 J/mm^3 eine hohe Porosität aufgrund von Gaseinschlüssen auf. In Abbildung 5-10 rechts sind LOM-Aufnahmen eines Zn1Mg-Probekörpers im Querschliff mit einer solchen Defektstruktur dargestellt. Die Gasporen weisen eine hohe Sphärizität in unterschiedlichen Größen innerhalb der Probe auf. Im oberen Bereich der Probe ist sowohl in der Draufsicht als auch im Querschliff eine homogene geschlossene Deckfläche mit hoher relativer Bauteildichte dargestellt. Die Gasporen entstehen durch Tiefschweißen im unteren Bereich der Dampfkapillare[6]. An den Kanten der Oberseite der Probekörper werden Materialanhäufungen beobachtet (vgl. schematische Darstellung in Abbildung 5-10, links). Diese entstehen möglicherweise durch Materialansinterungen [Mat16] und einer hohen Temperatur der Schmelze im Randbereich, sodass die Geometrie nicht scharfkantig ausgebildet wird. Eine erhöhte Gasporosität ist meist durch die Ausbildung der Materialanhäufungen an der Oberseite des Probekörpers zu erkennen, ohne die Probe im Querschliff bewertet zu haben. Im Rahmen dieser Untersuchungen werden Materialanhäufungen bei Probekörpern, die mit ≥ 70 W Laserleistung hergestellt sind, festgestellt und bewirken bspw. bei VPK 12 und VPK 15 ein Deaktivieren der Probekörper während des Bauprozesses. Eine

[6] Dampfkapillare bzw. „*Keyhole*" beschreibt nach [Zha20] eine tiefe und schmale kanalartige Öffnung im Schmelzbad

mögliche Begründung liegt in der realen Schichtdicke. Dadurch steht dem Schmelzprozess eine ausreichende Menge Pulver zu Verfügung und bei großer eingebrachter Leistung wird mehr Schmelze gebildet, die zu einer Materialanhäufung auf der Oberseite führt (vgl. Abbildung 5-28 links). Übersteigt die Materialanhäufung die Höhe der realen Schichtdicke, findet ein mechanischer Kontakt zwischen dem Probekörper und der Silikonlippe des Beschichters statt. Dadurch kann kein reproduzierbarer Fertigungsprozess sichergestellt werden, was zu einer Deaktivierung der überhöhten Probekörper führt.

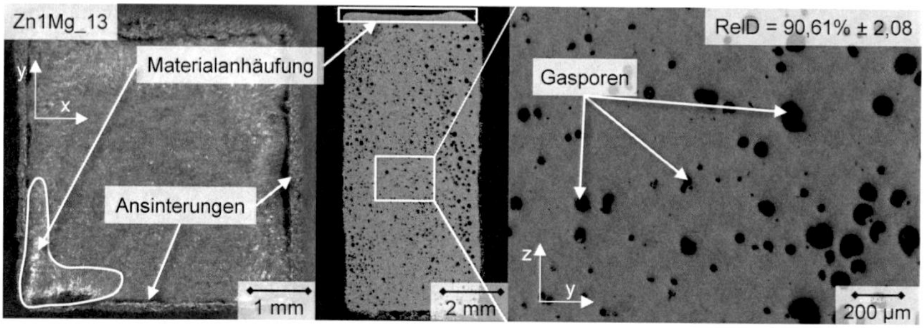

Abbildung 5-10: links: LOM-Aufnahme von der Oberseite des Zn1Mg_13 Probekörpers, mittig: Übersichtsaufnahme im Querschliff des Probekörpers mit Gasporosität, rechts: Vergrößerung auf die Defektstruktur mit Identifikation der Gasporosität (P_L = 80 W, v_S = 200 mm/s)

Nach [Wan22] sind die drei Hauptfaktoren, die das Strömungsverhalten in einem Schmelzbad beeinflussen, der Dampfdruck, die ausgeprägte Oberflächenspannung und der Marangoni-Effekt (thermokapillare Kraft) [Ge21, Kha16, Wan20]. Basierend auf numerischen Simulationen und experimentellen Beobachtungen haben Studien [Kha20, Zha20] bestätigt, dass ein stabiles Schmelzbad die Bildung von Gasporosität verhindern kann. Wenn jedoch das Gleichgewicht im Schmelzprozess gestört wird, können die resultierenden Instabilitäten, wie Turbulenzen in Kombination mit der Ausbildung von Dampfkapillaren, für die verbleibenden Poren verantwortlich sein [Zha19]. Die Ausbildung der Dampfkapillare ist abhängig von der VPK. Eine hohe eingebrachte Volumenenergie verstärkt den Dampfdruck und erhöht somit die Tiefe der Dampfkapillare. Eine zu große Tiefe der Dampfkapillare sollte nach [Kha16] vermieden werden, da der Zusammenbruch die Bildung von Gasporen hervorruft. Die Verdampfung von flüchtigen Elementen kann zusätzlichen Dampfdruck hervorrufen und zu Turbulenzen in der Schmelze beitragen. Durch diesen Mechanismus kann eine Gasporosität in den erstarrten Probekörpern hervorgerufen werden und sollte zur Herstellung von Bauteilen mit reproduzierbarer Bauteilqualität vermieden werden [Tan17a, Wei15a, Zen19]. ZnMg tendiert aufgrund der niedrigen Verdampfungstemperatur und flüchtigen Legierungsbestandteilen zur Überhitzung der Schmelze ab einer Laserleistung von 80 W, unabhängig von der betrachteten Legierungszusammensetzung. Die Gasporosität wird in den Probekörpern im unteren Bereich der Schmelze ausgebildet. In Abbildung 5-11 ist ein angeätzter Querschliff eines mit VPK 13 hergestellten Probekörpers dargestellt. Die große Umschmelztiefe von 430 µm entspricht der 14-fachen

Schichtdicke und ist für Mg-Legierungen und ZnMg-Legierungen bereits nachgewiesen und als herausfordernd bei der Verarbeitung dieser Werkstoffe beschrieben [Jau18, S. 139, Vos22]. Die Gasporosität wird hauptsächlich unterhalb der zuletzt umgeschmolzenen Schicht festgestellt und bestätigt die Entstehung der Gasporen im unteren Bereich der Dampfkapillare. Dass hohe Energieeinträge in das Pulverbett zu Gasporosität führen, wird in der Literatur oft beobachtet [Kan22] und kann im Rahmen dieser Arbeit bestätigt werden.

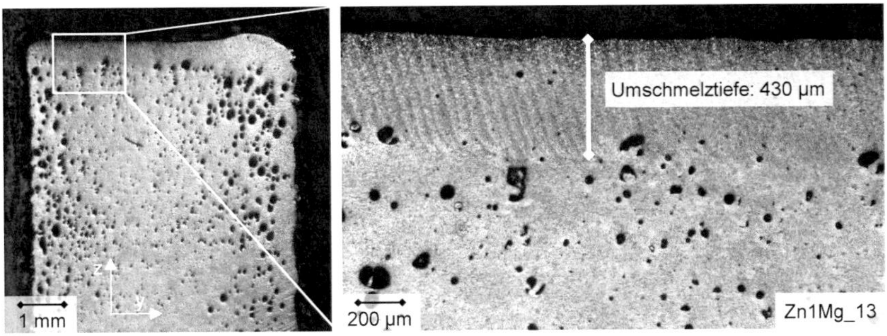

Abbildung 5-11: LOM von Querschliff eines Probekörpers mit Gasporosität am Beispiel von Zn1Mg für VPK 13 (P_L = 80 W, v_S = 200 mm/s) mit Ätzungen zur Darstellung der Schmelzspuren in der obersten Schicht

5.3.2 Bindefehler

Die Entstehung von Bindefehlern (engl.: Lack of Fusion) wird nach [Wan22] auf zwei Effekte zurückgeführt: Unvollständiges Umschmelzen des Pulvers oder unvollständige Verschmelzung der Schmelzspuren. Der Energieeintrag ist bei dieser Defektstruktur nicht ausreichend, um die aktuelle Pulverschicht zusammen mit den zuvor erstarrten Schichten in z-Richtung vollständig aufzuschmelzen und eine ausreichende Verbindung zu erzeugen oder um die benachbarten Schmelzspuren in der x/y-Ebene zu verbinden [Cun17, Mei99, Zha17a]. Wie bei den vorher beschriebenen Defekten ist das Auftreten maßgeblich von der Wahl der VPK und Prozessbedingungen abhängig. Die Prozessnebenprodukte wie Spritzer und Metallkondensat können Abschattungseffekte der Laserstrahlung hervorrufen. Die eingebrachte Energie wird dadurch reduziert und ein unvorhergesehenes Prozessverhalten kann mit der Entstehung von Bindefehlern hervorgerufen werden [Kha20, Zha19]. Bindefehler (vgl. Kapitel 2.3) sind durch große, unregelmäßig geformte Defekte erkennbar, die insbesondere das mechanische Verhalten beeinträchtigen können [Edw14, Leu13, Wyc14]. Die Poren enthalten oft nicht geschmolzene Pulverpartikel und Prozessnebenprodukte. Aufgrund der unregelmäßigen Form der Defektstrukturen werden die mechanischen Eigenschaften der Probekörper mit Bindefehlern weiter verkleinert als bspw. bei Gasporosität mit sphärischen Defekten. An den kantigen Ecken der Defektstrukturen entstehen bei mechanischer Beanspruchung Spannungsspitzen, die als Startpunkt für Rissausbreitung beobachtet werden können [Wan22]. Bei geringen Volumenenergiedichten ≤ 100 J/mm³ (Laserleistungen ≤ 40 W, Scangeschwindigkeiten ≥ 300 mm/s) werden Bindefehler in den

ZnMg-Probekörper beobachtet. In Abbildung 5-12, rechts sind lichtmikroskopische Aufnahmen des Querschliffs eines Zn1Mg-Probekörpers mit Bindefehlern dargestellt.

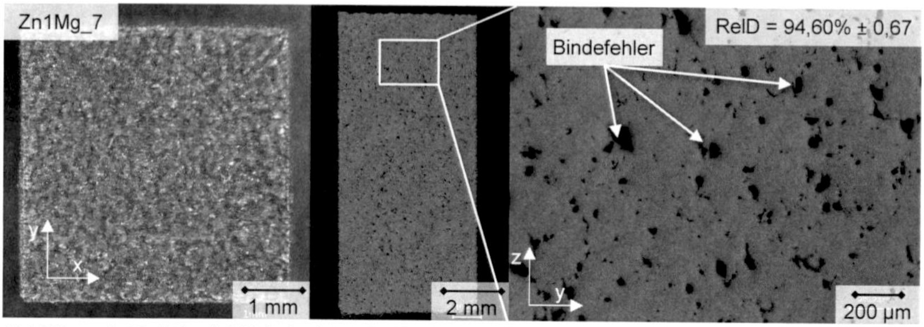

Abbildung 5-12: links: LOM-Aufnahme der Oberseite des Zn1Mg_7 Probekörpers, mittig: Übersichtsaufnahme im Querschliff des Probekörpers mit Bindefehlern, rechts: Vergrößerung auf die Defektstruktur mit Identifikation der Bindefehler (P_L = 40 W, v_S = 600 mm/s)

Die Bindefehler weisen eine unregelmäßige Form auf und könnten neben einer unzureichenden Überlappung mit benachbarten Schmelzspuren oder vorangegangenen Schichten auch durch eine unzureichende Benetzung der Schmelze auf dem verfestigten Material bspw. nach [Lie18, S. 105] aufgrund von Oxiden entstehen. Die Oberseite der Probekörper mit geringer Volumenenergiedichte sieht im Querschliff (vgl. Abbildung 5-12 mittig) wellig aus. Nach [Wei14, Yad10] entstehen solche Oberflächen aufgrund des Balling-Effektes, hervorgerufen durch Schmelzbadinstabilitäten durch einen zu geringen Energieeintrag in das Pulverbett. Diese Defekte werden auf die Auswahl der VPK sowie auf die Prozessführung, die Gasströmung auf der Oberfläche und die Eigenschaften des Ausgangsmaterials zurückgeführt, sodass ein unregelmäßiges Schmelzverhalten hervorgerufen wird.

5.3.3 Mikroporosität

Trotz der teilweise hohen relativen Bauteildichte von bis zu 99,94% sind Defekte < 10 µm, im Folgenden als Mikroporen bzw. Mikroporosität bezeichnet, in allen gefertigten PBF-Probekörpern vorhanden. In Abbildung 5-13 sind rechts LOM-Aufnahmen eines Zn1Mg-Probekörpers mit Mikroporosität dargestellt. Die Oberfläche auf den Probekörpern weist eine homogene Textur mit ausgebildeten Kanten auf und ist in Abbildung 5-13 links dargestellt.

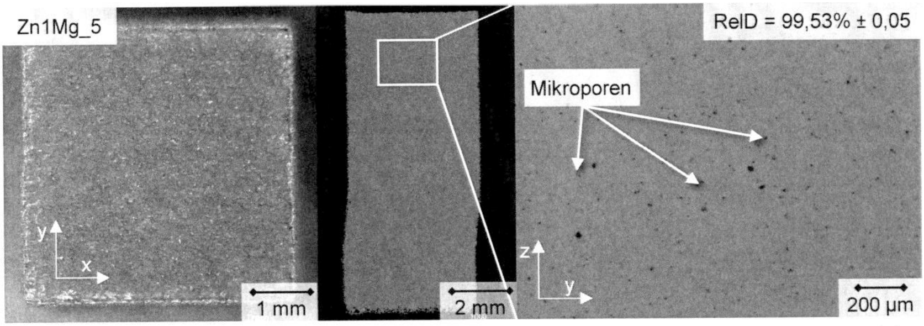

Abbildung 5-13: links: LOM-Aufnahme von der glatten Oberseite des Zn1Mg_5 Probekörpers, mittig: Übersichtsaufnahme im Querschliff des Probekörpers mit hoher relativer Bauteildichte, Vergrößerung des Querschliffs mit Identifikation der Mikroporosität (P_L = 40 W, v_S = 200 mm/s)

Die Benetzbarkeit von MgO durch Zn oder ZnMg-Legierungen in schmelzflüssiger Phase ist in der Literatur nicht vollständig beschrieben. Die Vermutung liegt allerdings nahe, dass durch die Nichtbenetzung von MgO in der Schmelze oxidinduzierte Defekte entstehen können [Kru04, Lie18, S. 105]. Solche Defekte mit einer Größe im niedrigen Mikrometerbereich (< 10 µm) werden in ZnMg-Legierungen sowie Mg-Legierungen beobachtet [Jau18, S. 107 ff., Vos22]. In [Jau18, S. 81] ist als mögliche Erklärung für die Entstehung der Mikroporositäten eine bereits nach dem Verdüsungsprozess vorhandene Oxidschicht auf den Pulverpartikeln beschrieben. Die Oxidschicht wird beim Schmelzprozess mittels Laserstrahlung aufgebrochen, bleibt aber aufgrund der hohen Schmelztemperatur im festen Zustand. Durch die Affinität des Magnesiums, den Sauerstoff zu binden, wird die Bildung von MgO hervorgerufen. Während der Erstarrung entstehen die Defekte in Form von oxidinduzierten Mikroporen. Die Vermutung wird durch Vorversuche bei der Verarbeitung von reinem Zn untermauert, wobei im Querschliff eines Zn-Probekörpers nahezu keine Mikroporosität nachgewiesen werden kann, siehe Anhang Abbildung 13-9.

Zum Vergleich der ZnMg-Mikrostrukturen bei unterschiedlichen Mg-Gehalten werden die Zn0,5Mg- und Zn1Mg-Probekörper mit VPK 5 bei hohen relativen Bauteildichten > 99,5% betrachtet. Mittels REM erstellte Aufnahmen bei 500-facher Vergrößerung sind in Abbildung 5-14 dargestellt.

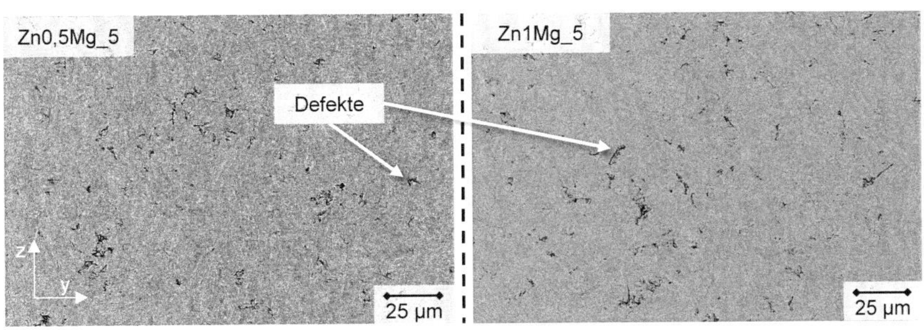

Abbildung 5-14: REM-Aufnahmen des Gefüges von Zn0,5Mg_5 (links) und Zn1Mg_5 (rechts)

Bei den gleichen Verfahrensparametern weisen sowohl die Zn0,5Mg als auch die Zn1Mg-Probekörper kleine Defekte im niedrigen Mikrometerbereich < 10 µm auf. Diese Mikroporositäten treten unabhängig von der Wahl der VPK neben möglichen anderen Defektstrukturen bei allen ZnMg-Probekörpern auf und werden im Folgenden bei höheren Vergrößerungen und mittels EDX-Analysen untersucht. Übersichts- und Detailaufnahmen der untersuchten REM-Proben bei verschiedenen Vergrößerungen sind im Anhang in Abbildung 13-14 dargestellt.

Zur Untersuchung der vorhandenen Elemente in einer Mikropore wird eine Elementgehaltanalyse mittels EDX-Mappings an dem Querschliff eines Zn1Mg-Probekörpers, hergestellt mit VPK 5, durchgeführt. In Abbildung 5-15 oben links ist eine REM-Aufnahme des Querschliffs und In Abbildung 5-15 oben rechts die Vergrößerung auf eine Mikropore dargestellt. In Abbildung 5-15 unten links ist von dem vergrößerten Ausschnitt eine EDX-Map mit grün hervorgehobenem Sauerstoff dargestellt. In Abbildung 5-15 unten rechts ist von dem vergrößerten Ausschnitt eine EDX-Map mit rot hervorgehobenem Magnesium dargestellt.

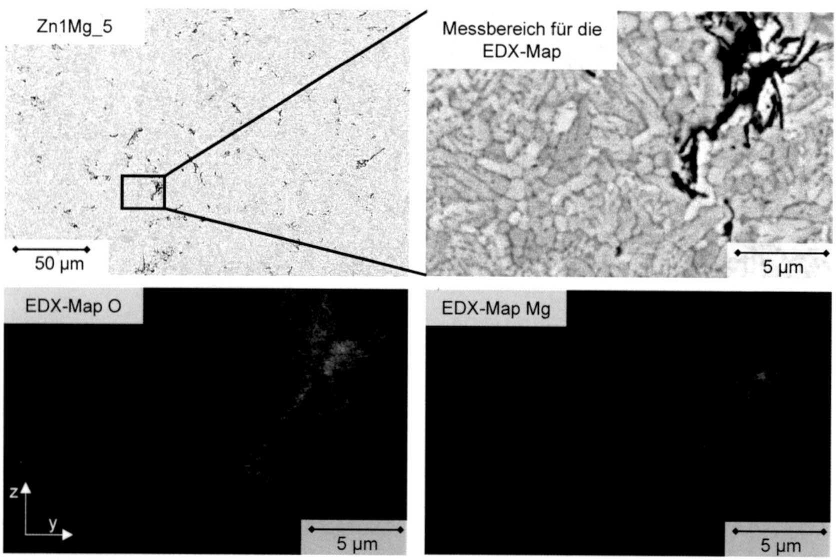

Abbildung 5-15: EDX-Mapping Zn1Mg mit VPK 5, oben links: REM-Aufnahme, oben rechts: REM-Aufnahme des Messbereichs, unten links: EDX-Map O (grün), unten rechts: EDX-Map Mg (rot)

Sauerstoff- und magnesiumreiche Bereiche werden durch die grüne bzw. rote Färbung an und in dem Defekt festgestellt und bestätigen die Vermutung der Akkumulation von MgO in den Mikroporen. Die Ergebnisse können mit der Literatur plausibel untermauert werden: Die oxidinduzierte Mikroporosität (Defekte < 10 µm) in den Probekörpern weist einen lokal erhöhten Sauerstoffgehalt an den Defekten auf [Jau18, Rea15]. Als zusätzliche Effekte können Spritzer [Gas18, San20] oder abgelagerte Prozessnebenprodukte, bspw. Metallkondensat, durch anhaftende Oxide einen hohen

Sauerstoffgehalt aufweisen und damit die Benetzung der Schmelze auf dem erstarrten Material vermindern [Lie18, S. 105, Sim15]. Unvollständig aufgeschmolzene Prozessnebenprodukte können damit in den Defekten vorgefunden werden [Guo18, Kol22].

Exemplarisch sind defektarme (links) und defektreiche Bereiche (rechts) mit den Ergebnissen einer EDX-Flächenmessung über den gezeugten Ausschnitt in Abbildung 5-16 dargestellt. Die dazugehörigen Ergebnisse, gemittelt über drei Flächenmessungen in Bereichen mit Defekt an Zn0,5Mg und Zn1Mg-Probekörpern, sind mit Standardabweichung in Tabelle 5.2 aufgelistet.

Abbildung 5-16: Exemplarische REM-Aufnahmen von Zn1Mg mit VPK 5, links: im defektarmen Bereich, rechts: Bereich mit Mikroporosität, jeweils mit Ergebnis der EDX-Flächenmessung über den gesamten Bildausschnitt reduziert auf Zn und Mg

Insbesondere der Mg-Gehalt nimmt im Vergleich zu den Ergebnissen der Messungen in defektarmen Bereichen, dargestellt in Tabelle 5.1, um mehr als 1 gew.-% zu. Der vergrößerte Oxidgehalt könnte durch die Probenpräparation hervorgerufen sein: Durch das Schleifen und Polieren der Probekörper könnten Rückstände in den Defekten verbleiben und das Ergebnis beeinflussen. Eine Validierung der Legierungszusammensetzung könnte bspw. durch heiß-isostatisches Pressen (HIP) der Probekörper mit einem Schließen der Poren und Verklemmen der Oxide im Bauteil untersucht werden. Bei der anschließenden Analyse sollten weiterhin Oxide in der Probe erkannt und Verunreinigungen durch Probenpräparation ausgeschlossen werden. Diese Untersuchungen sind nicht Teil der vorliegenden Arbeit. Durch ein Vorhandensein der Oxide nach dem HIP wäre bewiesen, dass die Oxide schon während Fertigung mittels PBF in den Probekörpern abgelagert werden und das Ergebnis nicht durch anschließende Schritte, wie der Probenpräparation, beeinflusst wird.

Tabelle 5.2: Ergebnisse der EDX-Flächenmessungen an defektreichen Bereichen

Legierung	Zn [gew.-%]	Mg [gew.-%]	O [gew.-%]
Zn1Mg_5	96,97 ± 0,55	2,00 ± 0,3	1,03 ± 0,25
Zn0,5Mg_5	97,20 ± 0,35	1,67 ± 0,23	1,13 ± 0,12

Weitere REM-Analysen zur Charakterisierung der Defektstrukturen werden an ausgewählten Defekten durchgeführt. Angeschmolzenes Metallkondensat kann in den

Defekten festgestellt werden. In Abbildung 5-17 sind REM-Aufnahmen und Messwerte von EDX-Punktmessungen in einer Mikropore für Zn0,5Mg mit VPK 4 und Zn1Mg mit VKP 6 beispielhaft dargestellt.

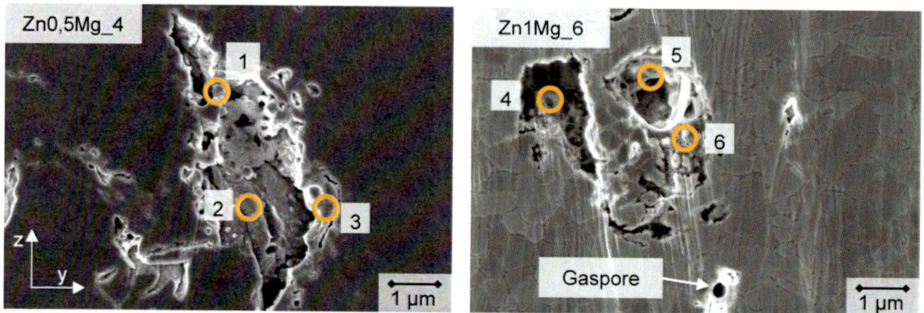

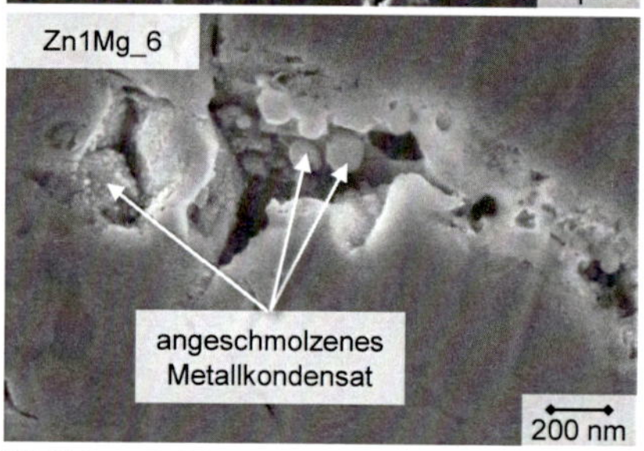

Nr.	Zn [gew.-%]	Mg [gew.-%]	O [gew.-%]
1	95,8	1,8	2,4
2	87,3	6,1	6,7
3	88,6	2,9	8,5
4	78,1	8,4	13,5
5	76,5	6,7	16,8
6	77,7	7,8	14,6

Abbildung 5-17: oben: REM-Aufnahmen im Sekundärelektronenmodus, unten REM-Aufnahme verschiedener Mikroporositäten durch angeschmolzenes Metallkondensat in den Mikroporositäten und Ergebnisse von EDX-Punktmessungen

Durch die Aufnahme der REM-Bilder im Sekundärelektronenmodus (vgl. Abbildung 5-17 oben) ist zu erkennen, dass die Defekte in dem Material unterschiedliche Größen und Formen aufweisen können, aber in der Regel durch eine Aufhellung am Rand des Defekts gekennzeichnet sind. Diese Aufhellung entsteht durch eine lokale Aufladung des Materials aufgrund des Elektronenstroms, wenn die Leitfähigkeit des Materials nicht ausreicht, um diesen abzuleiten. Diese Beobachtung lässt vermuten, dass die Ränder der Defekte aus nichtleitendem Material, bspw. Oxiden, bestehen könnten. Im Vergleich zu den EDX-Flächenmessungen auf dem gesamten Ausschnitt einer Probe wird an und in den Defekten ein um mindestens 2 gew.-% erhöhter O-Gehalt festgestellt.

5.3.4 Längliche Defektstruktur

Bei der Verarbeitung von ZnMg-Legierungen mittels PBF wird bei bestimmten VPK eine längliche Defektstruktur beobachtet. Die Defektstruktur ist in Aufbaurichtung über den kompletten Probekörper orientiert. In Abbildung 5-18 sind rechts LOM-Aufnahmen eines Zn1Mg-Probekörpers mit länglichen Defektstrukturen im Querschliff dargestellt. Auf der Oberseite der Probekörper wird eine periodische Textur mit Materialanhäufungen im ca. 45° Winkel zu den Seitenflächen bzw. den Scanvektoren beobachtet (vgl. Abbildung 5-18 links). Die Materialanhäufungen werden zwischen den länglichen

Defektstrukturen ausgebildet und sind im Querschliff eingezeichnet. REM-Aufnahmen dieser Probe sind im Quer- und Längsschliff in Abbildung 5-33 dargestellt.

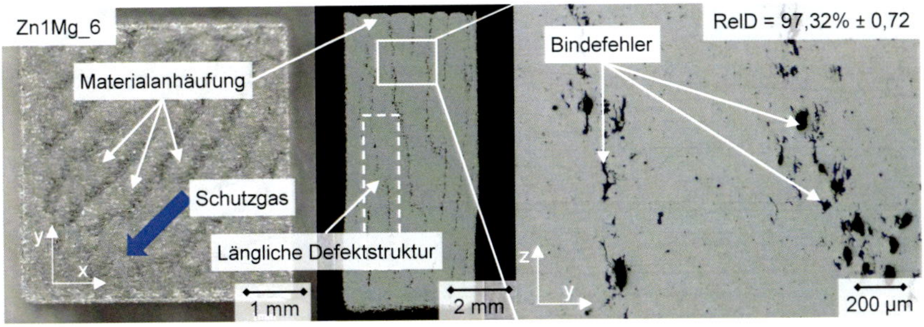

Abbildung 5-18: links: LOM-Aufnahme von der Oberseite des Zn1Mg_6 Probekörpers mit Materialanhäufungen, mittig: Übersichtsaufnahme im Querschliff des Probekörpers mit länglicher Defektstruktur, rechts: Vergrößerung auf die Defektstruktur mit Identifikation der Bindefehler (P_L = 40 W, v_S = 300 mm/s)

In der Literatur wird bei dem PBF von Bindefehlern oder Gasporosität berichtet, bei niedrigschmelzenden Legierungen zusätzlich von Mikroporosität (vgl. Kapitel 2.3). Bisher wird in der Literatur allerdings keine längliche Defektstruktur beim PBF beschrieben, die dieser ähnlich ist. Die längliche Defektstruktur tritt bei einer bestimmten VPK zwischen einer hohen relativen Bauteildichte und Bindefehlern auf (vgl. Abbildung 2-7). Die eingebrachte Energie reicht gerade nicht aus, um ein vollständig geschlossenes Schmelzbad zu erzeugen. Dabei hat die Pulverqualität mit einer potenziellen Alterung einen Einfluss auf die Bauteilqualität. Im Folgenden werden drei Ansätze zur Erklärung dargestellt und anschließend mit der dargestellten Defektstruktur diskutiert.

In [Mei99, S. 14 ff.] wird die reale Schichtdicke (vgl. Abbildung 2-5) beschrieben und von [Jau18, S. 161 f.] auf Materialien mit großem Dampfdruck übertragen. Demnach wird nur ein Teil der aufgetragenen Pulverschicht für den Materialaufbau umgeschmolzen, der größere Teil wird im Schmelzbereich, bspw. durch Verdampfung, abgetragen. Entsprechend groß ist die reale Schichtdicke, verglichen mit der eingestellten Schichtdicke von 30 µm. Aus diesem Grund ist eine große Menge Pulver in der Nähe der Schmelze vorhanden.

Durch die Laserstrahlung wird das Material beim PBF umgeschmolzen und Prozessnebenprodukte entstehen. Bei Überschreiten der Verdampfungstemperatur verdampft das Material und lokal überhitztes Prozessgas tritt aus. Nach [Mat16, Yad11] tritt durch diesen Effekt ein Unterdruck auf und das umliegende Pulver wird in die Interaktionszone gesaugt. Der Bereich der Pulververarmung (engl. „Denudation Zone") um die umgeschmolzene Schmelzspur nimmt nach [Gun17] mit steigendem Energieeintrag zu.

Beim PBF ist ein Temperaturgradient von der Mitte des Schmelzbades zum Rand bekannt [Yin21]. Die thermokapillare Konvektion, auch als Marangoni-Effekt bezeichnet

[Kin15], stellt die treibende Kraft hinter den komplexen Bewegungen im Schmelzbad dar. Schmelzbadinstabilitäten entstehen aufgrund von Störungen in der Konvektion, Scherspannungen durch umströmendes Schutzgas sowie durch Rauheiten auf den Oberflächen vorheriger Schichten [Zho15]. Negative Oberflächenspannungs-Temperaturkoeffizienten können dazu führen, dass das Schmelzbad von der Schmelzfront zum hinteren Teil fließt und durch schnelle Erstarrung Zonen erhabener Schwänze bildet [Yin20, Zho15]. In [Tan20] werden unregelmäßige Oberflächendefekte als „Humping" bezeichnet. Diese Materialansammlungen können auch angeschmolzene Spritzer, Prozessnebenprodukte [Yin20] und Oxide enthalten. Die Oxide verbleiben mit einer unzureichenden Benetzbarkeit in der Zn-Schmelze und werden durch die Strömungen in den Randbereichen abgelagert.

In Abbildung 5-19 sind Schemata der beschriebenen Ansätze zur Erklärung des Schmelzverhaltens in drei Schritten dargestellt. Beginnend mit der Ausbildung des Schmelzbades nach einem länglichen Defekt steht aufgrund der realen Schichtstärke eine große Menge Pulver zur Verfügung und wird durch den Bernoulli-Effekt in das Schmelzbad gesogen (A). Das Schmelzbad vergrößert sich und eine Materialanhäufung wird ausgebildet (B). Bei zu großer eingesogener Pulvermenge reicht die eingebrachte Energie nicht aus, um das gesamte Material in schmelzflüssige Phase zu bringen. Gleichzeitig bewirken die Oxide in den zuvor erstarrten länglichen Defekten eine schlechte Benetzbarkeit der Zn-Schmelze und ein Abbruch des Schmelzbades folgt (C). Die längliche Defektstruktur wird über die nächste Schicht hinweg vergrößert und aufgrund der Strömungen in der Schmelze werden die Oxide in den Defektstrukturen abgelagert. Das Schmelzbad wird anschließend erneut ausgebildet (A). Dieses Verhalten wird durch eine Abwandlung des Denudation-Effektes hervorgerufen. Das Saugen der Pulverpartikel in die Schmelze wird in [Mat16] beschrieben. Durch die große reale Schichtdicke steht aber ausreichend Pulver zur Verfügung und die Verarmung in den Randbereichen bleibt aus. Gleichzeitig wird ein vergrößerter Denudation-Effekt bei größerem Energieeintrag in [Mat16] festgestellt. Im Rahmen dieser Untersuchungen wird bei vergrößerter eingebrachter Energie eine höhere relative Bauteildichte beobachtet und weniger Defekte entstehen.

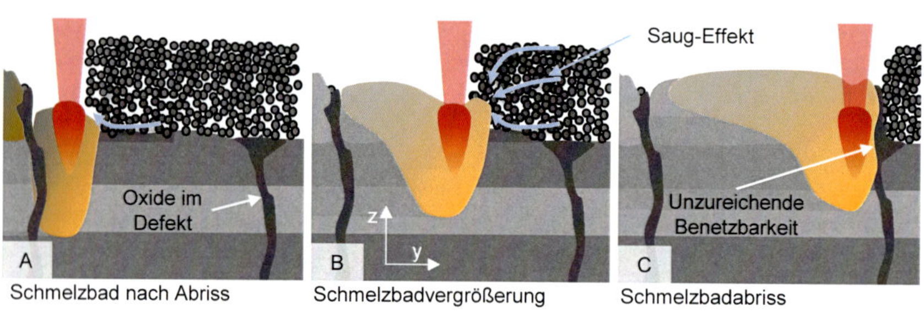

Abbildung 5-19: Schematische Darstellung der Schmelzbadbewegung und Bildung von Materialanhäufung angelehnt an [Yin20, Zho15]

Die entstehende raue Oberfläche mit Materialanhäufungen erhöht die Fließinstabilität des Schmelzbades in den nachfolgenden Schichten und größere Rauheiten entstehen. Diese sich mit jeder Schicht aufbauenden Schmelzbadinstabilitäten tragen zur Bildung der Defekte im Bauteil bei [Yin20, Zho15]. Die Defektstrukturen können sich über mehrere Schichten hinweg zu Mehrschichtdefekten ausdehnen und sich parallel zur Aufbaurichtung nach oben ausbreiten [Bau14, Zho15]. In Abbildung 5-20 ist links eine LOM-Aufnehme der Oberseite eines Zn1Mg-Probekörpers mit VPK 6 mit periodischen Materialanhäufungen dargestellt. Eine Erklärung zur diagonalen Ausrichtung der Materialanhäufung wird über die oben beschrieben Ansätze möglich. Durch den Saug-Effekt wird das Pulver sowohl in Scanrichtung als auch von der Seite in die Interaktionszone gesogen. In Abbildung 5-20 ist rechts schematisch in der Draufsicht die Pulverbewegung dargestellt. Nach einer bestimmten Menge schmelzflüssiger Phase ist die eingebrachte Energie nicht ausreichend, um einen schmelzmetallurgischen Zusammenhalt zu erzeugen. Gepaart mit dem Effekt der unzureichenden Benetzung aufgrund der Oxide in den Defektstrukturen reißt das Schmelzbad ab und wird nach dem Defekt erneut ausgebildet. Das Pulver wird diagonal über die Oberseite der Probekörper in einem Winkel von ca. 45° zur Scanrichtung in den schmelzflüssigen Bereich gesogen und die periodischen Materialanhäufung ausgebildet. Aufgrund des Saug-Effektes, mit der Kombination aus Belichtungsstrategie und der gerichteten Schutzgasführung, kann so die in Abbildung 5-20 links dargestellte Oberflächentopografie mit der Defektstruktur in diagonaler Richtung über den Probekörper ausgebildet werden.

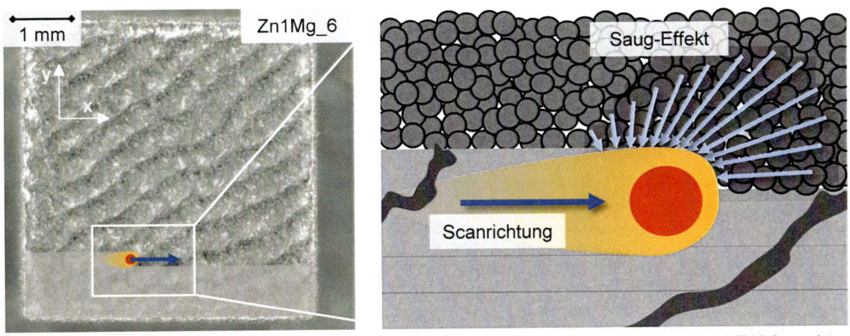

Abbildung 5-20: Links: LOM-Aufnahme der Oberseite eines Zn1Mg-Probekörpers mit VPK 6, rechts: schematische Darstellung des Denudation-Effektes mit dem Einsaugen des umliegenden Pulvers

Zur Analyse der Defektstruktur werden REM-Untersuchungen durchgeführt. Während in den untersuchten REM-Proben Mikroporositäten von 0,1 µm bis zu 10 µm in y- oder z-Richtung ermittelt werden, weisen die länglichen Defektstrukturen Größenordnungen von 10 µm in der Breite und bis 10 mm in der Länge über die komplette Höhe des Probekörpers auf. Für den Zn0,5Mg-Probekörper mit VPK 6 sind in Abbildung 5-21 REM-Aufnahmen der länglichen Defektstruktur dargestellt. Eine unregelmäßige Form kann an und in den Defekten festgestellt werden. Prozessnebenprodukte, bspw. Metallkondensat, können in den Defekten festgestellt werden.

Abbildung 5-21: REM-Aufnahmen bei 100-facher (links) und 500-facher (rechts) Vergrößerung der länglichen Defektstruktur am Beispiel von Zn0,5Mg_6

In Abbildung 5-22 sind REM-Aufnahmen der Zn1Mg-Probekörper mit hoher relativer Bauteildichte und Mikroporosität (oben) sowie länglicher Defektstruktur (unten) gegenübergestellt. Bei der Betrachtung eines Defektes bei bis zu 30.000x Vergrößerung ist eine ähnliche Beschaffenheit erkennbar. Daraus können Rückschlüsse zu einem ähnlichen Entstehungsprozess der Defektstrukturen abgeleitet werden, allerdings bei der länglichen Defektstruktur über mehrere Schichten angeordnet.

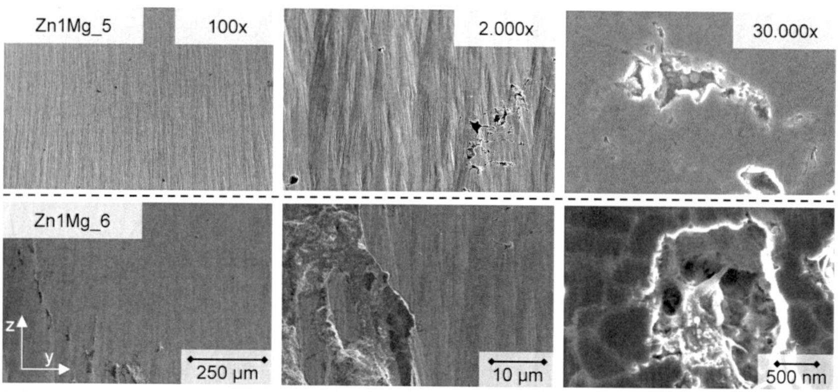

Abbildung 5-22: Vergleich einer defektarmen Probe Zn1Mg_5 (oben) und Probe mit länglicher Defektstruktur Zn1Mg_6 (unten)

Die Identifizierung von MgO sowie das Vorhandensein von angeschmolzenen Prozessnebenprodukten unterstützen die Theorie, dass Mikroporositäten und längliche Defektstrukturen in den untersuchten ZnMg-Legierungen auf Bindefehler zurückzuführen sind. Oxide vermindern die Benetzung der Schmelze mit dem bereits erstarrten Material und werden durch das Pulver und die Wiederverwendung des Pulvers mit erhöhtem Oxidanteil (vgl. Kapitel 5.2), sowie einem Restgehalt an Sauerstoff aufgrund der Verwendung von Argon 4.8 in der Schutzgasatmosphäre in den PBF-Prozess eingebracht [Sal18]. In [Lie18, S. 105 f.] wird bei dem PBF von Zn1,5Mg von einer Oberflächenkontamination berichtet, die das Benetzen der darunterliegenden Schichten verhindert und bspw. durch die Pulverqualität hervorgerufen wird. Die Vermeidung der oxidinduzierten Defekte scheint unter diesen Umständen nur durch die Verwendung von oxidfreiem Pulver und sauerstofffreier Handhabung des Pulvers sowie einem Schmelzprozess in der Prozesskamme ohne Sauerstoff möglich, ist jedoch nach [Jau18, S. 83] technisch nur schwer realisierbar.

Das Vorhandensein der Oxide erklärt die feineren, globulitischen Körner an Defekten im PBF-Gefüge der ZnMg-Legierungen. Heterogene Keimbildung an den Oxiden, die als Fremdkörper in der Schmelze beim Erstarren als Ausgangpunkt für Kornwachstum angesehen werden kann, erzeugt eine feinere Kornstruktur < 1 µm in defektnahen Bereichen. In Abbildung 5-23 sind bei Zn1Mg_5 (links) und Zn1Mg_6 (rechts) die EBSD-Aufnahmen mit Einfärbung nach Korngröße gegenübergestellt. Kleine Körner sind grün eingefärbt und größere orange. Auf den Bildern ist eine größere Menge an kleinen Körnern mit grüner Färbung in der Nähe der Defekte abgebildet. Verglichen mit den Proben hoher relativer Bauteildichte beträgt die mittlere Korngröße 3,39 ± 1,58 µm. In Abbildung 5-37 ist die Übersichtsmessung mit nach Größe eingefärbten Körnern dargestellt; eine vermehrte Ansammlung der kleinen Körner an den Defekten kann bestätigt werden.

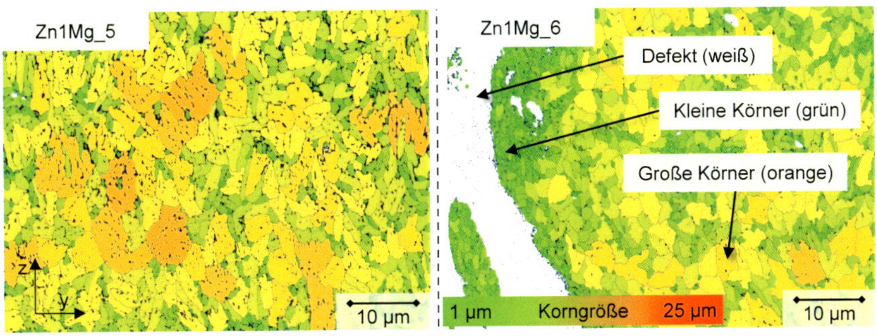

Abbildung 5-23: Vergleich der Korngröße mittels Grain Size Maps, links: defektarmer Bereich, rechts: Ausschnitt mit Defekt

In [Mei99, S. 52 ff] wird eine symmetrische Defektstruktur beschrieben, die eine Abnahme der relativen Bauteildichte zur Folge hat. Die Defekte werden mit diagonal in x/y-Ebene verlaufenden Strukturen beschrieben, die durch Hohlräume voneinander getrennt sind. Aufgrund von Oberflächenspannungen der Schmelze wird das Schmelzbad zusammengezogen und bei aufeinanderfolgenden Scanvektoren erstarrt die Schmelze an dem vorherigen Scanvektor, sodass ein Hohlraum kann entstehen. Nach mehreren Belichtungen (ca. 3) kann der Hohlraum so weit vergrößert werden, dass die Schmelze nicht mehr ausreichend ist, um diesen zu schließen. Als Möglichkeit, diese Defekte zu vermeiden, wird eine Vergrößerung des Hatchabstandes empfohlen. In [Mei99, S. 60] wird als Empfehlung für den Hatchabstand 0,7 mal der Strahldurchmesser angegeben ($\Delta y_s = 0{,}7 \cdot d_s$), sodass mit dem in dieser Arbeit verwendeten Anlagensetup mit d_s = 75 µm ein Hatchabstand von Δy_s = 52,5 µm verwendet werden sollte. In den Untersuchungen zur Verarbeitung von ZnMg-Legierungen bei unterschiedlichem Hatchabstand kann dieser Zusammenhang nicht bestätigt werden (vgl. Kapitel 5.1). In Abbildung 5-24 sind LOM-Aufnahmen der Querschliffe der Probekörper und Aufnahmen der Oberseite bei Variation des Hatchabstandes bei ansonsten konstanten Parametern dargestellt.

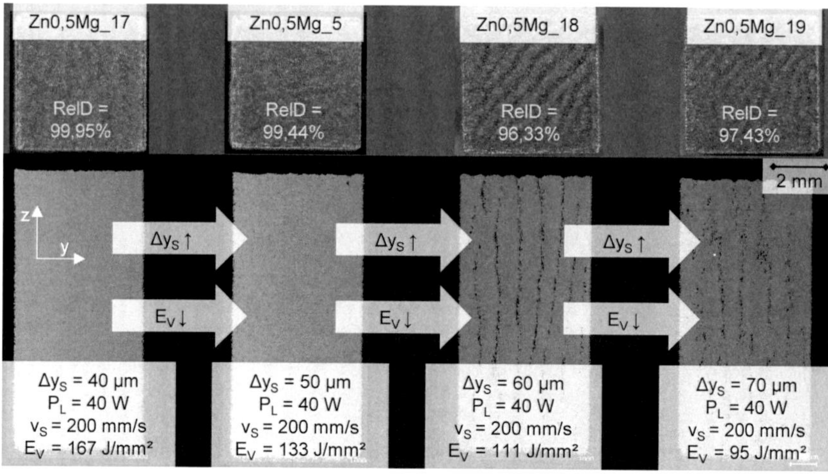

Abbildung 5-24: Zn0,5Mg – Versuchsreihe zum Einfluss des Hatchabstandes auf die Defektstruktur: Oben: LOM-Aufnahmen von den Oberseiten der Probekörper mit den zugehörigen VPK, unten: Übersichtsaufnahmen im Querschliff von Probekörpern mit von links nach rechts vergrößertem Hatchabstand Δys bei reduzierter E_V und konstanter P_L und konstanter v_s

Durch die Vergrößerung des Hatchabstandes nimmt die eingebrachte E_V ab. In den Querschliffen wird bei Zn0,5Mg_18 und Zn0,5Mg_19 die längliche Defektstruktur und auf der Oberseite die periodischen Materialanhäufungen beobachtet. Entsprechend nimmt die relative Bauteildichte von 99,95% bei VPK 17 mit Δy_s = 40 µm zu 97,43% bei VPK 19 mit Δy_s = 70 µm im Querschliff ab.

In Abbildung 5-25 sind Querschliffe der Probekörper bei Variation des Hatchabstandes mit konstanter E_V und Reduzierung der Scangeschwindigkeit dargestellt. Die relative Bauteildichte nimmt mit steigendem Hatchabstand im Querschliff der Probekörper bei VPK 20 von 99,85% bis VPK 22 auf 98,79% ab. Die Defektstrukturen sind sphärisch ausgebildet und können der Gasporosität zugeordnet werden. Dieses Ergebnis bestätigt die Einordnung der Defektstrukturen in Abbildung 5-27, wenn bei Konstanter Laserleistung die Belichtungsgeschwindigkeit reduziert wird und im Querschliff die Zunahme von Gasporosität beobachtet wird.

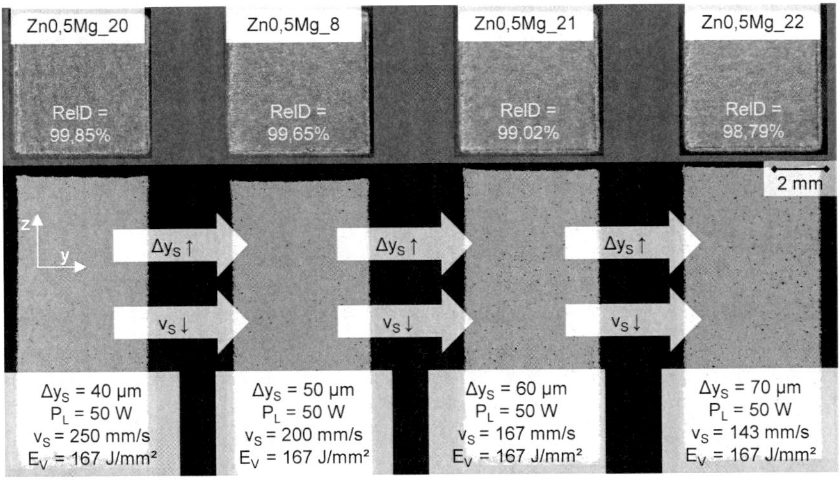

Abbildung 5-25: Zn0,5Mg – Versuchsreihe zum Einfluss des Hatchabstandes auf die Defektstruktur: Oben: LOM-Aufnahmen von den Oberseiten der Probekörper mit den zugehörigen VPK, unten: Übersichtsaufnahmen im Querschliff von Probekörpern mit von links nach rechts vergrößertem Hatchabstand Δy_S bei reduzierter v_S und konstanter P_L und konstanter E_V

In Abbildung 5-26 sind Querschliffe der Probekörper bei Vergrößerung des Hatchabstandes, konstanter E_V und Vergrößerung der Laserleistung dargestellt.

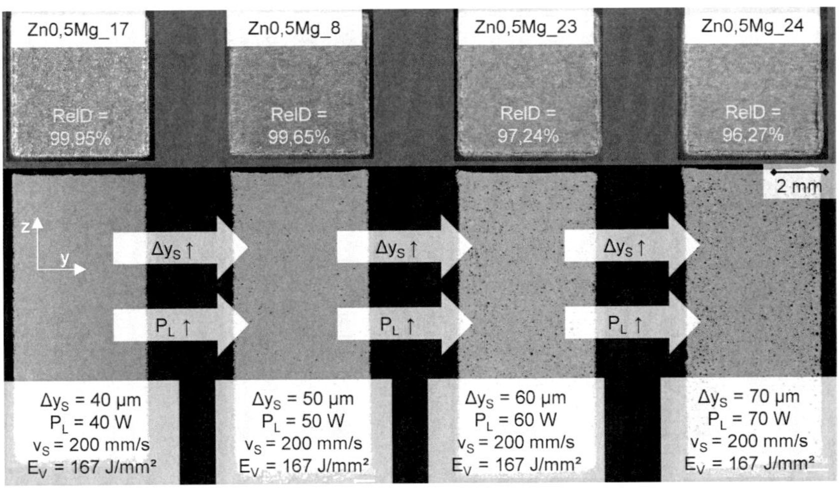

Abbildung 5-26: Zn0,5Mg – Versuchsreihe zum Einfluss des Hatchabstandes auf die Defektstruktur: Oben: LOM-Aufnahmen von den Oberseiten der Probekörper mit den zugehörigen VPK, unten: Übersichtsaufnahmen im Querschliff von Probekörpern mit von links nach rechts vergrößertem Hatchabstand Δy_S und vergrößerter P_L bei konstanter v_S und konstanter E_V

Bei der Vergrößerung des Hatchabstandes von 40 µm auf 70 µm in einer Schrittweite von 10 µm wird jeweils eine Vergrößerung der relativen Bauteildichte in den drei dargestellten Versuchen beobachtet. Die in [Mei99, S. 52 ff] beschriebene Defektstruktur hat eine große Ähnlichkeit mit den länglichen Defektstrukturen bei der Verarbeitung von ZnMg-Legierungen, allerdings kann die Ursache zur Entstehung im Rahmen dieser Arbeit nicht gleichgesetzt werden.

5.3.5 Zusammenfassung

Defekte im Probekörper entstehen beim PBF durch verschiedene Mechanismen bei unterschiedlichen Werkstoffeigenschaften und Prozessbedingungen (vgl. Kapitel 2.3 und Kapitel 4.5). Bei der verwendeten ZnMg-Legierung wird eine Gasporosität bei zu hoch gewählten Volumenenergiedichten ($E_V > 178$ J/mm^3) und es werden Bindefehler bei zu klein gewählten Volumenenergiedichten ($E_V < 100$ J/mm^3) beobachtet. Bindefehler werden bereits in der Literatur bei der Verarbeitung von ZnMg-Legierungen mittels PBF beschrieben [Gor20, Zha17a]. Eine Mikroporosität ≤ 10 µm wird in allen Probekörpern, unabhängig der ZnMg-Legierungszusammensetzung oder VPK, festgestellt. Die Defekte sind homogen in dem untersuchten Bereich des Probekörpers verteilt, wobei der mittlere Abstand der Defekte in der Größenordnung der Pulverpartikel liegt. Diese Beobachtung kann mit der MgO-Schicht auf den Pulverpartikeln begründet werden, die als Feststoff in der Schmelze verbleibt. Bei einer bestimmten VPK zwischen hoher relativer Bauteildichte und Bindefehlern werden die Mikroporosität zu Mehrschichtdefekten bzw. der länglichen Defektstruktur ausgebildet. Eine längliche Defektstruktur wird in der Literatur bisher nicht beschrieben, tritt aber im Rahmen dieser Untersuchungen bei der Verarbeitung von ZnMg-Legierungen vermehrt auf.

In Abbildung 5-27 sind zusammenfassend schematisch die auftretenden Defektstrukturen und die hohen relativen Bauteildichten in Abhängigkeit von Scangeschwindigkeit und Laserleistung bei konstantem Hatchabstand von 50 µm für Zn1Mg dargestellt. Das Schmelzverhalten ist einerseits abhängig von der Legierungszusammensetzung des Pulverwerkstoffs und andererseits von dem Zustand des Pulvers bzw. der Menge von Oxiden bzw. angesammelten Prozessnebenprodukten über die Dauer der Verwendung. Der grau hervorgehobene Bereich stellt den Bereich mit Probekörpern dar, in dem eine längliche Defektstruktur beobachtet wird. Im Rahmen dieser Arbeit werden die in der Literatur nach [Oli20] beschriebenen und in Kapitel 2.3 dargestellten Abhängigkeiten durch den Bereich mit länglichen Defektstrukturen für ZnMg-Legierungen ergänzt.

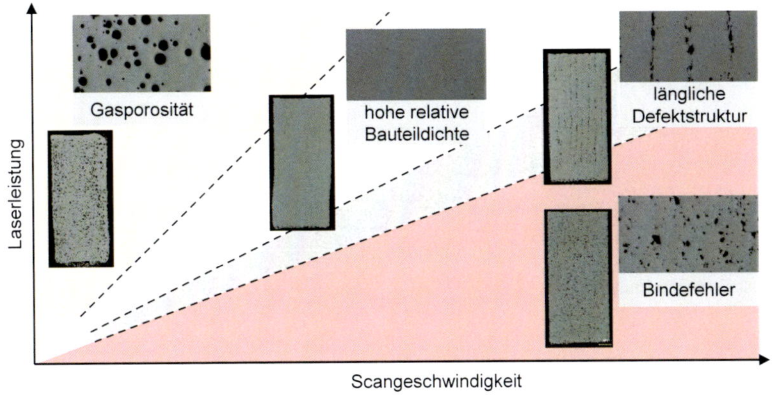

Abbildung 5-27: Einordnung der Defektstrukturen und hoher relativer Bauteildichten in Abhängigkeit von Scangeschwindigkeit und Laserleistung (vgl. Abbildung 2-7) mit exemplarischen LOM-Aufnahmen von Zn1Mg-Probekörpern im Querschliff, in grau hinterlegtem Bereich mit länglichen Defektstrukturen

Aufbauend auf der Einordnung der Defekte ist das Schmelzverhalten für die ZnMg-Legierung schematisch in Abbildung 5-28 dargestellt. Die Ausprägung der Schmelze ist von der Wahl der VPK abhängig. Bei großer E_V wird ein großes Schmelzbad erzeugt, das allerding durch die Tendenz zur Ausbildung einer Dampfkapillare zur Erzeugung von Gasporosität neigt (A). Wird die E_V reduziert, kann sich ein Prozess einstellen, der zu Probekörpern mit hoher relativer Bauteildichte führt (B). Bei weiterer Reduktion der E_V bildet sich der Bereich mit länglichen Defektstrukturen (C), bevor Bindefehler auftreten (D).

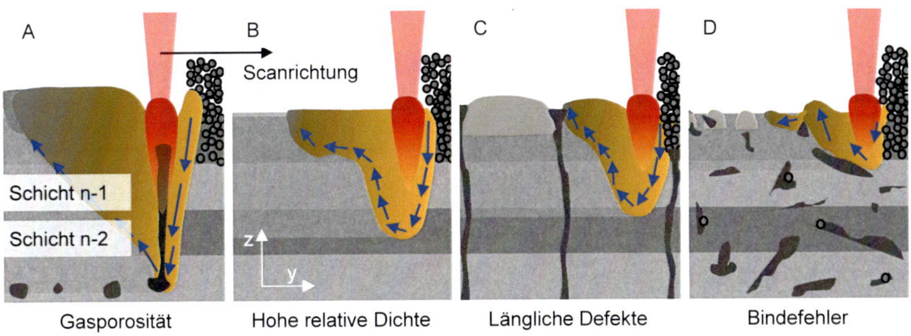

Abbildung 5-28: Schematische Darstellung des Schmelzverhalten der beobachteten Defektstrukturen von großer E_V (> 178 J/mm³) mit Gasporosität (A) zu kleiner E_V (< 100 J/mm³) mit Bindefehlern (D)

Die Effekte zur Entstehung der Defektstrukturen sind in Abbildung 5-29 zusammengefasst. Bei einer Verkleinerung der eingebrachten Energie (E_V) werden ausgehend von einer hohen relativen Bauteildichte in einem kleinen Bereich die länglichen Defektstrukturen ausgebildet und bei weiterer Reduzierung der E_V die in der Literatur bekannten Bindefehler erzeugt.

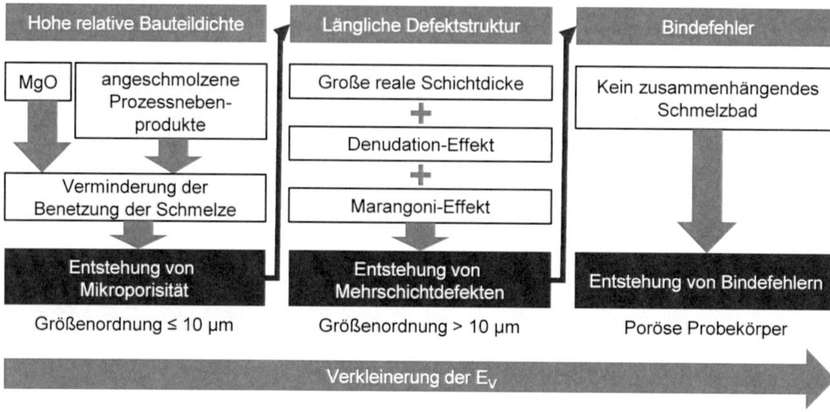

Abbildung 5-29: Darstellung der Effekte zur Entstehung von Defekten bei Verkleinerung der E_V

Bei einem Vergleich der Bauteiloberflächen werden die Defektstrukturen bereits durch äußere Betrachtung der Probekörper ersichtlich. Wenn die eingebrachte E_V zu groß ist und im Querschliff Gasporosität erkennbar ist, wird an der Oberfläche eine Deckfläche mit Materialanhäufungen ohne scharfe Kanten ausgebildet. Bei einer hohen relativen Bauteildichte ist eine homogene Oberfläche mit definierten Abmessungen erkennbar. Wenn die E_V reduziert wird, entstehen zunächst längliche Defektstrukturen, die durch eine periodische Materialanhäufung an der Oberseite diagonal erkennbar sind und sich durch die komplette Höhe des Probekörpers in Aufbaurichtung ausbilden. Wird die E_V weiter reduziert, entsteht eine raue Oberflächentextur mit Bindefehlern in dem Bauteil. Durch diese eindeutige Klassifizierung kann durch eine optische Betrachtung der Probenoberseite die Bauteilqualität abgeschätzt werden. Die LOM-Aufnahmen der Oberflächen sind mit Querschliffen und der Angabe der verwendeten VPK in AA9 im Anhang dargestellt.

5.4 Mikrostruktur

Auf Grundlage der Ergebnisse vorausgegangener Kapitel werden drei VPK ausgewählt, um Probekörper aus Zn0,5Mg und Zn1Mg herzustellen und die Querschliffe mittels LOM und REM untersucht. Die lichtmikroskopischen Aufnahmen der Probekörper sind mit zugehöriger VKP in Abbildung 5-30 im Querschliff dargestellt.

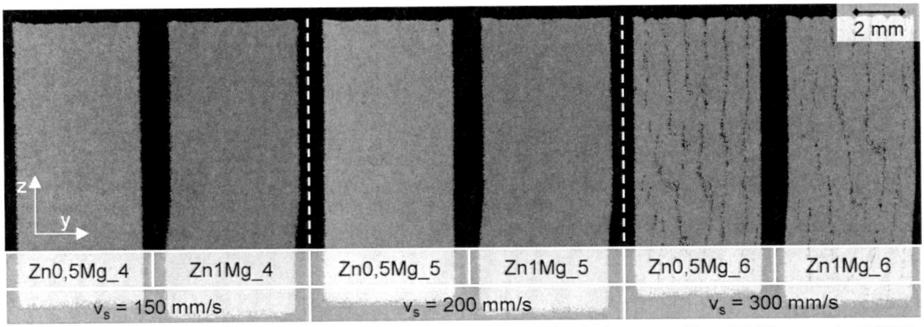

Abbildung 5-30: LOM-Aufnahmen der ausgewählten Probekörper für REM- und EBSD-Untersuchungen bei P_L = 40 W und Δy_S = 50 µm

Die Probekörper sind unter Variation der Scangeschwindigkeit bei ansonsten konstanten Verfahrensparametern hergestellt, wobei die Scangeschwindigkeit von 150 mm/s über 200 mm/s auf 300 mm/s erhöht ist. Die VPK 4 wird zur Bestimmung der mechanischen Kennwerte von Probekörpern aus Zn0,5Mg und VPK 5 für Probekörper aus Zn1Mg genutzt. Die VPK 6 wird aufgrund der länglichen Defektstruktur ausgewählt, um Ursachen der Defekte zu untersuchen und einen Unterschied von defektarmen Bereichen und Bereichen mit länglichen Defektstrukturen in der kristallographischen Struktur zu bewerten. Die Unterschiede zwischen den Legierungszusammensetzungen sollen herausgearbeitet und der Phasenanteil bestimmt werden. Die kristallographische und morphologische Textur wird anhand von EBSD-Analysen der Probekörper mit unterschiedlichen Legierungszusammensetzung und Geschwindigkeiten bewertet. Ein Unterschied zwischen Quer- und Längsschliff soll herausgearbeitet werden.

Phasenanalyse

Zur Charakterisierung des ZnMg-Gefüges werden die Phasen bei unterschiedlicher Legierungszusammensetzung analysiert. In Abbildung 5-31 werden die Phasen von Zn1Mg und Zn0,5Mg bei VKP 5 exemplarisch gegenübergestellt. Das schwerere Element Zn bedingt eine stärkere Rückstreuung der Elektronen, sodass die Zn-Phase auf den REM-Aufnahmen heller erscheint. Die *Phase Maps* aus den EBSD-Untersuchungen geben den Anteil an Zn-Phase (rot) und Mg_2Zn_{11}-Phase (grün) an (vgl. Phasendiagramm in Abbildung 2-8).

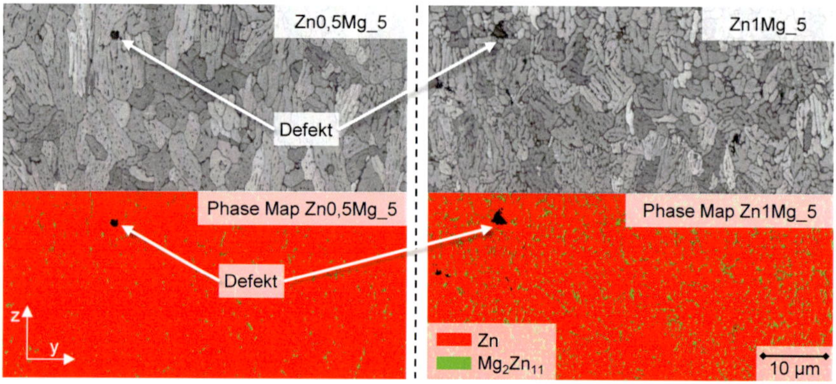

Abbildung 5-31: Exemplarische Darstellung der Phasen von Zn0,5Mg_5 (links) und Zn0,5Mg_5 (rechts): oben: EBSD-Messbereich, unten: *Phase Maps* zur Visualisierung der Phasenanteile Zn-Phase (rot) und Mg_2Zn_{11}-Phase (grün)

Resultierend aus dem geringeren Mg-Gehalt wird bei den Zn0,5Mg-Probekörper im Vergleich zu den Zn1Mg-Probekörper eine anteilig geringere eutektische Zn+Mg_2Zn_{11}-Phase und dadurch anteilig größere Primärphase Zn vorgefunden. Der flächenmäßige Mg_2Zn_{11}-Anteil wird dabei von 1,3% für Zn0,5Mg auf 6% für Zn1Mg vergrößert. Bei höheren Vergrößerungen sind an denselben Probekörpern dendritisch ausgeprägte Zn-Primärphasen erkennbar (vgl. Abbildung 5-32 oben). Die dunklen Bereiche stellen die interdendritische, eutektische Zn+Mg_2Zn_{11}-Phasen dar. Mittels EDX wird in der eutektischen Sekundärphase ein Mg-Gehalt bei Zn0,5Mg von 5,9 ± 1,3 gew.-% und bei Zn1Mg von 5,0 ± 1,4 gew.-% gemessen. Wird der Bildausschnitt weiter vergrößert, können innerhalb der eutektischen Sekundärphase helle Bereiche von einigen Nanometern beobachtet werden (vgl. Abbildung 5-32 unten). Diese Bereiche sind vermutlich die Zn-Bestandteile der auf den REM-Aufnahmen erkennbar eutektisch ausgebildeten Sekundärphase im ZnMg-Gefüge. Vermutlich sind die dunklen Bereiche in der Primärphase mit der Größe von einigen Nanometern nicht gelöste MgO- oder Mg-Partikel.

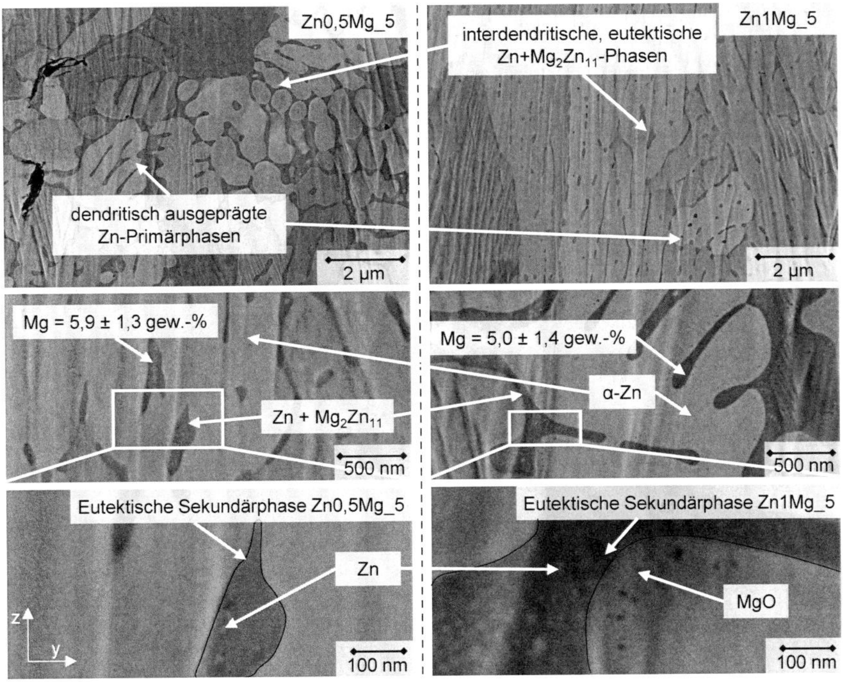

Abbildung 5-32: Exemplarische Darstellung der Zn0,5Mg_5 (links) und Zn1Mg_5 (rechts) Probekörper mit Primärphase Zn und Sekundärphase Zn+Mg_2Zn_{11} anhand von REM-Aufnahmen (oben und mittig) und eutektische Sekundärphasen mit Restbestandteilen von Zn (unten)

Die untersuchten REM-Proben weisen ein untereutektisches Gefüge mit dendritisch ausgeprägten Zn-Primärphasen und interdendritischen, eutektischen Zn+Mg_2Zn_{11}-Phasen, ähnlich zu [Qin19a, Qin22, Vos22, Yan18], auf (vgl. Kapitel 2.4). Auf den REM-Aufnahmen wird bei Zn1Mg ein feineres Gefüge als Zn0,5Mg festgestellt. *Phase Maps* aus den EBSD-Untersuchungen sowie EDX-Punktmessungen bei hohen Vergrößerungen bestätigen die Annahme aus dem ZnMg-Phasendiagramm (vgl. Abbildung 2-8) und Ergebnisse vorangegangener Arbeiten [Qin19a, Qin22, Vos22, Yan18], dass sich die Primärphasen aus Zn als Legierungshauptkomponente und Mg_2Zn_{11} als Phasenbestandteil in einer flächenmäßig kleineren Sekundärphase ausbilden. Mit stöchiometrischen Berechnungen nach [Sch14] ergibt sich für Mg in der intermetallischen Verbindung Mg_2Zn_{11} ein Massenanteil von 6,33 gew.-%. Die EDX-Punktmessungen des mittleren Mg-Gehaltes in den eutektischen Phasen werden zu kleineren Werten mit einer Differenz von 0,88 gew.-% bestimmt. Die Differenz kann in der schnellen Abkühlung beim PBF begründet sein. Mit zunehmenden Abkühlgeschwindigkeiten steigt die Mg-Keimbildungsrate an und die Solidustemperatur von Mg nimmt ab [Dob10]. Daraus kann vermutet werden, dass in den ZnMg-Gefügen neben der Zn-Primärphase und der eutektischen Phase aus Zn+Mg_2Zn_{11} auch intermetallisches Mg_2Zn_{11} an den Korngrenzen der Zn-Körner vorliegt. Die Behauptung deckt sich mit den Ergebnissen von [Yan18], mit dem experimentell ermittelten Mg-Gehalt von 5,31% in der eutektische Phase von Zn3Mg-Probekörpern.

Kristallographische und morphologische Textur

Zur quantitativen Charakterisierung der Mikrostrukturen werden EBSD-Analysen durchgeführt, bei denen sich die Probekörper in einem Winkel von 20° relativ zum EBSD-Detektor befinden. Die dadurch entstehenden optischen Verzerrungen werden während der EBSD-Messung berechnet und korrigiert, sodass die Ergebnisse als frei von optischen Verzerrungen betrachtet werden können. In dieser Arbeit werden die Ergebnisse der EBSD-Messungen anhand von z-IPF-Maps (Einfärbung der Kornorientierung in Aufbaurichtung) ausgewertet. In Abbildung 5-33 sind ionenpolierte Bereiche an den Probekörpern dargestellt.

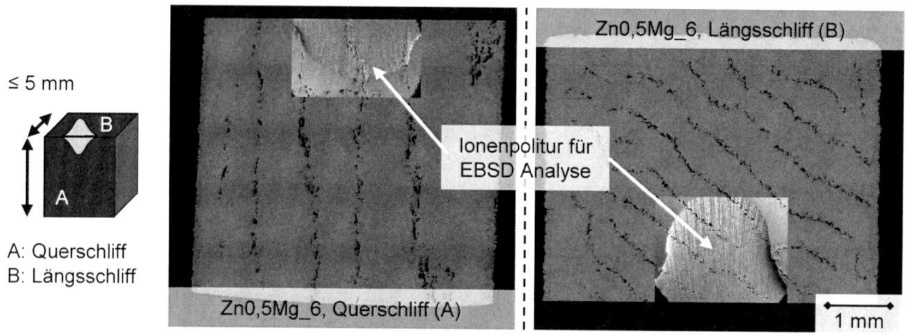

Abbildung 5-33: REM-Aufnahmen eines Längsschliffs (links) und Querschliffs (rechts) der Zn0,5Mg_6 Probe mit gekennzeichnetem Bereich der Ionenpolitur für EBSD Messungen

In Abbildung 5-34 sind oben und mittig die Ergebnisse der EBSD-Analysen von Zn1Mg_5 und Zn0,5Mg_5 dargestellt. Die mittlere α-Zn Korngröße der Zn1Mg_5-Probekörper beträgt anzahlgewichtet 1,29 ± 1,23 µm und flächengewichtet 3,39 ± 1,58 µm. Eine Vorzugsorientierung der α-Zn Körner liegt nicht vor. Korngröße und die zufällige Vorzugsorientierung sind ähnlich dem Zn1Mg-Probekörper gleicher VPK nach [Vos22]. Für Zn0,5Mg_5 werden im Mittel 1,5-fach größere α-Zn Körner festgestellt. Anzahlgewichtet beträgt die mittlere α-Zn Korngröße 2,10 ± 1,74 µm und flächengewichtet 4,79 ± 2,23 µm. Eine Abnahme der Korngröße mit steigendem Mg-Gehalt stimmt mit den Ergebnisse aus der Literatur überein [Vos22]. Im untersuchten Messbereich von Zn0,5Mg_5 scheinen aufgrund der Polfiguren Vorzugsrichtungen in 10-10 und 2-1-10 Richtungen vorzuliegen. Dabei sind die Mantelflächen der hexagonalen Elementarzellen in Aufbaurichtung aufeinandergestapelt. Allerdings sind die zugehörigen Maximalwerte der ODF in diesem Fall mit < 4,5 deutlich geringer als mit 12,5 bei Zn05Mg_4, sodass bei diesen Untersuchungen im relativen Vergleich der ODF keine Vorzugsorientierung vorhanden ist. Die EBSD-Ergebnisse von Zn0,5Mg_4 mit der z-IPF-Map und den dazugehörigen Polfiguren sind in Abbildung 5-34 unten dargestellt. Anhand der EBSD-Ergebnisse wird eine mittlere α-Zn Korngröße von anzahlgewichtet 1,90 ± 1,97 µm und flächengewichtet 6,00 ± 3,38 µm ermittelt. Im untersuchten Messbereich sind Vorzugsrichtungen in 10-10 und 2-1-10-Richtung im Gefüge vorhanden. PBF-Probekörper aus reinem Zn weisen bei Scangeschwindigkeiten von 300 mm/s ebenfalls eine Vorzugsorientierung in 10-10 Richtung auf [Qin20]. Ob diese Vorzugsorientierungen in den gesamten Probekörpern vorliegen, kann anhand der einzelnen EBSD-Messungen in den begrenzten Messbereichen nicht abschließend beurteilt werden. Nach [Qin20] führt eine Erhöhung der Scangeschwindigkeit bei reinem Zn zu einer Kornfeinung. Im Vergleich von Zn0,5Mg_4 (v_S = 150 mm/s) (unten) zu Zn0,5Mg_5 (v_S = 200 mm/s) (mittig) kann diese Beobachtung anhand der flächenbezogenen mittleren Korngröße bestätigt werden.

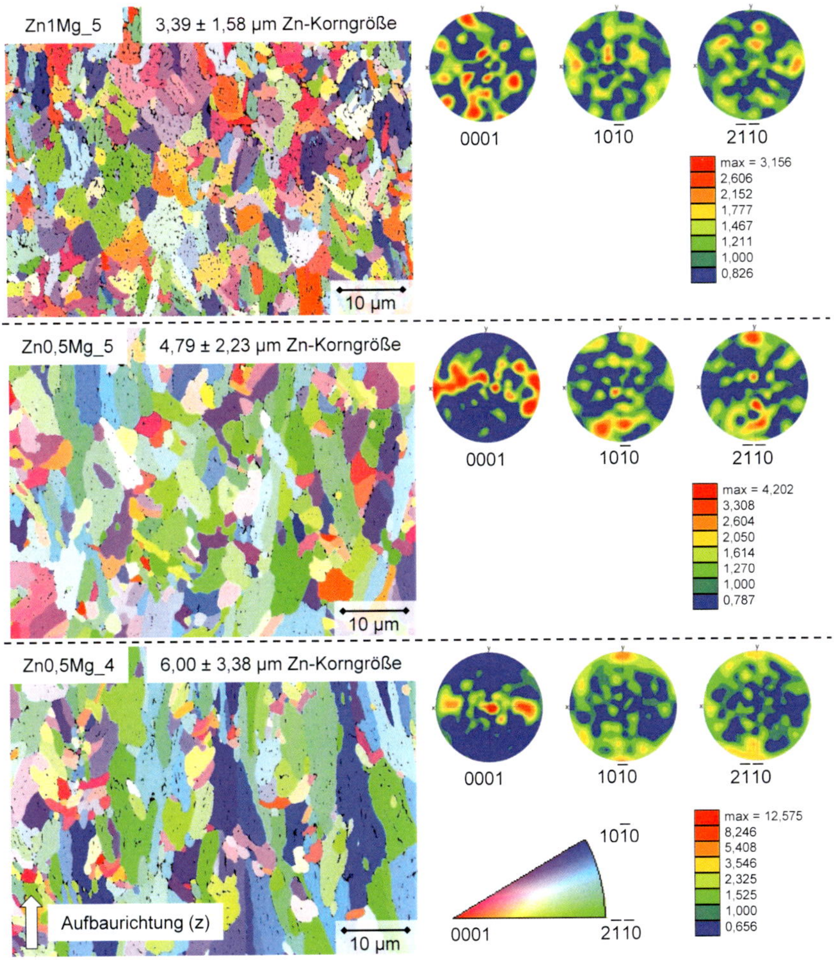

Abbildung 5-34: links: EBSD-Analyse des Gefüges mit z-IPF-Maps Zn, rechts: Zn-Polfiguren mit Einfärbung entsprechend ODF; oben: Zn1Mg_5, mittig: Zn0,5Mg_5, unten: Zn0,5Mg_4

Mit Reduzierung des Magnesiumanteils in der ZnMg-Legierung wird eine Abnahme der eutektischen Phase und Zunahme der Korngröße beobachtet. Einen

Zusammenhang zwischen der Korngröße und der Scangeschwindigkeit wird für Probekörper, hergestellt mit VPK 6, aufgrund der länglichen Defektstrukturen nicht näher untersucht. Ein Unterschied im Gefüge kann in diesem Fall nicht eindeutig zugeordnet werden, da die Effekte der Scangeschwindigkeit von den Defektstrukturen überlagert werden.

Die EBSD-Analysen der Probekörper mit länglichen Defektstrukturen und gleicher VPK 6 sind in Abbildung 5-35 für Zn0,5Mg_6 (links) und Zn1Mg_6 (rechts) dargestellt. Die mittlere α-Zn-Korngröße der Zn1Mg_6 beträgt anzahlgewichtet 0,86 ± 0,79 µm und flächengewichtet 2,37 ± 1,22 µm. Bei Zn0,5Mg_6 werden im Mittel 0,94 ± 1,09 µm anzahlgewichtet und flächengewichtet 5,84 ± 6,27 µm große α-Zn-Körner festgestellt. Im gewählten Messbereich für Zn0,5Mg liegt ein besonders „großes" α-Zn-Korn (21 µm). Wird dieses große Korn aus den ermittelten Werten der Korngrößen herausgerechnet ergibt sich anzahlgewichtet eine mittlere α-Zn-Korngröße von 0,92 ± 0,99 µm und flächengewichtet von 3,85 ± 3,05 µm. Eine Vorzugsorientierung der α-Zn-Körner kann aufgrund der vorliegenden Defekte nicht bewertet werden.

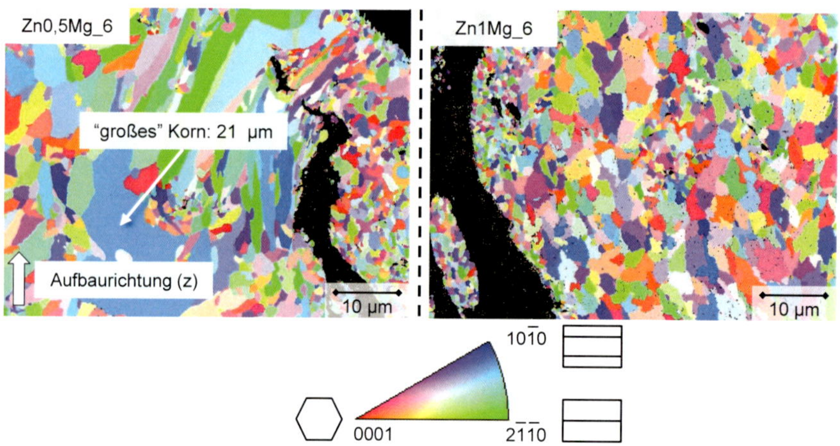

Abbildung 5-35: EBSD-Analyse des Gefüges mit z-IPF-Maps Zn in der Nähe von Defekten (schwarz eingefärbt) von Zn0,5Mg_6 (links) und Zn0,5Mg_6 (rechts)

Zur Einordnung des großen Korns wird eine großflächigere Übersichtsmessung (400 µm x 300 µm Messbereich, 100 nm Messpunktschrittweite) rund um den kleineren Messbereich des Zn0,5Mg_6 Probekörpers durchgeführt, die REM-Aufnahme ist in Abbildung 5-36 links dargestellt. Bei der Auswertung ist zu beachten, dass bei den EBSD-Analysen ein Korn als ein zusammenhängendes Gebiet aus mindestens 6 Pixeln, die von Grenzen komplett umschlossen werden, an denen sich die gemessene kristallographische Orientierung von innen nach außen um mindestens 5° ändert, definiert wird. Da bei der Übersichtsmessung eine doppelt so große Messpunktschrittweite gewählt wird, können kleine Körner nicht gemessen werden, die bei einer geringeren Messpunktschrittweite als Korn erfasst werden würden. Real kann somit die mittlere Korngröße bei der Übersichtsmessung geringer als die durch die EBSD-Software ermittelte Größe sein. Die EBSD-Ergebnisse von Zn0,5Mg_6 der Übersichtsmessung sowie die zugehörigen Polfiguren sind in Abbildung 5-36 rechts aufgeführt. Die Übersichtsmessung ergibt für Zn0,5Mg_6 anzahlgewichtet eine mittlere α-Zn Korngröße von 1,59 ± 1,49 µm und flächengewichtet 5,30 ± 4,17 µm ohne erkennbare Vorzugsorientierung kristallographischer Ebenen, wobei diese aufgrund des Defektes nicht eindeutig bestimmt werden kann. Auch bei dieser Messung werden größere Körner > 20 µm festgestellt. Dies legt die Vermutung nahe, dass sich bei einem größer gewählten Messbereich größere α-Zn Körner auch in den anderen Probekörpern finden lassen. Bei der Übersichtsmessung sind tendenziell größere Körner bei größerem Abstand zum Defekt erkennbar. Dies lässt eine unterschiedliche Erstarrung der Schmelze in defektnahen und defektfernen Bereichen vermuten.

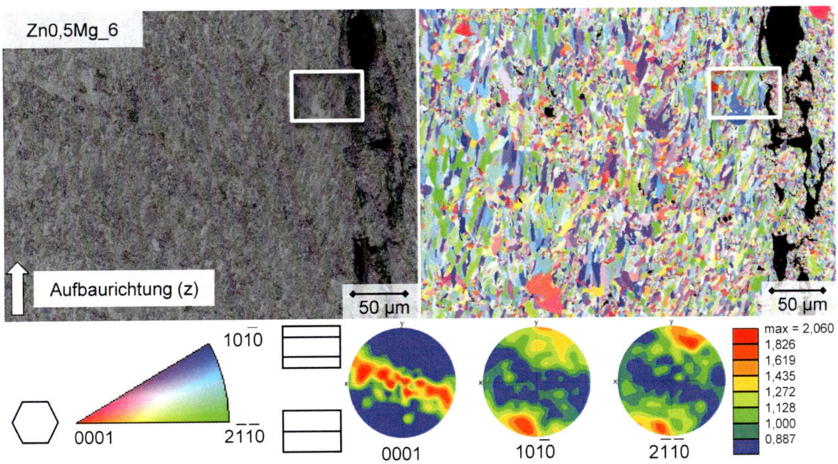

Abbildung 5-36: Oben: Übersichtsmessung mit EBSD-Analyse des Gefüges mit z-IPF-Maps Zn von Zn0,5Mg_6 mit weiß umrandetem Bereich als Vergleich zu Abbildung 5-35 links mit länglicher Defektstruktur, unten: Zn-Polfiguren mit Einfärbung entsprechend ODF

In Abbildung 5-37 ist die Übersichtsmessung mit nach Größe eingefärbten Körnern dargestellt, kleine Körner sind grün eingefärbt, größere orange und Defekte weiß. Die kleinen, in grün dargestellten Körner um die Defektstruktur bestätigen die lokal unterschiedlichen Korngrößen. Die heterogene Keimbildung an den Defektstrukturen wird auf oxidinduzierte Bindefehler zurückgeführt und ist in Kapitel 5.3.4 zusammengefasst.

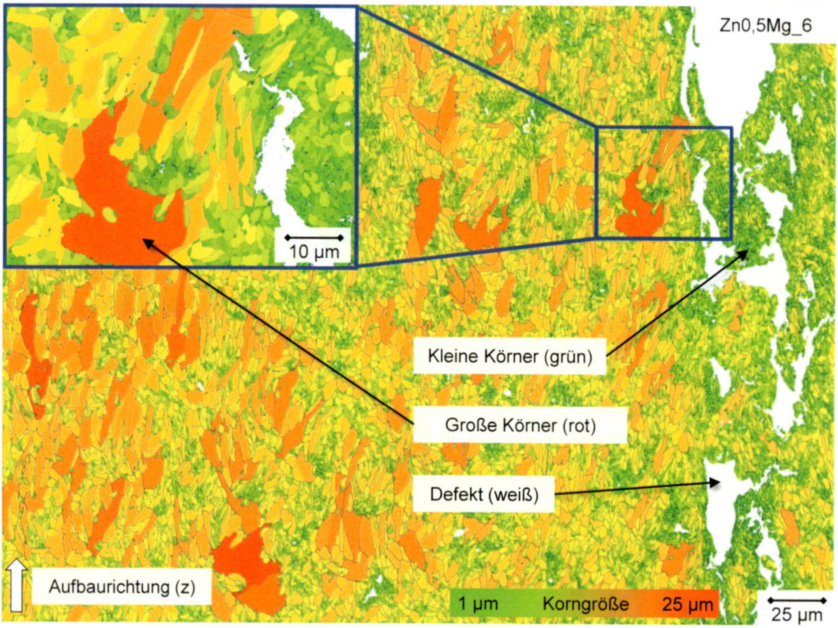

Abbildung 5-37: Vergleich der Korngröße anhand der Übersichtsmessung an Zn0,5Mg_6: 400 µm x 300 µm bei 100 nm Schrittweite (= 12 Mio. Pixel) mit vergrößertem Bildausschnitt der feinen Kornstruktur am länglichen Defekt (oben links), vgl. Abbildung 5-36

Um die kristallographische und morphologische Textur der Probekörper genauer zu charakterisieren, werden für Zn1Mg_5, Zn0,5Mg_4 und Zn0,5Mg_6 weitere EBSD-Messungen im Längsschliff der ionenpolierten Probekörper durchgeführt. In Abbildung 5-38 sind die Ergebnisse der EBSD-Analyse von Zn1Mg_5 im Längsschliff dargestellt. Zur Auswertung werden die z-IPF-Maps verwendet, wobei die Aufbaurichtung z senkrecht zur Bildebene ausgerichtet ist. Die Ergebnisse der EBSD-Analyse der Längsschliffe von Zn0,5Mg_6 und Zn0,5Mg_4 mit EBSD Messungen, den z-IPF-Maps und den dazugehörigen Polfiguren sind in Abbildung 13-15 und Abbildung 13-16 in AA13 im Anhang dargestellt.

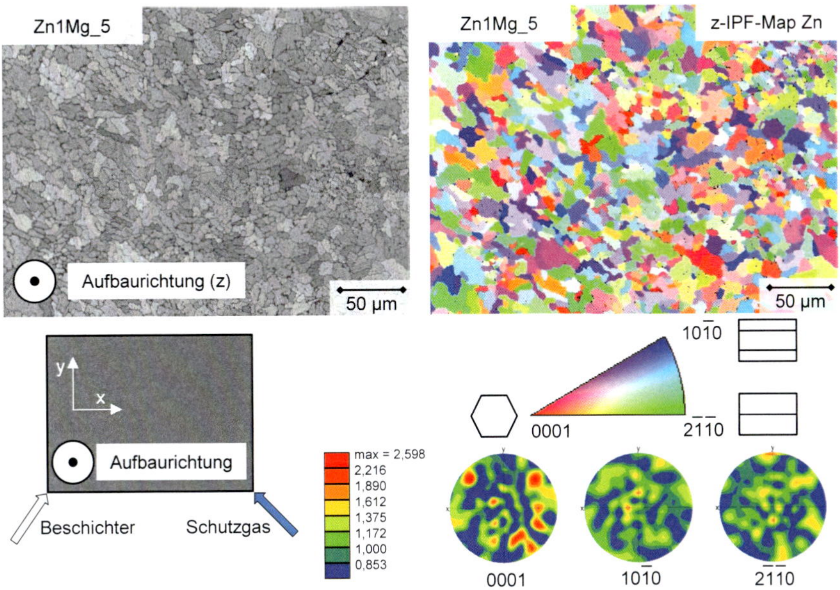

Abbildung 5-38: EBSD-Analyse des Gefüges von Zn1Mg_5 im Längsschliff. Links oben: EBSD-Messbereich, oben rechts: EBSD-Messung, unten links: schematische Darstellung des Messbereiches, unten rechts: z-IPF-Map Zn und Zn-Polfiguren mit Einfärbung entsprechend ODF

Bei allen untersuchten EBSD-Proben ist eine hohe Standardabweichung der mittleren α-Zn Korngrößen auffällig. Diese resultiert aus den vielen gemessenen kleinen Körnern < 1 µm, die sich vermehrt um Defekte der Probe ansammeln und eine globulitische Morphologie aufweisen. Bereiche größerer α-Zn Körner dendritischer Morphologie lassen sich überwiegend in den defektfreien Bereichen der Probekörper feststellen. In Tabelle 5.3 sind für einen Vergleich der Schliffebenen die ermittelten Korngrößen der Probekörper im Querschliff (QS) und Längsschliff (LS) aufgelistet.

Tabelle 5.3: Vergleich der ermittelten Korngröße im Querschliff (QS) und Längsschliff (LS)

REM-Probe	Anzahlgewichtete Korngröße	Flächengewichtete Korngröße
Zn1Mg_5 - QS	1,29 ± 1,23 µm	3,39 ± 1,58 µm
Zn1Mg_5 - LS	1,16 ± 0,88 µm	2,37 ± 1,04 µm
Zn0,5Mg_4 - QS	1,90 ± 1,97 µm	6,00 ± 3,38 µm
Zn0,5Mg_4 - LS	1,55 ± 1,04 µm	2,96 ± 1,51 µm
Zn0,5Mg_6 - QS	0,94 ± 1,09 µm	5,84 ± 6,27 µm
Zn0,5Mg_6 - LS	1,12 ± 1,17 µm	5,16 ± 4,62 µm

Die am Längsschliff (LS) ermittelten Korngrößen sind im Gegensatz zu den Körnern im Querschliff (QS) flächengewichtet um bis zu 3 µm kleiner. Anzahlgewichtet, mit Ausnahme von Zn0,5Mg_6 aufgrund des Defektes und des „großen" Korns im Messbereich, wird eine mittlere Korngröße im Querschliff größer vermessen als im Längsschliff. In den Längsschliffen der drei REM-Proben kann keine Vorzugsorientierung der

Körner festgestellt bzw. aufgrund der Überlagerung mit den Defektstrukturen nicht eindeutig analysiert werden. Bei den Zn1Mg-Probekörpern wird sowohl bei der anzahlgewichteten als auch flächengewichteten Korngröße ein vergrößerter Wert im Bildausschnitt gemessen als bei Zn0,5Mg-Probekörpern. Ein vergrößerter Mg-Gehalt in den Probekörpern bewirkt nach diesen Untersuchungen eine verkleinerte Korngröße. Bei einer Vergrößerung der Scangeschwindigkeit von 150 mm/s bei VPK 4 auf 300 mm/s bei VPK 6 wird die anzahlgewichtete Korngröße sowohl im Längsschliff als auch im Querschliff verkleinert und bestätigt damit die Ergebnisse aus der Literatur [Qin20]. Aufgrund der kleineren Korngröße im Längsschliff und der länglichen Morphologie der Körner in Aufbaurichtung wird ein Kornwachstum in Aufbaurichtung angenommen. Die Übereinstimmung von Aufbaurichtung und säulenförmigem Kornwachstum wird in PBF-Mikrostrukturen häufig beobachtet [Deb18]. Die feineren, globulitischen Körner an Defekten können sich aufgrund heterogener Keimbildung auf den teilweise aufgeschmolzenen Pulverpartikeln, Oxiden oder hohen Oberflächenrauheiten bilden [Ant13, Deb18, Jau18, Wan15]. Ein epitaktisches Wachstum der Körner über mehrere Schichten kann bei der dadurch entstehenden unzureichenden Überlappung oder schlechten Benetzung der Schmelzspur auf die darunterliegende oder benachbarte Schicht nicht stattfinden [Deb18].

5.5 Mechanische Eigenschaften von Zugproben

Zur Bestimmung der mechanischen Eigenschaften von Zn0,5Mg und Zn1Mg werden VPK verwendet, mit denen Probekörper hoher relativer Bauteildichte > 99,5% hergestellt werden können. Für Probekörper aus Zn1Mg wird die VPK 5 (P_L = 40 W, v_S = 200 mm/s) verwendet, für Zn0,5Mg VPK 4 (P_L = 40 W, v_S = 150 mm/s). Die Datenaufbereitung ist in Kapitel 4.3 beschrieben. Die Anordnung der zylindrischen Probekörper für die Zugversuche auf der Zn-Substratplatte ist für beide Legierungszusammensetzungen identisch und in Abbildung 5-39 dargestellt.

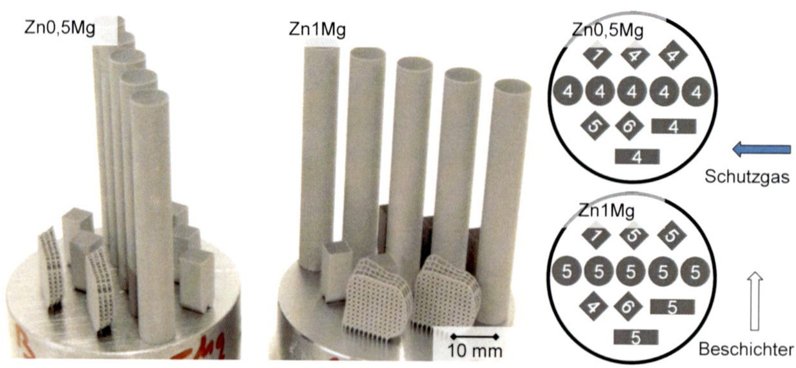

Abbildung 5-39: links: Baujobs mit Probekörpern für Zugversuche, rechts: Zuweisung der VPK und Orientierung im Bauraum in der schematischen Darstellung

Optisch können keine Defekte an den Probekörpern festgestellt werden, weder an den seitlichen Flächen mit Schichtdefekten oder unregelmäßigen Ansinterungen, noch auf der Oberseite mit periodischen Materialanhäufungen, die ein Indiz für die längliche Defektstruktur wären (vgl. Kapitel 5.3.4). Jeweils eine zusätzlich hergestellte zylindrische Probengeometrie wird über die komplette Höhe hinsichtlich relativer Bauteildichte im präparierten Querschliff bewertet und ist in Abbildung 5-40 dargestellt.

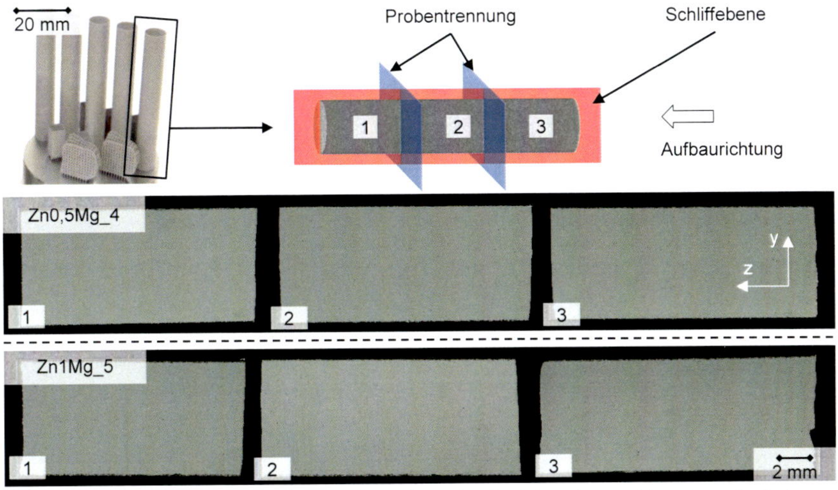

Abbildung 5-40: Oben links: fotografische Darstellung des Baujobs, oben rechts: schematisch dargestellte Zugprobe mit zwei Trennschnitten zur metallografischen Analyse, mittig: LOM-Aufnahme der drei Teilstücke der Zn0,5Mg Zugprobe zur Bewertung der relativen Bauteildichte, unten: LOM-Aufnahme der drei Teilstücke der Zn1Mg Zugprobe zur Bewertung der relativen Bauteildichte

Bei lichtmikroskopischer Betrachtung werden keine systematischen Schichtfehler oder andere Defekte festgestellt, die eine Streuung der mechanischen Eigenschaften zur Folge hätten. Die Ergebnisse der Zugversuche sind in Abbildung 5-41 dargestellt.

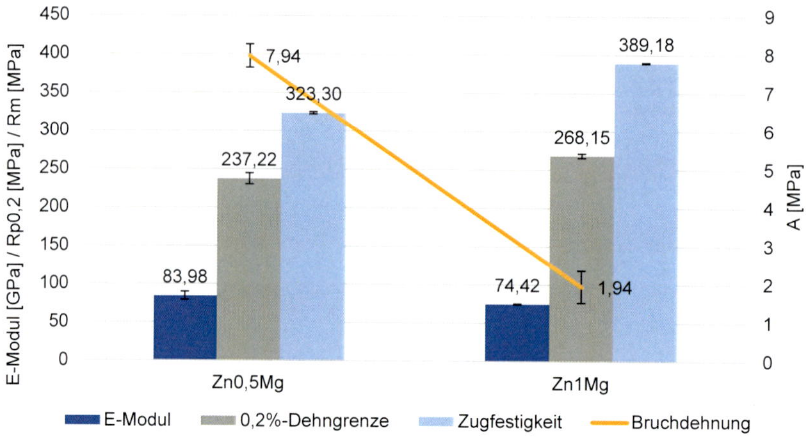

Abbildung 5-41: Darstellung der mechanischen Eigenschaften für Zn0,5Mg und Zn1Mg ermittelt anhand von Zugversuchen

Die kleine Standardabweichung über drei untersuchte Zugproben je Legierungszusammensetzung lässt eine hohe Reproduzierbarkeit der Ergebnisse vermuten. Die mechanischen Kennwerte von Zn1Mg- und Zn0,5Mg-Zugproben betragen 74,42 ± 0,52 GPa und 83,98 ± 5,30 GPa für den Elastizitätsmodul (E-Modul), 268,15 ± 2,72 MPa und 237,22 ± 7,11 MPa für die 0,2%-Dehngrenze (Rp0,2). 389,18 ± 0,45 MPa und 323,30 ± 1,56 MPa beträgt die Zugfestigkeit (Rm) für Zn1Mg und Zn0,5Mg Zugproben und die Bruchdehnung (A) 1,94 ± 0,42% sowie 7,94 ± 0,30%. Exemplarische Aufnahmen der Bruchflächen sind in Abbildung 5-42 dargestellt.

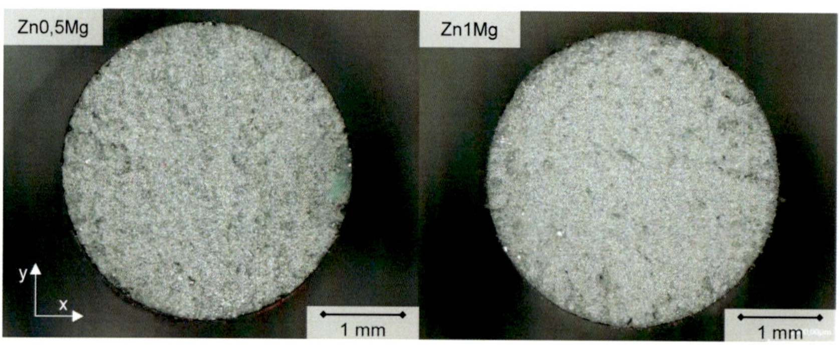

Abbildung 5-42: Bruchflächenanalyse der Zugproben nach dem Versagen, links: Zn0,5Mg und rechts: Zn1Mg

Zn0,5Mg weist eine eher raue und matte Bruchfläche auf, die von Reißgraten umgeben ist und kann dadurch als duktiler im Vergleich zu Zn1Mg bewertet werden. Die Bruchfläche von Zn1Mg tendiert eher zu einer flachen, spröden Bruchfläche. Im Gegensatz dazu werden bei reinem Zn nach [Vos22] raue Bruchflächen beobachtet, die auf plastische Verformung hinweisen.

In Abbildung 5-43 sind die mechanischen Eigenschaften der Zugproben in einem Spannungs-Dehnungsdiagramm aufgetragen. Die kleinere Bruchdehnung der Zn1Mg-Probekörper, im Gegensatz zu den Zn0,5Mg-Probekörpern, kann bestätigt werden.

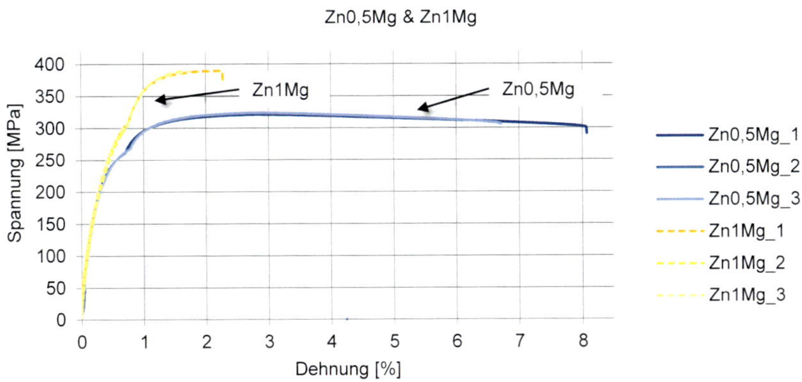

Abbildung 5-43: Darstellung der mechanischen Eigenschaften für Zn0,5Mg und Zn1Mg anhand eines Spannungs-Dehnungsdiagramms

Die Ergebnisse von [Vos22] zu den mechanischen Eigenschaften von ZnMg-Legierungen bestätigen eine Reduzierung des E-Moduls bei Erhöhung des Mg-Gehaltes. Die 0,2%-Dehngrenze sowie die Zugfestigkeit steigen mit dem Mg-Gehalt von 0,5 gew.-% auf 1 gew.-% um bis zu 13% an. Mögliche Ursachen könnten eine Mischkristallverfestigung sowie ein erhöhter Anteil von Oxiden in den Zn1Mg-Probekörpern sein, die Kerbwirkungen im Bauteil hervorrufen können. Ähnliche Effekte werden in [Jau18, S. 108 ff.] für die Mg-Legierung AZ91 festgestellt. Mit dem Anstieg der Zugfestigkeit ist bei Metallen im Allgemeinen eine Versprödung verbunden [Hor15]. Bei den untersuchten niedriglegierten ZnMg-Legierungen wird die Verringerung der Duktilität mit steigendem Mg-Gehalt auf die zunehmende intermetallische Verbindung Mg_2Zn_{11} zurückgeführt [Voj11, Vos19] und kann durch die mikrostrukturellen Analysen (vgl. Abbildung 5-34) bestätigt werden.

In Kapitel 4.1 wird das Mischen der Zn- und Zn2Mg-Grundpulver beschrieben. Bisher ist die Verwendung eines Pulvergemisches für ZnMg-Legierungen nicht hinreichend erforscht und könnte eine Vergrößerung von oxidinduzierter Mikroporosität zur Folge haben. Ähnlich wie bei der Wiederaufbereitung von PBF-Pulver findet beim Mischen ohne Inert-Atmosphäre ein Sauerstoffkontakt statt. Dabei könnte sich die Oxidschicht auf den Pulvern vergrößern und aufgrund der Mikroporosität in den Probekörpern einen negativen Einfluss auf die Bruchdehnung haben. Dadurch könnte die Abweichung zu der in [Vos22] gemessenen Bruchdehnung von 4,2% bei Zn1Mg begründet werden.

Die mechanischen Eigenschaften von Zn0,5Mg sind ähnlich zu bspw. mittels Druckguss hergestellten Zamak 5 Probekörpern (vgl. Tabelle 13.1 im Anhang). Ein Knochenimplantat sollte eine ausreichend große Zugfestigkeit aufweisen, um während der Degradation die mechanische Integrität bis zum Erreichen der Primärstabilität des

Knochens gewährleisten zu können (vgl. Kapitel 2.1). In Hinblick auf solche Anwendungen ist die Zugfestigkeit von Zn0,5Mg und Zn1Mg ausreichend gegeben und größer als die in [Emi15] angegebene minimale Zugfestigkeit von 300 MPa.

5.6 Zwischenfazit und Ableitung von Handlungsempfehlungen

In diesem Kapitel werden ZnMg-Legierungen, hergestellt aus einem Pulvergemisch von Zn und Zn2Mg, mittels PBF verarbeitet. Die gefertigten Probekörper werden auf Defektausbildung, Mikrostruktur und mechanische Eigenschaften untersucht. Dabei wird der Einfluss verschiedener Verfahrensparameter auf die relative Bauteildichte und Defektstrukturen der Probekörper mittels LOM und REM bestimmt. Durch die Wahl geeigneter Verfahrensparameter ist die Herstellung von PBF-Probekörpern aus Zn0,5Mg und Zn1Mg mit hohen relativen Bauteildichten > 99,5% möglich.

Bei zunehmendem Mg-Gehalt wird eine Festigkeitssteigerung erreicht. Zn0,5Mg weist aufgrund eines geringeren Anteils eutektischer Phasen ein duktileres Verhalten im Gegensatz zu Zn1Mg auf. Mittels EDX- und EBSD-Analysen kann ein untereutektisches Gefüge mit dendritisch ausgeprägten Zn-Primärphasen, hexagonaler Gitterstruktur und interdendritisch, eutektischer Zn+Mg_2Zn_{11}-Phase für Zn0,5Mg und Zn1Mg festgestellt werden. Mikroporositäten werden auf oxidinduzierte Bindefehler zurückgeführt. Die Oxide gehen nicht in Lösung, wirken als Startpunkt für die Erstarrung aus der Schmelze und bilden kleine Kornstrukturen um die Defekte, die Mittels EBSD beobachtet werden können. Eine feine Gefügeausbildung aufgrund einer heterogenen Erstarrung mit vielen Fremdkeimen durch die Oxide kann aus der Schmelze beobachtet werden. Mikroporen im Bereich < 10 µm entstehen bei allen untersuchten ZnMg-Legierungen. In einem bestimmten Bereich der VPK kann eine ausgeprägte längliche Defektstruktur aufgrund von Überlagerung der Mikroporositäten über mehrere Schichten bis zur Bauteiloberfläche festgestellt werden. Bei der Verwendung von gebrauchtem Pulver werden durch eine vergrößerte Zahl der Oxide in der Ausgangslegierung vermehrt Defekte vorgefunden. Die Verarbeitung der Legierung wird aufgrund der gewonnenen Erkenntnisse als herausfordernd bewertet.

Zur Bestimmung der mechanischen Eigenschaften werden Zugproben aus Zn0,5Mg und Zn1Mg mit geeigneten VPK für hohe relative Bauteildichte hergestellt und analysiert. Der E-Modul beträgt für Zn1Mg 74,42 ± 0,52 GPa und für Zn0,5Mg 83,98 ± 5,30 GPa. Rp0,2 und Rm liegen bei 268,15 ± 2,72 MPa und 389,18 ± 0,45 MPa für Zn1Mg sowie 237,22 ± 7,11 MPa und 323,30 ± 1,56 MPa für Zn0,5Mg. Die Bruchdehnung wird mit 1,94 ± 0,42% für Zn1Mg und 7,94 ± 0,30% für Zn0,5Mg gemessen. Die Reduzierung des Elastizitätsmoduls bei Erhöhung des Mg-Gehaltes wird bereits in [Qin19a, Qin22, Vos22] beschrieben und kann bestätigt werden. Rp0,2 und Rm werden bei Zn1Mg im Vergleich zu Zn0,5Mg vergrößert, allerdings wird eine Versprödung beobachtet und die Duktilität nimmt ab. Ursachen können eine Mischkristallverfestigung und ein erhöhter Anteil an Oxiden in den Zn1Mg-Probekörper sein.

In Tabelle 5.4 ist eine Übersicht zu den in dieser Arbeit verwendeten Verfahrensparametern sowie den erzielten mikrostrukturellen und mechanischen Eigenschaften von Zn0,5Mg und Zn1Mg zusammengefasst.

Tabelle 5.4: Übersicht der ausgewählten VPK zur Herstellung von Probekörpern mit hoher relativer Bauteildichte (> 99,5%) und damit erzielte mechanische und mikrostrukturelle Eigenschaften von Zn0,5Mg mit VPK 4 und Zn1Mg mit VPK 5

Parameter / Eigenschaft	Zn0,5Mg_4	Zn1Mg_5
Volumenenergiedichte E_V [J/mm³]	178	133
Laserleistung P_L [W]	40	40
Scangeschwindigkeit [mm/s]	150	200
Hatchabstand Δy_S [µm]	50	50
Schichtdicke D_S [µm]	30	30
Belichtungspause N_{prev}/N_{post} [µs]	500/500	500/500
Relative Bauteildichte [%]	99,73 ± 0,10	99,53 ± 0,05
Elastizitätsmodul [GPa]	83,98 ± 5,30	74,42 ± 0,52
0,2%-Dehngrenze $R_{p0,2}$ [MPa]	237,22 ± 7,11	268,15 ± 2,72
Zugfestigkeit R_m [MPa]	323,30 ±1,56	389,18 ± 0,48
Bruchdehnung A [MPa]	7,94 ± 0,30	1,94 ± 0,42
Gefüge	α-Zn und Zn+Mg_2Zn_{11}	α-Zn und Zn+Mg_2Zn_{11}
Korngröße QS anzahlgewichtet [µm]	1,90 ± 1,97	1,29 ± 1,23
Korngröße LS anzahlgewichtet [µm]	1,55 ± 1,04	1,16 ± 0,88
Korngröße QS flächengewichtet [µm]	6,00 ± 3,38	3,39 ± 1,58
Korngröße LS flächengewichtet [µm]	2,96 ± 1,51	2,37 ± 1,04
Vorzugsorientierung in Aufbaurichtung	Ja	Nein

Für die finale Eignung einer spezifischen Legierungszusammensetzung für bioresorbierbare Implantate müssen bspw. Untersuchungen zur Degradation folgen und die mechanischen Eigenschaften maßgeschneidert auf die Indikation ausgelegt werden. Gleichzeitig wird eine Verdampfung des Mg-Anteils in den Probekörpern festgestellt (vgl. Kapitel 5.2). Im Rahmen dieser Untersuchungen ist die Prozessentwicklung für die Legierungszusammensetzungen Zn0,5Mg und Zn1Mg beschrieben. Für eine zukünftige Untersuchung von ZnMg-Legierungen mit ähnlichen Legierungszusammensetzungen wird als Handlungsempfehlung zur Herstellung von Probekörpern mit hoher relativer Bauteildichte (> 99,5%) das in Abbildung 5-44 dargestellte Parameterfenster mit 20 Probekörpern und unterschiedlichen VKP vorgeschlagen.

Scangeschwindigkeit v_s [mm/s]	Laserleistung P_L [W]: 30	40	50	60
125	160	213	267	320
150	133	178	222	267
200	100*	133	167	200
250	80	107*	133	160
300	67	89	111*	133
350	57	76	95	114*
400	50	67	83	100

Volumenenergiedichte E_V [J/mm³]

Konstante Parameter:	
D_s = 30 µm	Δy_s = 50 µm
N_{prev} = 500 µs	N_{post} = 500 µs

* Zusätzliche Proben mit VPK bei Δy_s = 40 µm

50 J/mm³ E_V 320 J/mm³

Abbildung 5-44: Vorgeschlagenes Parameterfenster (gestrichelte Umrandung mit schwarzer Schrift) für eine Identifizierung von Verfahrensparametern zur Herstellung von ZnMg-Bauteilen mit hohen relativen Bauteildichten > 99,5%

Bauteile mit hohen relativen Bauteildichten und reproduzierbarer Qualität können aus den untersuchten ZnMg-Legierungen hergestellt werden. Aufgrund der beschriebenen Prozessführung können Handlungsempfehlungen abgeleitet werden:

- PBF-Maschinen sollten hin zu einem vergrößerten Filtervolumen und optimierter Schutzgasströmung angepasst werden, sodass die Prozessnebenprodukte effizient abgeführt werden können. Dabei werden die Herausforderungen mit Vergrößerung des Bauraums bei globaler Schutzgasströmung gesteigert
- Die Verarbeitung der ZnMg-Legierungen wird bei einer kleinen Laserleistung (< 60 W) und geringen Scangeschwindigkeit (< 400 mm/s) empfohlen. Dieses muss bspw. bei einer Maschinenübertragbarkeit berücksichtigt werden oder Maschinen speziell für diese Anwendung entwickelt werden
- Die Prozessführung sollte mit Belichtungspausen und Vorschubrichtung sowie Belichtungsreihenfolge entgegen der Schutzgasströmung eingestellt werden
- Ein Prozessfenster zur Qualifizierung von ZnMg-Legierungen mit angepasster Legierungszusammensetzung oder zur Verarbeitung auf weiteren AM-Anlagen wird empfohlen (vgl. Abbildung 5-44)
- Eine erste Qualitätssicherung kann durch optische Betrachtung der Oberseite von hergestellten Probekörpern durchgeführt und die relative Bauteildichte mit ggf. mit vorhandenen Defekten klassifiziert werden
- Die Verwendung von unbenutztem Pulver mit möglichst sauerstoffarmer Handhabung wird für eine reproduzierbare Bauteilqualität empfohlen

Mit den Erkenntnissen aus Kapitel 5 wird der erste Teil der Forschungsfrage beantwortet und der Einfluss der Legierungszusammensetzung und der PBF-Verfahrensparameter auf die Defektbildung, Mikrostruktur und mechanischen Eigenschaften beschrieben.

6 Biokompatibilität von ZnMg

Zink ist ein essenzielles Spurenelement für physiologische Aktivitäten und für die menschliche Gesundheit, insbesondere bei biochemischen Funktionen, wie der Zellteilung, Zellwachstum, Wundheilung und dem Abbau von Kohlenhydraten unabdingbar [McC00]. Zur Untersuchung der Biokompatibilität der verwendeten ZnMg-Legierung werden aus dem Femur eines Schafes Knorpel- und Knochengewebe entnommen. Nach entsprechenden Wasch- und Isolationsschritten mit phosphatgepufferter Salzlösung werden Osteoblasten[7] (verantwortlich für den Aufbau von Knochengewebe) und Chondrozyten[8] (verantwortlich für den Aufbau von Knorpel) in Zellkulturflaschen isoliert und im Inkubator bei 37°C, 5% CO_2 und 90% Luftfeuchtigkeit (vgl. DIN EN ISO 10993-5:2009) kultiviert. Die wachsenden Kulturen werden von einer auf drei Zellkulturflaschen vermehrt, insgesamt werden drei Passagen durchgeführt und auf Mikrotiterplatten mit einer Zelldichte von jeweils ca. 20.000 Zellen gesät. Die PBF-gefertigten ZnMg-Coins (vgl. Abbildung 6-1) werden mittels Plasmaverfahren sterilisiert und anschließend in demselben Kulturmedium wie dem zum Zellwachstum eingelegt, um das ZnMg-Material in Lösung zu bringen bzw. einem Degradationsprozess zu unterziehen. Das flüssige Wachstumsmedium mit gelösten ZnMg-Partikeln wird nach 14 Tagen entnommen (Prüfmusterextrakt) und zusammen mit Osteoblasten oder Chondrozyten in die Mikrotiterplatte überführt. Nach 3, 7 und 14 Tagen werden jeweils vier Parallelproben mit den unten beschriebenen Verfahren analysiert und anschließend mit einem Fluoreszenzmikroskop Leica DM IRB (Leica Microsystems GmbH, Wetzlar, Deutschland) visualisiert.

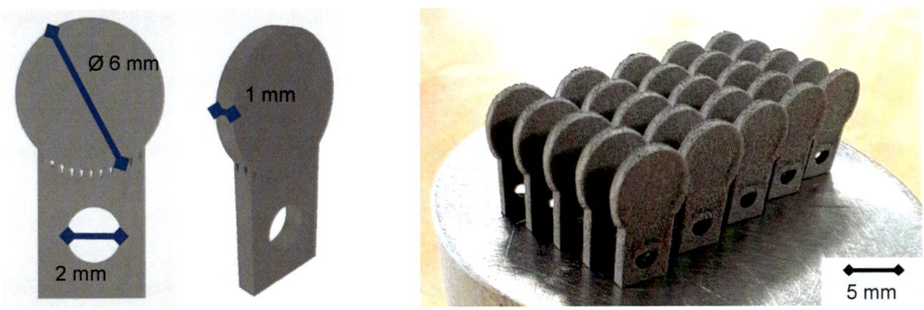

Abbildung 6-1: links: geometrische Abmessungen der Coins im CAD, rechts: fotografische Aufnahme der hergestellten Coins aus Zn1Mg auf einer Zn-Substratplatte

---

[7] Wachstumsmedium für Osteoblasten: DMEM (Dulbecco's Modified Eagle Medium) + 10% FBS (Fötales Bovines Serum) + 1% Antibiotika

[8] Wachstumsmedium für Chondrozyten: DMEM/F12 Dulbecco's Modified Eagle Medium / Ham's Nutrient Mixture F12) + 10% FBS (Fötales Bovines Serum) + 1% Antibiotika

6.1 Lebensfähigkeit der Zellen im Prüfmuster

Anhand der Vitalität und Proliferation der Zellen wird die Biokompatibilität des Materials sieben Tage nach der Kultur untersucht und bewertet. Zell-ZnMg-Partikel-Mischungen werden mit 5 µM Fluoreszenzfarbstoff Calcein AM (PromoCell GmbH, Heidelberg, Deutschland) für 40 Minuten ohne Licht gefärbt. Dadurch werden die lebendigen Zellen von den toten Zellen differenziert und sind in Abbildung 6-2 grün (lebend) bzw. rot (tot) oben für Chondrozyten und unten für Osteoblasten dargestellt.

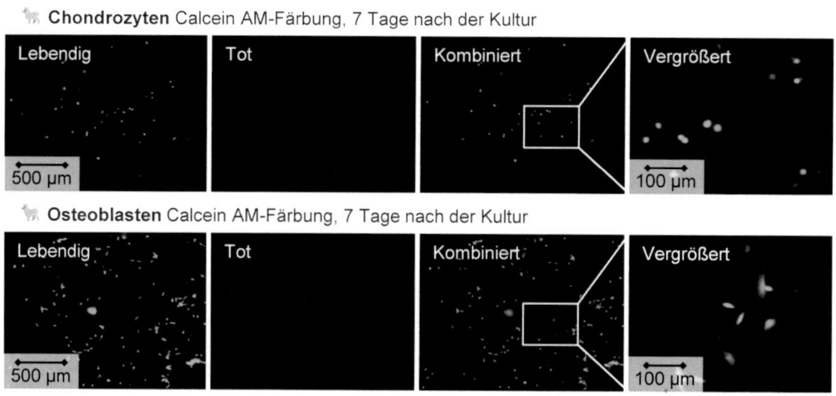

Abbildung 6-2: Bewertung der Lebensfähigkeit der Zellen anhand von lebend / tot Vergleich, sieben Tage nach der Kultur, oben für Chondrozyten, unten für Osteoblasten

Eine statistische Auswertung des lebend/tot Vergleichs wird mittels Durchflusszytometrie (engl.: Fluorescence Activated Cell Sorting, FACS) durchgeführt und ist in Abbildung 6-3 dargestellt. Bei dieser Methode fließen die Zellen vereinzelt an einem Laserstrahl vorbei und anhand des Schattenwurfs werden Form und Struktur, sowie durch die Anregung des Fluoreszenzfarbstoffs und die Detektion des Emissionssignals auch die Färbung der Zellen festgestellt und deren Eigenschaften abgeleitet [Lia16]. Im Rahmen dieser Untersuchung werden dabei die lebenden von den toten Zellen unterschieden. Alle Vorkommnisse innerhalb des zuvor festgelegten Analysebereichs der gemessenen Ereignisse werden als Zellen identifiziert. Alle grün hervorgehobenen Zellen werden aufgrund von Form und Struktur als lebendig bewertet. Der Parameter „Side Scatter" (SSC-A) korreliert mit der Granularität der Zellen. Der Parameter „Forward Scatter" (FSC-A) korreliert mit der Zellgröße. SSC-A und FSC-A werden verwendet, um einzelne Zellen aus der Datenmenge auszuwählen und hinsichtlich Lebensfähigkeit zu bewerten [Zap19].

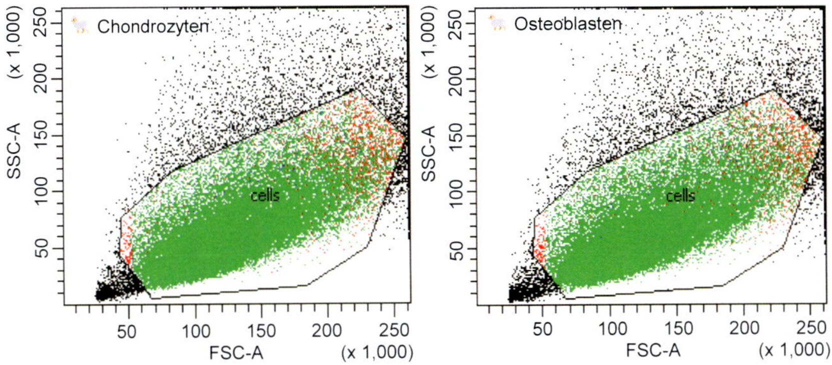

	Anzahl	Anteil lebender Zellen
Chondrozyten	39.465	99,1%
Osteoblasten	39.719	99,1%

Abbildung 6-3: Bewertung der Lebensfähigkeit der Zellen anhand einer FACS-Analyse, links: Chondrozyten, rechts: Osteoblasten

Nach DIN EN ISO 10993-5:2009 kann das Material als nicht zytotoxisch betrachtet werden, wenn die relative Zelllebensfähigkeit bzw. der Anteil der lebenden Zellen mindestens 24 Stunden nach Kontakt des Prüfmusterextraktes mit dem Behandlungsmedium 70% übersteigt. Im Rahmen dieser Untersuchungen wird der Anteil der lebenden Zellen sowohl bei Chondrozyten als auch bei Osteoblasten mit > 99% gemessen (vgl. Abbildung 6-3). Die Ergebnisse der lebend/tot-Färbungen bestätigen die Lebensfähigkeit der Zellen und lassen durch den Anteil lebender Zellen von 99,1% auf eine gute Biokompatibilität schließen.

6.2 Zellkulturversuche

Um eine bessere Aussage über die Zellviabilität treffen zu können, wird ein cell-growth assay durchgeführt. Hierzu wird ein DAPI[9]-Farbstoff (Invitrogen GmbH, Karlsruhe, Deutschland) in einer Endkonzentration von 10 µg/ml ca. 15 Minuten vor der Untersuchung verwendet, um den Zellkern in blauer Färbung herauszustellen. In Abbildung 6-4 ist oben die Färbung der Zellkerne der Chondrozyten nach 3, 7 und 14 Tagen dargestellt, unten nach denselben Zeiten für die Zellkerne der Osteoblasten. Die DAPI-Färbung der Zellkerne von Chondrozyten und Osteoblasten deuten aufgrund der Zellvermehrung bzw. vergrößerten Anzahl der Zellkerne (vgl. Abbildung 6-4 blaue Färbung der Zellkerne) ebenfalls auf eine gute Biokompatibilität der ZnMg-Legierung hin und zeigen eine gute Zellproliferationsrate.

---

[9] DAPI ist eine Abkürzung für 4',6-Diamidin-2-phenylindol und ist ein Fluoreszenzfarbstoff, der in der Fluoreszenzmikroskopie verwendet wird, um DNA zu markieren

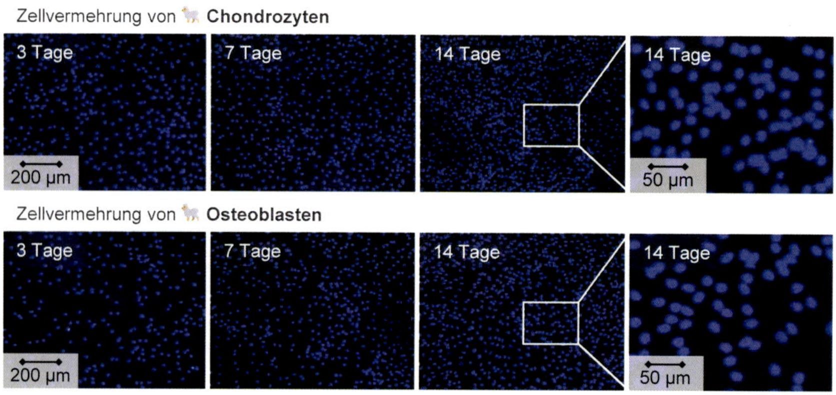

Abbildung 6-4: Bewertung der Zellvermehrung der Zellen nach 3, 7 und 14 Tagen nach der Kultur, oben für Chondrozyten, unten für Osteoblasten anhand einer DAPI-Färbung der Zellkerne

Nach [Gan06] ist das Zytoskelett ein Netzwerk aus Proteinen und ermöglicht Zellen, die Form zu verändern, sich zu bewegen, an anderen Zellen oder der extrazellulären Matrix zu haften und interne Strukturen zu transportieren. Eine Rhodamin-Phalloidin-Färbung wird durchgeführt, um das Zytoskelett der proliferierten Zellen nach 14 Tagen Kultivierung aufzuzeigen. Die Lösung aus Zellen und gelöstem ZnMg wird dreimal gewaschen und anschließend für 20 Minuten in 4% Paraformaldehyd fixiert. Danach erfolgt eine Vorbehandlung mit Triton X-100 (Thermo Fisher Scientific Inc., Waltham, Massachusetts, USA) für 15 Minuten. Die Zellproben werden anschließend mit Rhodamin-Phalloidin (Thermo Fisher Scientific Inc., Waltham, Massachusetts, USA) für 45 Minuten und DAPI für 5 Minuten gefärbt. Die Färbung wird mittels konfokaler Laserscanning-Mikroskopie visualisiert. In Abbildung 6-5 ist links das mit Phalloidin eingefärbte Zytoskelett mit den Filamenten und Fasern dargestellt. Daneben ist der mit DAPI blau eingefärbte Zellkern (vgl. Abbildung 6-4) dargestellt. Eine Kombination der Bilder ist in Abbildung 6-5 rechts dargestellt.

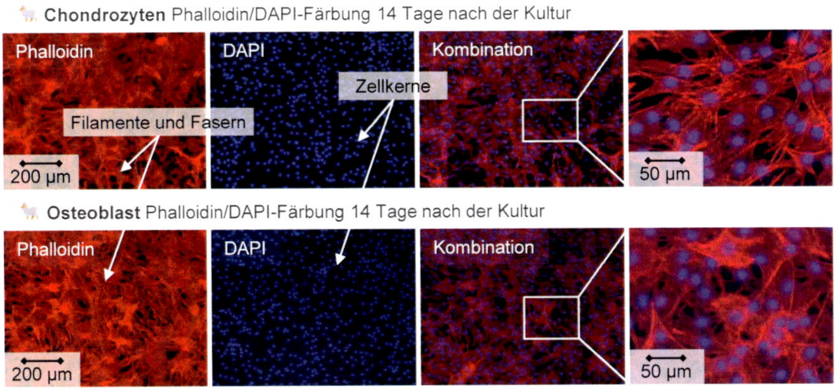

Abbildung 6-5: Bewertung der Ausbildung des Zytoskeletts nach und 14 Tagen Kultivierung, oben für Chondrozyten, unten für Osteoblasten

Die ausgebildeten Filamente und Fasern zwischen den Zellkernen (vgl. Abbildung 6-5, rechts) bestätigen eine natürliche Anordnung der intakten Strukturen und damit eine gute Biokompatibilität. Durch die Ausbildung des Zytoskeletts ist die Zelle in der Lage sich zu bewegen und Proteine zu transportieren. Die ZnMg-Legierung ist für in-vivo-Studien an Versuchstieren auf Basis der Zellkulturversuche als geeignet einzustufen, da keine Schäden des Filament-Netzwerks zu erkennen sind.

6.3 Lebensfähigkeit der Zellen auf PBF-Probekörpern

Um Aussagen über die Oberflächenstrukturen des eingesetzten Scaffold-Materials und der detaillierten Zellmorphologie treffen zu können, werden REM-Aufnahmen angefertigt. Die Coins werden sieben Tage lang in einer Mikrotiterplatte mit den Zellen in der entsprechenden Wachstumslösung zusammengebracht. Anschließend werden die Coins mit den Zellen auf der Oberfläche am REM untersucht.

Für das REM werden die Coins mit 3 vol.-% Glutaraldehyd (Agar Scientific, Stansted, UK) in Sörensens Phosphatpuffer fixiert, im Phosphatpuffer gewaschen und durch aufeinanderfolgendes Inkubieren in einer aufsteigenden Ethanolreihe (30%, 50%, 70%, 90% und 100%) jeweils für 10 Minuten dehydriert, wobei der letzte Schritt dreimal durchgeführt wird. Die Probekörper werden luftgetrocknet und mit einer 10 nm dicken Gold/Palladium-Schicht mittels Sputter Coater EM SCD500 (Leica Microsystems GmbH, Wetzlar, Deutschland) überzogen. Die Probekörper werden mit einem REM Quattro ESEM (Thermo Fisher Scientific Inc., Waltham, Massachusetts, USA) bei einer Beschleunigungsspannung von 10 kV analysiert. Hierbei wird das Wachstumsverhalten der Zellen auf der Oberfläche bewertet. In Abbildung 6-6 ist ein Chondrozyt in einer Kavität an der Oberfläche eines Zn1Mg-Probekörpers im REM dargestellt.

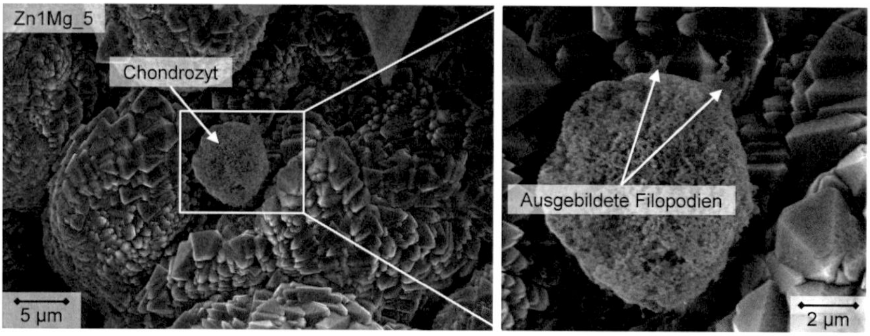

Abbildung 6-6: REM-Aufnahme eines Chondrozyts in einer Kavität an der Oberfläche eines Zn1Mg Coins mit ausgebildeten Filopodien

Auf Grundlage dieser Untersuchungen der Zn1Mg-Coins mit Chondrozyten kann die Biokompatibilität bestätigt werden. Die Chondrozyten können auf der Oberfläche überleben und bilden Filopodien aus. Das Zn1Mg hat keine toxische Wirkung auf die Chondrozyten und wird toleriert.

In Abbildung 6-7 sind Osteoblasten auf der Oberfläche der Zn1Mg-Coins dargestellt. Für den Knochenaufbau und die Regeneration bilden Osteoblasten zahlreiche Fortsätze, die als Osteoidfortsätze bezeichnet werden. Diese Fortsätze reichen in die umgebende extrazelluläre Matrix des Knochengewebes und ermöglichen den direkten Kontakt und die Interaktion der Osteoblasten mit anderen Knochenzellen und dem umgebenden Gewebe. Auf der ZnMg Oberfläche ist auf den REM-Aufnahmen ein Einwachsen bzw. die Zellmigration der Osteoblasten erkennbar.

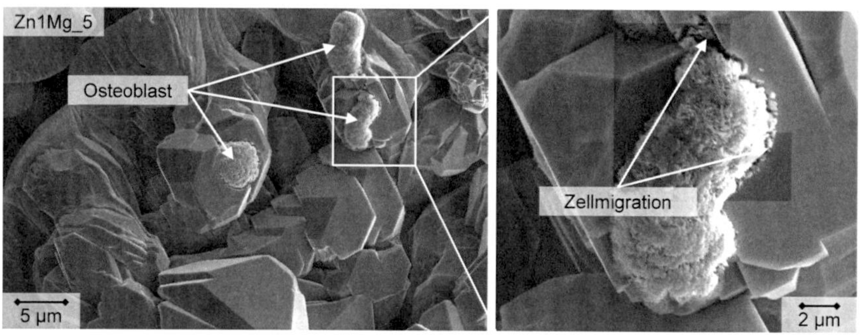

Abbildung 6-7: REM-Aufnahme von Osteoblasten an der Oberfläche eines Zn1Mg Coins mit Zellmigration auf und in dem Probekörper

In Abbildung 6-8 ist eine große Menge an Osteoblasten auf der Oberfläche der Zn1Mg-Coins dargestellt. Die Zellen haben einen Durchmesser von ca. 20 µm und bilden eine polygonale bzw. rundliche Form aus. Eine Verbindung der Zellen mit der PBF-Oberfläche ist erkennbar und eine Lebensfähigkeit auf dem PBF-Probekörper kann somit abgeleitet werden.

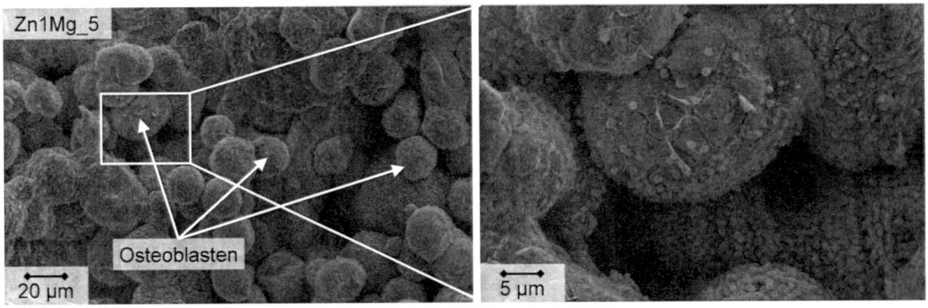

Abbildung 6-8: REM-Aufnahme einer Ansammlung von Osteoblasten an der Oberfläche eines Zn1Mg Coins

In [Li20c] wird durch indirekte Messungen der Zytotoxizität gemäß ISO 10993-5 und ISO 10993-12 für bis zu 72 Stunden eine gute Zellaktivität beschrieben. Die lebend/tot-Färbung bestätigt eine gute Vitalität auf der Oberfläche der Scaffoldstrukturen, die mittels PBF aus Zn1Mg-gefertigt sind. In [Wal21] wird die Degradationsrate von Zn0,5Mg mit 0,0383 mm/Jahr und von Zn1Mg mit 0,1276 mm/Jahr angegeben und ist damit erheblich niedriger als für Magnesium mit 0,54 mm/Jahr. Bei Untersuchung der Zytotoxizität wird eine ausgezeichnete Lebensfähigkeit der Zellen nachgewiesen und die Biokompatibilität sowie Nicht-Toxizität der Legierungen bestätigt.

7 Herstellung dünnwandiger Strukturen

In diesem Kapitel werden, aufbauend auf den Ergebnissen von Kapitel 5, Parameter und Prozessführung für die Herstellung dünnwandiger Strukturen entwickelt. Eine dünnwandige Struktur wird vergleichbar zu [Pic22, S. 52 ff.] im Rahmen dieser Arbeit mit < 1,5 mm definiert. Die Herausforderungen bei der Verarbeitung von ZnMg-Legierungen mit kurzen Scanvektoren werden abgeleitet. Die Belichtungsstrategie soll angepasst und das Schmelzverhalten analysiert werden. Die Oberfläche soll auf Rauheit und Ansinterungen vermessen und die Maßhaltigkeit von Probekörpern nach der PBF-Fertigung bestimmt werden. Zur Vergrößerung der Maßhaltigkeit soll eine Nachbearbeitung untersucht und beschrieben werden. Die Ergebnisse sollen folgend auf Scaffoldstrukturen übertragen werden. Die in Kapitel 2.1.1 beschriebene Porengröße bzw. der Strebendurchmesser kann nicht auf einen bestimmten Wert abgeleitet werden. Im Rahmen dieser Arbeit wird als Kompromiss zwischen der medizinischen Anwendung und der additiven Herstellbarkeit ein minimaler Strebendurchmesser von 200 µm bei einen Porengröße von 800 µm als Zielwert festgelegt. Dabei soll die Maßhaltigkeit des Strebendurchmessers ≤ 20 µm betragen. Das Ziel ist, nach der PBF-Herstellung einen schmelzmetallurgischen Zusammenhalt der dünnwandigen Strukturen mit einer ausreichenden Maßhaltigkeit zum CAD-Modell erreichen zu können. Anhand von Kompressionsversuchen sollen anschließend die mechanischen Eigenschaften an dünnwandigen Strukturen aus Zn0,5Mg und Zn1Mg analysiert werden. Dabei werden abschließend die Prozesskette zur reproduzierbaren Herstellung von Scaffoldstrukturen aufgezeigt und die entwickelten Lösungsstrategien diskutiert.

Für die Prozessentwicklung in Kapitel 7.1 bis 7.3 zur Herstellung dünnwandiger Strukturen wird vorlegiertes Zn1Mg-Pulver verwendet. Die Pulvereigenschaften sind im Anhang AA11 dargestellt. Zum Vergleich der mechanischen Eigenschaften zu den im Kapitel 4.4.3 durchgeführten Zugversuchen werden die Kompressionsproben in Kapitel 7.4 aus den beschriebenen Pulvermischungen Zn0,5Mg und Zn1Mg (vgl. Kapitel 4.1) gefertigt.

7.1 Herausforderungen

Zur Herstellung medizinischer Implantate aus dünnwandigen Strukturen, bzw. Scaffolds, muss die Prozesskette beginnend bei der Erstellung eines patientenindividuellen Designs über die Datenaufbereitung, die PBF-Fertigung und die Nachbearbeitung durchlaufen werden. Am Ende der Prozesskette muss eine festgelegte geometrische Abmessung und definierte Oberflächenstruktur mit bekannten mechanischen Eigenschaften vorliegen. Zur Identifikation der Herausforderungen aufgrund akkumulierter Wärme (vgl. Kapitel 2.3) bei aufeinanderfolgenden Scanvektoren bei der ZnMg-Legierung ist in Abbildung 7-1 eine Linienmessung zur Spitze einer dreieckigen Geometrie (vgl. Abbildung 4-9) mit Überhöhung um ca. 100 µm und anschließender Einfallstelle um ca. 80 µm dargestellt.

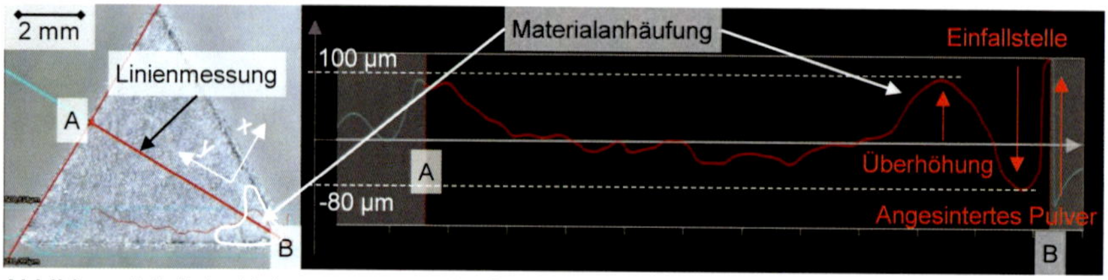

Abbildung 7-1: links: Linienmessung an der Oberfläche eines Zn1Mg Dreiecks mit 1 ms Belichtungspause zur Bestimmung der Topografie, rechts: aufgetragenes Höhenprofil der Linienmessung

Bei einem gemessenen Abstand von 1,5 mm von Beginn der Überhöhung zum Ende der Geometrie wird ab einer Scanvektorlänge von ca. 1,5 mm eine vergrößerte Materialanhäufung beobachtet und als untere Grenze für eine mögliche Akkumulation der Wärme bei den nach Kapitel 5 entwickelten Verfahrensparametern definiert. Eine direkte Prozessübertragung von Probekörpern mit einer Scanvektorlänge von 5 mm zu dünnwandigen Strukturen ist demnach nicht zielführend. Aus der Literatur (vgl. Kapitel 2) und daraus folgend als Sub-Ziel (vgl. Kapitel 3.2) wird im Rahmen dieser Arbeit ein Strebendurchmesser von 200 µm abgeleitet. Bei der Herstellung dünnwandiger Strukturen mit f_2cc_z-Elementarzellen und der in Kapitel 5.1 entwickelten VPK für Zn1Mg ist in Abbildung 7-2 neben der unzureichenden Maßhaltigkeit eine große Menge Ansinterungen erkennbar (rechts) und die Strukturen weichen von der Sollgeometrie im CAD (links) ab. Untersuchungen zur Reduktion der Ansinterungen, Vergrößerung der Maßhaltigkeit und Bestimmung der mechanischen Eigenschaften in Abhängigkeit zum Strebendurchmesser werden in den folgenden Kapiteln beschrieben.

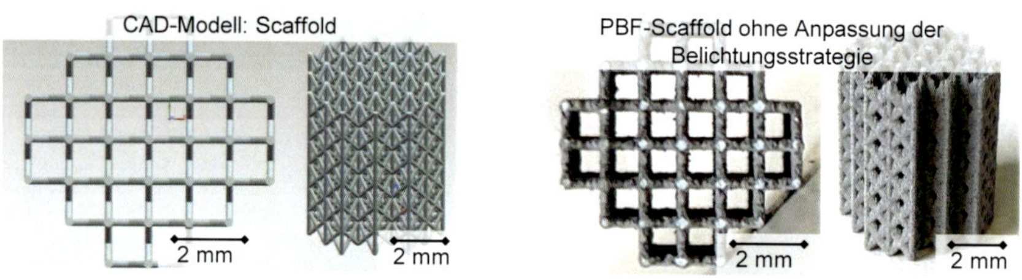

Abbildung 7-2: links: CAD-Modell eines Scaffold mit f_2cc_z-Elementarzellen und einem Strebendurchmesser von 200 µm, rechts: PBF-Scaffold aus Zn1Mg ohne Anpassung der Belichtungsstrategie mit den in Kapitel 5 entwickelten Verfahrensparametern

Eine Voraussetzung zur Anwendung im medizinischen Bereich ist die Entfernung loser Pulverpartikel. Die Nachbearbeitung mittels Partikelstrahlen wird untersucht, wobei die abrasive Nachbearbeitung nur an offenporigen Strukturen möglich ist, die eine Erreichbarkeit des Strahlguts an allen Oberflächen ermöglicht. Aus den Herausforderungen wird eine notwendige Anpassung der Belichtungsstrategien für dünnwandige Strukturen unterhalb einer Scanvektorlänge von ca. 1,5 mm (vgl. Abbildung 7-1) abgeleitet. Ziel ist, nach der PBF-Herstellung einen schmelzmetallurgischen Zusammenhalt der dünnwandigen Strukturen mit einer ausreichenden Maßhaltigkeit von ± 20 µm zum CAD-Design erreichen zu können.

7.2 Belichtungsstrategie

Die Belichtungsstrategie wird im Rahmen dieser Arbeit durch eine Vergrößerung der Belichtungspausen bei aufeinander folgenden Scanvektoren variiert (vgl. Abbildung 13-2 im Anhang). Die Belichtungspause wird über Sky-Writing-Delays eingestellt und summiert sich aus n_{prev} und n_{post}. Zur exakten Abbildung eines Scanvektors wird anlagenbedingt eine minimale Belichtungspause von 0,25 ms definiert (vgl. Kapitel 4.2). Durch die prozessbedingte Entwicklung von Prozessnebenprodukten wird zur reproduzierbaren Prozessführung eine Belichtungspause von 1 ms bei der Verarbeitung von ZnMg-Legierungen empfohlen (vgl. Kapitel 4.5). Im Rahmen dieser Untersuchungen sollen die Belichtungspausen variiert werden. Bei der Vergrößerung der Belichtungspause nach jedem Scanvektor werden entsprechend die Prozessnebenzeiten erhöht. Die Produktivität setzt sich nach Kapitel 2.3 aus der theoretischen Aufbaurate und den Prozessnebenzeiten zusammen und ist dadurch auch abhängig von den Belichtungspausen.

Die in Kapitel 4.3 beschriebene Geometrie mit dreieckiger Grundfläche, einer 120° Rotation zur vorherigen Schicht und in jeder Schicht zu einer Spitze verkürzten Scanvektoren wird mittels PBF gefertigt. In Abbildung 7-3 ist oben mittig schematisch die Spitze der dreieckigen Geometrie dargestellt und die Vorschubrichtung der letzten Schicht eingezeichnet. Durch die kontinuierliche Verkürzung der Scanvektoren wird eine Akkumulation der Wärme und damit Vergrößerung des Schmelzbades in der Spitze beobachtet. In Abbildung 7-3 oben ist links eine Spitze mit einer Überhöhung der Schmelze und Ansinterungen dargestellt; rechts ist eine Spitze bei einer vergrößerten Belichtungspause von 4 ms und homogener Oberflächentopografie sowie vergrößerter Maßhaltigkeit der geforderten Geometrie dargestellt. In Rahmen dieser Untersuchungen wird eine Fläche als homogen bezeichnet, wenn der Ra-Wert mit < 20 µm gemessen wird. Aufgrund der Belichtungspausen wird der Wärmehaushalt durch eine zeitliche Modifikation der Energieeinbringung variiert und das Schmelzverhalten durch die Eliminierung der Wärmeakkumulation homogenisiert. In Abbildung 7-3 sind unten die Linienmessungen der Topografie auf der Oberseite der Dreiecke mit 1 ms und 4 ms Belichtungspause dargestellt. Durch das Einführen der Belichtungspausen wird das Delta zwischen höchstem und niedrigstem Wert des Höhenprofils von 190 µm bei 1 ms zu 50 µm bei 4 ms verkleinert.

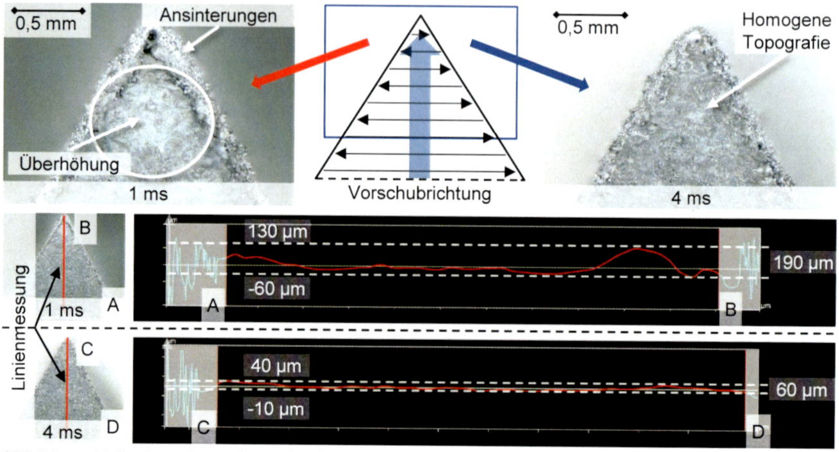

Abbildung 7-3: oben: Darstellung der Spitzen der Dreiecksgeometrie bei 1 ms Belichtungspause (links) und bei 4 ms Belichtungspause (rechts), unten: Linienmessung bei 1 ms und 4 ms Belichtungspause mit Darstellung des Höhenprofils

Zur Quantifizierung der Oberfläche wird für R_a das Linienprofil zu unterschiedlichen Belichtungspausen bestimmt. In Abbildung 7-4 ist links exemplarisch die Oberseite eines Dreiecks mit eingezeichneter Linie, entlang der die Topografie gemessen wird, dargestellt. Die aus dem Linienprofil bestimmten R_a-Werte zu den Belichtungspausen zwischen 0,25 ms und 6 ms sind rechts im Diagramm aufgelistet.

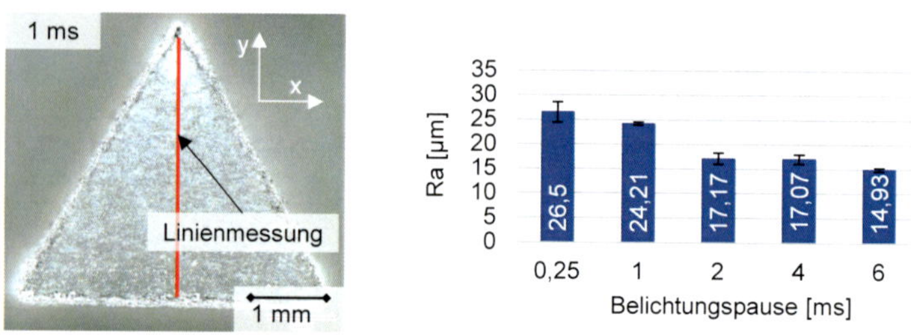

Abbildung 7-4: links: Kennzeichnung der Linienmessung exemplarisch für 1 ms Belichtungspause, rechts: Ergebnisse der Linienrauheitsmessung R_a bei unterschiedlichen Belichtungspausen

Auf Grundlage der Rauheitswerte führt eine kontinuierliche Vergrößerung der Belichtungspausen zu einer Verkleinerung der mittleren Rauheit R_a. Die mittlere Rauheit wird von R_a = 26,5 µm bei 0,25 ms um mehr als 40% auf R_a = 14,93 µm bei 4 ms verkleinert. Bei einer Belichtungspause von 2 ms wird ein R_a = 17,17 µm gemessen und als Kompromiss zwischen der Reduktion der Rauheit auf den Oberflächen der Probekörper und Anstieg der Fertigungszeit definiert. In Abbildung 7-5 ist schematisch der Effekt von Belichtungspausen auf den Wärmehaushalt in der Spitze des Dreiecks und in den Randbereichen dargestellt.

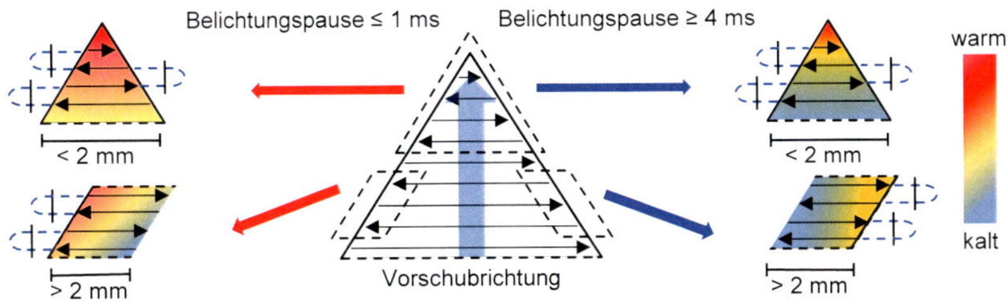

Abbildung 7-5: Schematische Darstellung des Wärmehaushalts im Randbereich einer dreieckigen Probe bei niedrigen (links) und hohen (rechts) Belichtungspausen in der Spitze und dem Randbereich

Durch die kleine Laserwiederkehrzeit, bedingt durch die aufeinanderfolgenden kurzen Scanvektoren, steigt die Temperatur der zuvor belichteten Schmelzspur lokal an. In Verbindung mit der mäanderförmigen Belichtungsstrategie wird die Wärme in den Randbereichen akkumuliert, was in einer Vergrößerung der Schmelzspurbreite resultiert [Mar19, Pic22, Yeu20]. In der Spitze des Dreieckes überlagern sich die beiden Randbereiche in x/y-Ebene, sodass der Wärmehaushalt in der Spitze zu höheren Temperaturen ausgebildet wird. Gleichzeitig kann von beiden Seiten das Pulver in schmelzflüssige Phase gebracht werden. Dieser Effekt kann die Zunahme der Schmelzbadhöhe hervorrufen. Als Folge wird eine ausgeprägte Überhöhung in der Spitze des Dreiecks beobachtet.

Parallel werden mehr Ansinterungen an den Randbereichen beobachtet. Dieser Effekt wird mit einer Vergrößerung der Denudation-Zone begründet. Nach [Mat16] werden die Partikel angesaugt und teilweise von der Laserstrahlung erhitzt, sowie vornehmlich entgegen der Scanrichtung abgelenkt. Die Partikel werden in die schmelzflüssige Phase gezogen und neben einer Vergrößerung des Schmelzbades werden die oberflächlichen Ansinterungen gebildet. Die verbleibende Wärmeenergie reicht nach [Mat16] teilweise nicht aus, um die Partikel vollständig umzuschmelzen, sodass diese nur partiell auf- bzw. angeschmolzen werden. Auf diese Weise entsteht ein stoffschlüssiger Haftungsmechanismus zwischen den Pulverpartikeln und der Außenseite der Schmelzspur. Bei der Belichtung des folgenden Scanvektors werden diese Partikel im Hatchbereich umgeschmolzen und haben keinen Effekt auf die Oberflächenbeschaffenheit. Am Ende der Scanvektoren verbleiben die Partikel jedoch als Ansinterungen an der seitlichen Flächen des Bauteils [Mat16] und vergrößern die Oberflächenrauheit. Dieser Effekt wird durch eine Zunahme des schmelzflüssigen Volumens, bspw. bei Verkürzung des Scanvektoren in der Spitze des Dreiecks, vergrößert. Durch die Vergrößerung der Belichtungspausen bzw. der Laserwiederkehrzeit wird das schmelzflüssige Volumen reduziert und der Denudation-Effekt nimmt ab, sodass als Folge eine Überhöhung der Schmelzbadausbildung durch akkumulierte Wärme vermieden werden kann und die Ansinterungen reduziert werden. Die Vermutung liegt nahe, dass aufgrund des Denudation-Effektes mit einer Wechselwirkung zwischen Pulververarmung und Ansinterungen bei den ZnMg-Legierungen die Konturbelichtung keinen

Einfluss auf die Reduzierung der Rauheit aufweist (vgl. Abbildung 13-5 im Anhang), wodurch sich ein neuer Forschungsbedarf ergibt.

An LOM-Aufnahmen werden die Schmelzspuren anhand von angeätzten Querschliffen bewertet. In Abbildung 7-6 ist das Schmelzbad mit 1 ms (rechts oben) und 4 ms (rechts unten) Belichtungspause gegenübergestellt.

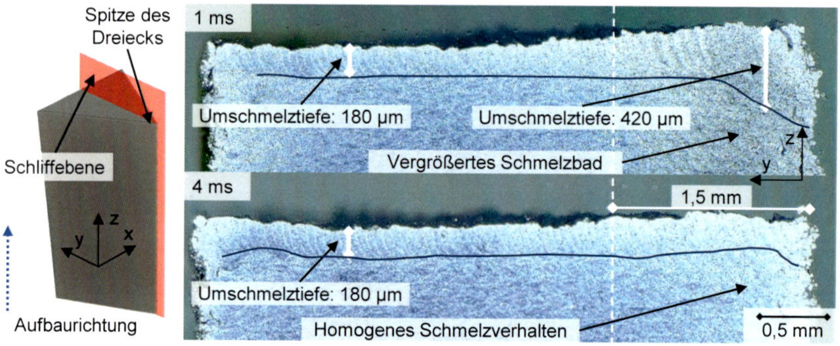

Abbildung 7-6: links: Schematische Darstellung des Dreiecks mit Schliffebene, rechts: Vergleich der angeätzten Querschliffe mit einer Belichtungspause von 1 ms bzw. 4 ms und Bewertung des Schmelzverhaltens

Aus dem Farbverlauf der Ätzung wird ein vergrößertes Schmelzbad in der Spitze des Dreiecks bei einer Belichtungspause von 1 ms abgeleitet. Die Umschmelztiefe bei einem Abstand > 1,5 mm, gemessen von der Spitze des Dreiecks, beträgt ca. 180 µm. Durch die Verkürzung des Scanvektoren wird das Schmelzbad zur Spitze des Dreiecks hin vergrößert und die Umschmelztiefe erhöht sich auf ca. 420 µm. Bei der Erhöhung der Belichtungspause auf 4 ms wird eine gleichmäßige Erstarrung mit einem homogenen Schmelzverhalten beobachtet, die Umschmelztiefe wird verkleinert.

In der Literatur werden die Unterschiede beim dynamischen Verhalten des Schmelzbads mit materialspezifischen Kennwerten wie der Viskosität, den PBF-Verfahrensparametern Laserleistung und Scangeschwindigkeit, sowie der Bauteilgeometrie begründet [Cun19, Shu19]. Im Rahmen dieser Untersuchungen kann eine Veränderung der Bauteilgeometrie durch das dynamische Verhalten der Schmelze beobachtet werden. Bei der Einführung der Belichtungspausen wird die Dynamik der Schmelze reduziert und die Bauteilgeometrie mit vergrößerter Maßhaltigkeit abgebildet. Allerdings wird durch die Einführung der Belichtungspausen die Produktivität reduziert.

Durch das vergrößerte Schmelzbad in Kombination mit dem Denudation-Effekt werden mehr Ansinterungen beobachtet. Dünne Wände werden nach Kapitel 4.3 mit einer Breite von 200 µm aufbereitet und mit unterschiedlichen Belichtungspausen hergestellt. In Abbildung 7-7 ist links die fotografische Aufnahme eines Zn1Mg-Baujobs mit Probekörpern dargestellt. Der umrandete Bereich stellt die ausgewerteten dünnen

Wände dar, an denen die reale Wanddicke inkl. Ansinterungen anhand von fünf Messungen bestimmt wird (vgl. Abbildung 7-7 rechts).

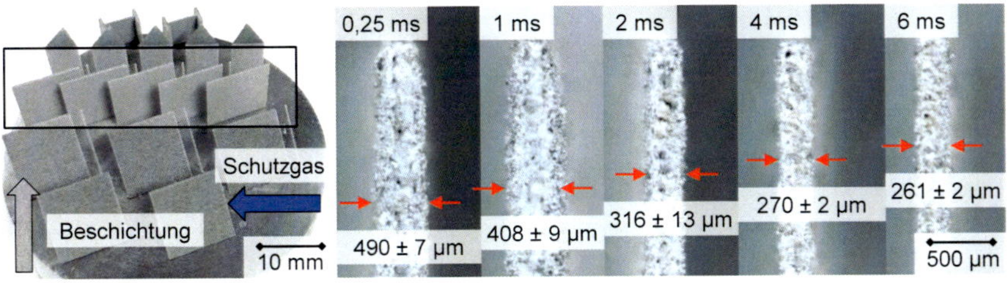

Abbildung 7-7: links: Exemplarische Darstellung eines Baujobs mit Kennzeichnung der dünnen Wände, rechts: Draufsicht der dünnen Wände zur Beurteilung der Ansinterungen durch Vermessung der Wanddicke bei unterschiedlichen Belichtungspausen mit Angabe der Standardabweichung

Die gemessene Wanddicke ist für eine Belichtungspause von 0,25 ms mit 490 µm am größten und wird durch eine Vergrößerung der Belichtungspausen kontinuierlich verkleinert. Mit einer Belichtungspause von 4 ms wird eine Wanddicke von 270 µm erzielt.

Die Flächenrauheit S_a wird zunächst an den unbehandelten Seitenflächen der senkrechten dünnen Wände, abhängig von der Lage zur Beschichtung bzw. Schutzgasströmung, gemessen und zwischen zu- bzw. abgewandter Seite unterschieden. Die Ergebnisse sind in einem Diagramm in Abbildung 7-8 rechts dargestellt.

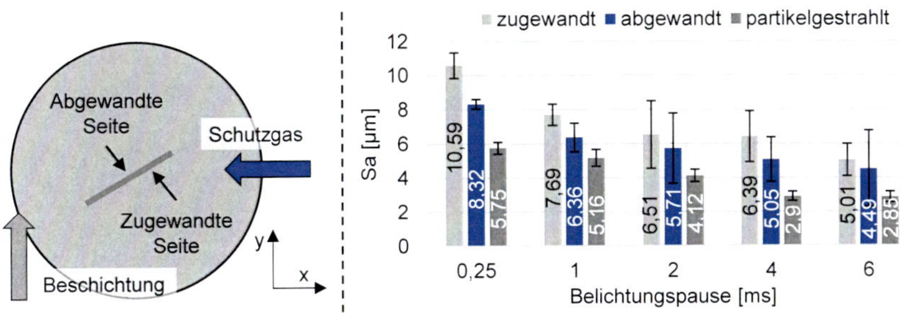

Abbildung 7-8: links: Schematische Darstellung der Orientierung der dünnen Wände auf der Substratplatte, rechts: Ergebnisse der Flächenrauheitsmessung S_a im unbehandelten und partikelgestrahlten Zustand bei unterschiedlichen Belichtungspausen

Die zugewandten Seiten weisen in allen Fällen eine höhere Oberflächenrauheit S_a auf als die abgewandten Seiten. Dieser Effekt kann möglicherweise mit der Bewegung der Pulverpartikel und Prozessnebenprodukte (vgl. Abbildung 2-6) während des Umschmelzens in Abhängigkeit zur Schutzgasströmung [Kha16, Mat16] und dem mechanischen Kontakt zwischen der Silikonlippe des Beschichters und den angesinterten Partikeln im Randbereich des Probekörpers (vgl. Abbildung 7-3 oben links) erklärt werden. Das Ergebnis ist eine Abnahme der Flächenrauheit S_a mit steigender Belichtungspause. Ab einer Belichtungspause von 2 ms nimmt die Standardabweichung zu, sodass undefinierte Ansinterungen an der Oberfläche keine reproduzierbaren Ergebnisse ermöglichen. Aus den Ergebnissen wird abgeleitet, dass die Ansinterungen durch Anpassen der Belichtungsstrategie reduziert, aber nicht vermieden werden können. Aus diesem Grund wird der Effekt der mechanischen Nacharbeit mittels Partikelstrahlen anhand der senkrechten Wände untersucht. Die Probekörper werden nach dem PBF-Prozess mit Glasperlen (Partikelgröße 100 - 200 µm) bei 2 bar für ca. 1 Minute partikelgestrahlt. Die angesinterten Partikel werden entfernt, die Flächenrauheit S_a wird homogenisiert und die Standardabweichung reduziert. Ein Unterschied zwischen der zu- und abgewandten Seite kann nach dem Partikelstrahlen nicht mehr festgestellt werden. In Abbildung 7-8 rechts sind die S_a-Werte der partikelgestrahlten Oberflächen über beide Seiten gemittelt dargestellt. Bei allen untersuchten Belichtungspausen wird eine Verkleinerung der Oberflächenrauheit im Vergleich zum unbehandelten Zustand nachgewiesen. Für die senkrechten Seitenflächen wird ab einer Belichtungspause von 4 ms nach dem Partikelstrahlen ein Wert von S_a = 2,90 µm gemessen. In Abbildung 7-9 sind exemplarisch die Seitenflächen der dünnen Wände bei 4 ms im unbehandelten (links) und partikelgestrahlten (rechts) Zustand gegenübergestellt. In Abbildung 7-9 oben sind 3D-Rekonstruktionen der Oberflächen dargestellt, unten sind REM-Aufnahmen der angesinterten Pulverpartikel nach der PBF-Fertigung (links) und eine homogene Oberfläche nach dem Partikelstrahlen (rechts).

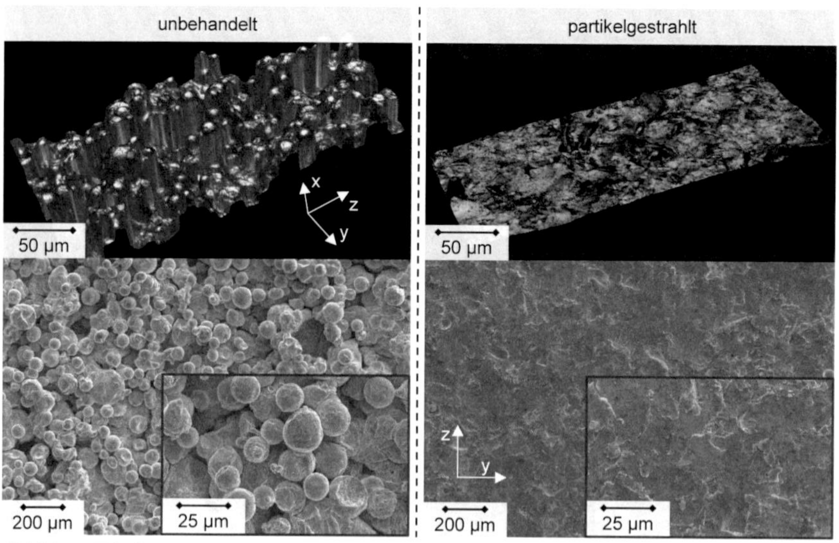

Abbildung 7-9: Gegenüberstellung der Beschaffenheit einer unbehandelten Zn1Mg-Oberfläche (links) und der Oberfläche nach dem Partikelstrahlen (rechts). Oben: 3D-Rekonstruktionen von Ausschnitten der Oberfläche zur Visualisierung der Topografie, unten: REM-Aufnahmen von Ausschnitten der Oberflächen bei unterschiedlichen Vergrößerungen

Eine homogene Oberfläche mit geringer Rauheit impliziert weniger Kerbwirkungen bei mechanischer Beanspruchung. Um das Material zukünftig als Implantat nutzen zu können, ist eine Reinigung durch das Entfernen der angesinterten Pulverpartikel unabdingbar.

Durch das Erhöhen der Belichtungspausen vergrößern sich die Prozessnebenzeiten und die Produktivität wird reduziert. Am Beispiel der in Kapitel 4.3 beschrieben Kompressionsprobe sind in Abbildung 4-12 exemplarisch drei Schichten einer f_2cc_z -Elementarzelle mit Scanvektoren dargestellt. Im Mittel ist eine Elementarzelle mit 18,5 Scanvektoren pro Schicht aufbereitet, sodass hier die Prozessnebenzeiten bei einer Vergrößerung der Belichtungspause von 1 ms auf 4 ms um 56 ms vergrößert wird. Bei der Kompressionsprobe mit 10 x 10 Elementarzellen in x/y-Richtung erhöhen sich die Prozessnebenzeiten um 5,6 s pro Schicht. Zur Herstellung einer einzelnen Kompressionsprobe mit 15 mm Höhe wird bei der beschriebenen Anlagentechnik mit einer Belichtungspause von 1 ms eine reale Prozesszeit (inkl. Prozessnebenzeiten) von 18 min 11 s gemessen. Bei einer Belichtungspause von 4 ms wird für dieselbe Kompressionsprobe eine Zeit von 42 min 25 s für die Herstellung benötigt. Auf Grundlage dieser Ergebnisse muss in Abhängigkeit der Anwendung ein Kompromiss zwischen der Bauteilqualität und der Aufbaurate gefunden werden.

7.3 Maßhaltigkeit

Bei der Herstellung der Scaffoldstrukturen wird entsprechend der Ergebnisse aus Kapitel 7.2 eine Belichtungspause von 4 ms eingestellt. Zur Anpassung des Strebendurchmessers auf einen Zielwert von 200 µm wird die SPK in der Datenaufbereitung variiert. Dabei werden die Scaffoldstrukturen mit einer SPK von 10, 25, 50 und 60 µm aufbereitet. Die geometrische bedingte Porosität wird dabei von 83,1% auf 96,5% vergrößert. Die dazugehörigen Werte sind aus dem CAD-Design berechnet und in Tabelle 7.1 zusammengefasst.

Tabelle 7.1: Daten der aufbereiteten Scaffoldstrukturen bei unterschiedlicher SPK

SPK [µm]	Strebendurchmesser im CAD [µm]	Grundfläche [mm²]	V_{ist} [mm³]	Strebenvolumen [mm³]	Porosität [%]
10	180	71,84	862,08	145,62	83,1
25	150	71,02	852,24	95,32	88,8
50	100	70,01	840,12	44,90	94,7
60	80	69,61	835,32	29,39	96,5

Nach der PBF-Herstellung werden die Scaffoldstrukturen auf der Substratplatte entpulvert und mittels LOM-Aufnahmen in der x/y-Ebene von der Oberseite die Strebendurchmesser mit Ansinterungen vermessen. Anschließend werden die Probekörper auf der Substratplatte bei 2 bar partikelgestrahlt und anschließend erneut, ohne die Ansinterungen, vermessen. Die Bilder der Scaffoldstrukturen sowie die Mittelwerte von vier Messungen der Strebendurchmesser sind in Abbildung 7-10 dargestellt.

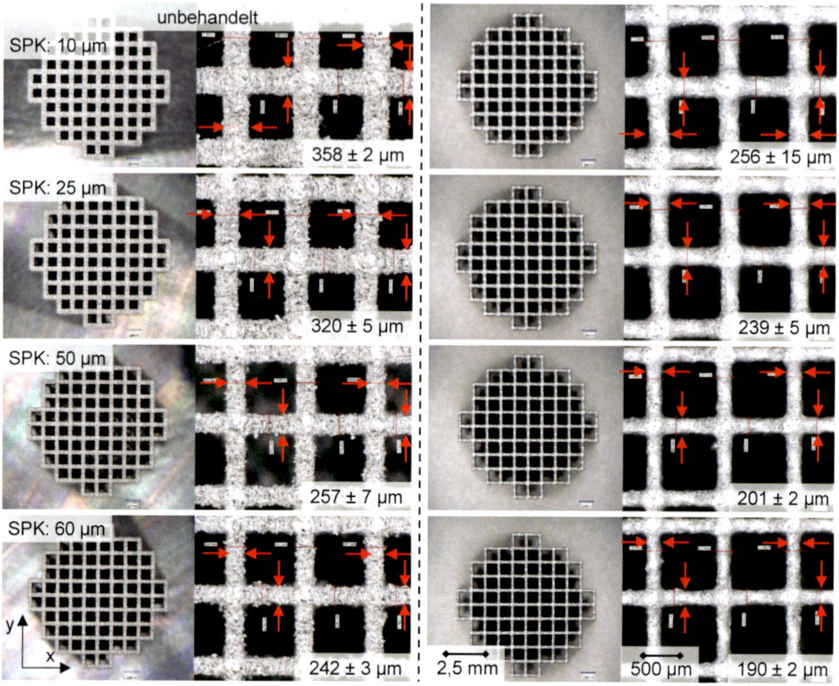

Abbildung 7-10: Scaffoldstrukturen in der Draufsicht in Abhängigkeit der SPK, links: unbehandelt, rechts: nach dem Partikelstrahlen mit Angabe der gemittelten Strebendurchmesser anhand von vier Messungen mit Standardabweichung

Bei einer SPK von 10 und 25 µm werden ca. 90 µm angesinterte Partikel an den Streben durch das Partikelstrahlen abgetragen, bei einer SPK von 50 und 60 µm ca. 50 µm. Der Unterschied kann in der Anzahl der Hatchvektoren innerhalb einer Strebe begründet liegen. Der aufbereitete Strebendurchmesser beträgt nach Abzug der SPK von 10 und 25 µm 180 bzw. 150 µm. In einer Schicht werden bei einem Hatchabstand von 50 µm meist drei Scanvektoren in die Strebe gelegt. Bei einer SPK von 50 und 60 µm beträgt der aufbereitete Strebendurchmesser 100 bzw. 80 µm, sodass eine Strebe in einer Schicht mit einem oder zwei Scanvektoren belichtet wird. Exemplarisch ist die Datenaufbereitung der Scaffoldstrukturen einer Schicht in Abbildung 7-11 dargestellt.

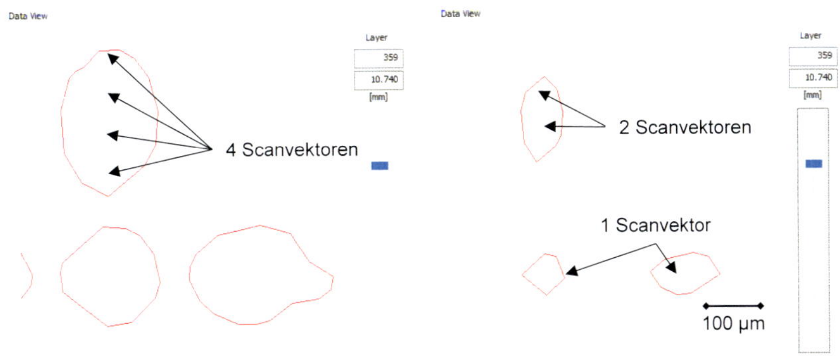

Abbildung 7-11: Exemplarische Datenaufbereitung mit unterschiedlichem Strebendurchmesser (links 180 µm, rechts: 80 µm), dargestellt an einem Ausschnitt der Scaffoldstruktur

Zur Validierung der geometrischen Maßhaltigkeit mit einer schmelzmetallurgischen Verbindung der partikelgestrahlten Scaffoldstrukturen wird eine mechanische Prüfung in Form von Kompressionsversuchen in Abhängigkeit von der SPK bzw. des Strebendurchmessers durchgeführt. Das Kraft-Weg-Diagramm ist in Abbildung 7-12 dargestellt.

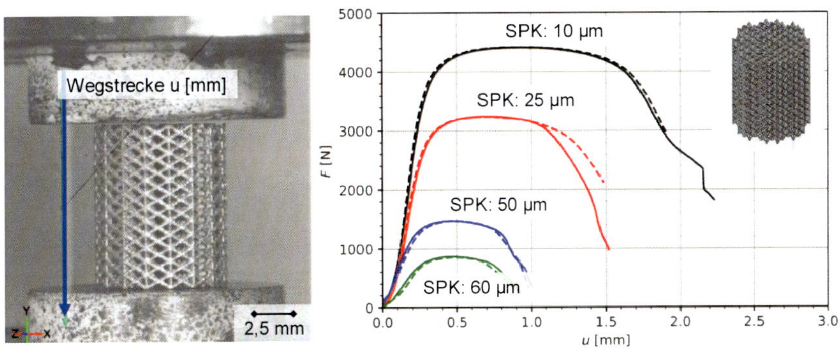

Abbildung 7-12: links: Fotografische Aufnahme der Scaffoldstruktur vor der Kompressionsuntersuchung, rechts: Mechanische Eigenschaften der Scaffoldstrukturen bei unterschiedlichen SPK (vgl. Abbildung 7-10)

Durch die Überlagerung der Ergebnisse bei zwei gleichen Probekörpern wird von einer großen Reproduzierbarkeit bei gleicher geometrischer Maßhaltigkeit ausgegangen und eine schmelzmetallurgische Verbindung bestätigt. Bei einem gemessenen Strebendurchmesser von 256 µm wird eine maximale Kraft von 4400 N vor dem Versagen aufgenommen. Durch Reduktion des Strebendurchmessers auf 239 und 201 µm wird die maximale Kraft auf 3200 N bzw. 1250 N reduziert. Die Ergebnisse zur Vermessung der Strebendurchmesser sind mit der erreichten maximalen Kraft vor dem Versagen der Scaffoldstrukturen in Tabelle 7.2 zusammengefasst. Die erhebliche Verkleinerung von F_{max} geht mit der Vergrößerung der Porosität auf 96,5% einher.

Zusammenfassend lässt sich festhalten, dass mit der erforschten Prozesskette dünnwandigen Strukturen maßhaltig hergestellt werden können.

Tabelle 7.2: Errechneter und gemessener Strebendurchmesser im CAD, im unbehandelten Zustand und nach dem Partikelstrahlen der Scaffoldstrukturen aus Zn1Mg

Strebendurchmesser im CAD [µm]	Strebendurchmesser unbehandelt [µm]	Strebendurchmesser partikelgestrahlt [µm]	F_{max} [N]
180	358 ± 2	265 ± 2	4400
150	320 ± 5	239 ± 5	3200
100	257 ± 7	201 ± 2	1250
80	242 ± 3	190 ± 2	830

Exemplarisch wird die Maßhaltigkeit der Streben in Aufbaurichtung anhand einer Seitenansicht vor und nach dem Partikelstrahlen vermessen. Die SPK wird bei der Datenaufbereitung auf 50 µm gesetzt und eine Belichtungspause von 4 ms eingestellt. In Abbildung 7-13 ist links die CAD und rechts die hergestellte Scaffoldstruktur mit Vergrößerung auf die Seitenansicht der Zellen dargestellt.

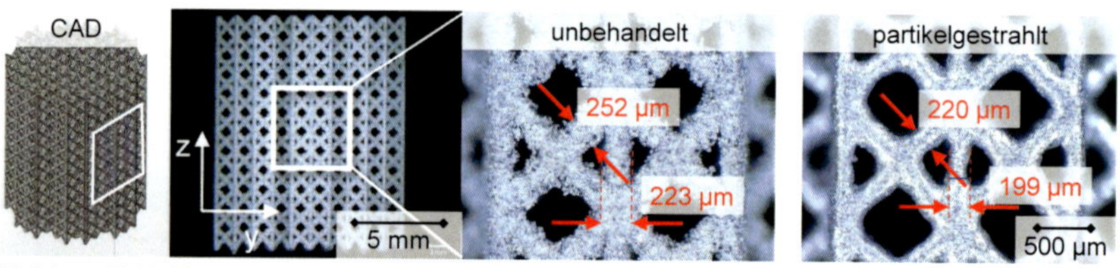

Abbildung 7-13: Vermessung des Strebendurchmessers in Aufbaurichtung

Die Streben der f_2cc_z-Gitter werden in z-Richtung und in 45° an den Seitenflächen der Scaffoldstrukturen mittels vier Messungen analysiert. In z-Richtung wird der Strebendurchmesser durch das Partikelstrahlen von 223 ± 3 µm auf 199 ± 3 µm verkleinert und ist ähnlich zu den Untersuchungen der Strebendurchmesser in der Draufsicht. Die Streben in einem Winkel von 45° zur Aufbaurichtung weisen im unbehandelten Zustand einen Strebendurchmesser von 252 ± 10 µm auf. Durch die abrasive Nachbearbeitung wird der Strebendurchmesser auf 220 ± 2 µm verkleinert. Damit ergibt sich eine Abweichung zur Sollgeometrie von ca. 20 µm. Die Differenz ist in dem geänderten Schmelzverhalten im Überhangbereich durch den geometrischen Effekt aufgrund von lokalem Wärmestau begründet und in der Literatur beschrieben [Mei99, S. 81 ff.]. Die geometrische Differenz der Streben im 45° Winkel bzw. 90° Winkel zur Substratplatte könnte durch eine Anpassung der runden Streben zu einer elliptischen Form im Design bei der Auslegung angeglichen werden. An fünf weiteren Scaffoldstrukturen mit einem Strebendurchmesser von ca. 200 µm nach der PBF-Fertigung und dem Partikelstrahlen wird eine mechanische Prüfung durchgeführt. Das Ergebnis und ist in Abbildung 13-13 im Anhang anhand eines Spannungs-Stauchungsdiagramms dargestellt. Die Druckspannung wird mit R_{eH} = 21,04 ± 0,17 MPa und die Stauchung mit 4,32 ± 0,1% gemessen. Aufgrund der kleinen Standardabweichung wird von einer großen Reproduzierbarkeit ausgegangen.

Die Porosität der Scaffoldstruktur berechnet sich nach: $Porosität = 1 - V_{ist}/V_{voll}$. Zur Berechnung des tatsächlichen Volumens V_{ist} wird das Gewicht der Scaffoldstrukturen im partikelgestrahlten Zustand bestimmt und durch die spezifische Materialdichte von Zn1Mg mit 7,09 g/cm³ dividiert. Das volle Volumen V_{voll} wird über die geometrischen Abmessungen der Scaffoldstruktur mit einer Grundfläche von 68 mm² und einer Höhe von 12 mm zu 816 mm³ berechnet. Die Ergebnisse sind in Tabelle 7.4 zusammengefasst.

Tabelle 7.3: Maße, Gewicht und Porosität der Scaffoldstrukturen aus Zn1Mg

Legierung	Gewicht [g]	V_{ist} [mm³]	Porosität [%]
Unbehandelt	1,36 ± 0,01	192,42 ± 0,86	77,42 ± 0,01
Partikelgestrahlt	1,14 ± 0,01	161,17 ± 0,74	80,25 ± 0,01
CAD bei 200 µm Strebendurchmesser	1,06	150	81,62

Im unbehandelten Zustand beträgt die Porosität der Scaffoldstruktur 77,65%. Durch die abrasive Nachbearbeitung wird die Porosität auf 81,28% vergrößert, dabei verliert die Scaffoldstruktur 0,22 g der angesinterten Pulverpartikel. Dieses entspricht einem Masseverlust von 16%. Rechnerisch beträgt die Porosität im CAD bei 200 µm Strebendurchmesser 81,62% und damit die Abweichung zur hergestellten Geometrie nach dem Partikelstrahlen lediglich 0,42%, sodass von einer großen Maßhaltigkeit ausgegangen werden kann. Nach [Bra04] wird für die Porosität ein Mindestmaß von 40% vorgeschlagen, um das Knochenwachstum und die Vaskularisation zu fördern. Die hier gemessene Porosität von 80,25% ist doppelt so groß und erfüllt somit diese medizinische Anforderung. Eine patientenindividuelle Anpassung des Designs, bspw. mit einen größeren Strebendurchmesser, ist auf Grundlage dieser Ergebnisse möglich. Als minimaler Strebendurchmesser zur Herstellung von Scaffoldstrukturen mit reproduzierbarer Qualität werden 200 µm definiert, wobei die SPK auf 50 µm eingestellt wird.

7.4 Mechanische Eigenschaften von Kompressionsproben

Die Ergebnisse aus Kapitel 5 zur Verarbeitung von Zn0,5Mg und Zn1Mg sowie die Anpassung der Belichtungsstrategie hinsichtlich kurzer Scanvektoren mit einer Belichtungspause von 4 ms aus Kapitel 7.2 werden mit der Spurbreitenkompensation von 50 µm nach Kapitel 7.3 auf Kompressionsproben (vgl. Kapitel 4.3) angewendet. Die mittels VPK 5 hergestellten Zn1Mg-Kompressionsproben sind auf einer Zn-Substratplatte in Abbildung 7-14 mit drei exemplarisch ausgewählten Längsschliffen einer eingebetteten und präparierten Kompressionsprobe dargestellt.

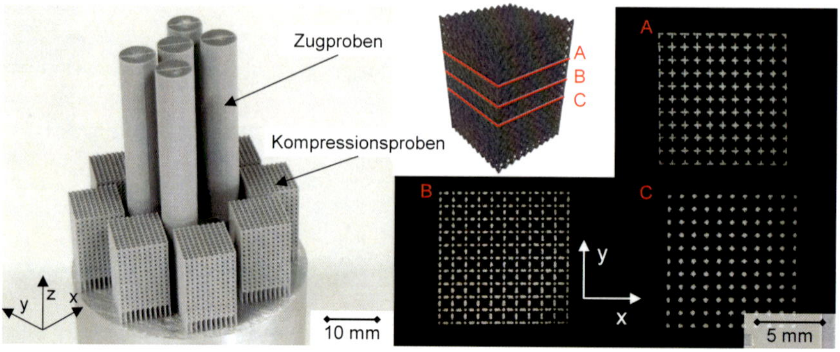

Abbildung 7-14: links: Exemplarische Darstellung eines Baujobs aus Zn1Mg mit Zug- und Kompressionsproben, rechts: Kompressionsprobe mit drei Schliffebenen senkrecht zur Aufbaurichtung

Die Zn0,5Mg-Kompressionsproben sind mit VPK 4 hergestellt. Alle Probekörper werden abrasiv mittels Partikelstrahlen (vgl. Kapitel 2.3 und Kapitel 7.3) nachbearbeitet und vor den Druckversuchen händisch von der Substratplatte entfernt. Durch die Nachbearbeitung werden Pulveranhaftungen beseitigt und die Strebendurchmesser bezüglich Richtungsabhängigkeit zum Schutzgas und dem Beschichter homogenisiert. In den Querschliffen sind keine Defekte oder Restpulver in oder an den Streben erkennbar. Für die Druckprüfung werden jeweils vier Probekörper untersucht, um den Mittelwert und die Standardabweichung zu ermitteln. Die Probekörper werden bis zu einer maximalen Stauchung von 40% getestet und die resultierende Druckkraft gemessen. In Abbildung 7-15 sind unten die Graphen zum mechanischen Verhalten der Kompressionsproben bei der Druckprüfung dargestellt. Das Kompressionsverhalten einer Zn0,5Mg-Probe ist exemplarisch bei unterschiedlicher Stauchung in Abbildung 7-15 oben dargestellt.

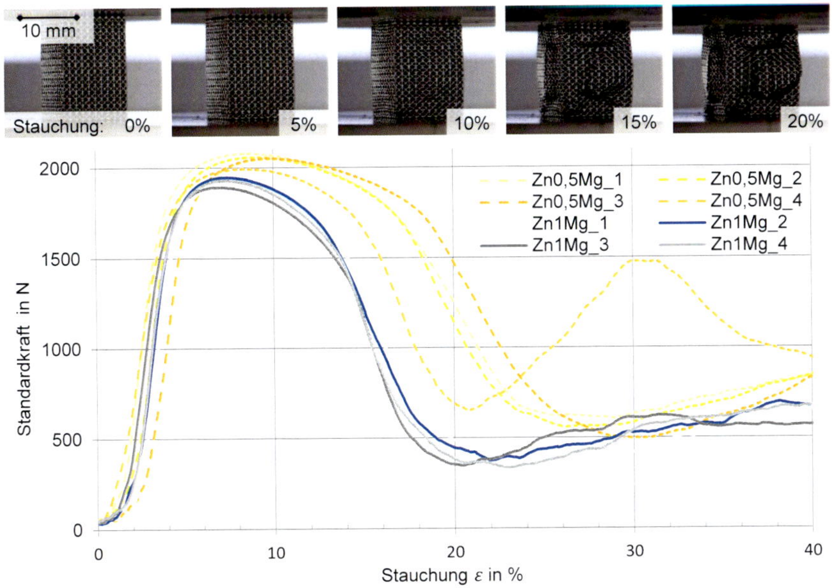

Abbildung 7-15: unten: Kraft-Stauchungs-Diagramm der Kompressionsproben aus Zn1Mg und Zn0,5Mg, oben: Exemplarische Darstellung der Stauchung und des Versagens einer Zn0,5Mg Kompressionsprobe

Die Probekörper weisen ein sprödes Verhalten auf und die Streben versagen nach Überschreiten der Maximalkraft F_{max}. Die Werte von F_{max} und ε_{max} werden nach Kapitel 4.4.3 bestimmt und sind in Tabelle 7.4 zusammengefasst. Die Werte der Druckkräfte F_{max} werden durch den Anfangsquerschnitt S_0 der Probekörper dividiert, um die Druckspannung R_{eH} für die Probekörper zu ermitteln. Der Anfangsquerschnitt ist definiert als das Produkt von Anfangsbreite und Anfangstiefe und wird nicht durch die Porosität beeinflusst. Anhand der Ergebnisse ist eine Verkleinerung der Druckspannung R_{eH} von Zn0,5Mg auf Zn1Mg zu erkennen.

Tabelle 7.4: Statische mechanische Eigenschaften der Kompressionsproben: Zn0,5Mg und Zn1Mg

Legierung	Porosität [%]	S_0 [mm²]	F_{max} [N]	ε_{max} [%]	R_{eH} [MPa]
Zn0,5Mg	84	104,4	2046,31 ± 36,66	8,42 ± 0,58	19,57
Zn1Mg	84	104,4	1927,83 ± 24,29	6,57 ± 0,43	18,26

Im Mittel ist die maximale Druckkraft von Zn0,5Mg bei 2046,31 N und bei Zn1Mg bei 1927,83 N. Die Stauchung an dem Punkt gibt die maximale Druckspannung an und liegt bei 8,42% für Zn0,5Mg und bei 6,57% für Zn1Mg. Die Abnahme der Dehnung bei steigendem Magnesiumgehalt ist auf den Anstieg der intermetallischen Phasen zurückzuführen. Die Ergebnisse sind ähnlich zu denen der Zugproben (vgl. Kapitel 5.5). Bei einer Reduzierung des Mg-Gehaltes um 0,5 gew.-% wird eine Verkleinerung der Bruchdehnung von 7,94% auf 1,94% festgestellt. Nach [Vos22] wird bei reinem Zn ohne intermetallische Phasen eine größere maximale Stauchung von ε_{max} = 26,1% gemessen, bei Zn1Mg beträgt ε_{max} = 6,6%.

Die maximale Druckspannung R_{eH} der Zn1Mg-Probekörper liegt bei 18,26 MPa. Nach [Vos22] beträgt die Druckspannung R_{eH} bei den analysierten Zn1Mg-Probekörper mit BCC-Struktur 19,12 MPa. Eine mögliche Begründung für die Abweichung ist die Abhängigkeit der geometrischen Auslegung der Strukturen und der Unterschied aufgrund der vorhandenen z-Streben. Die maximale Stauchung ist im Vergleich dazu um 1,37% geringer. Eine mögliche Ursache für den Unterschied kann in dem Strebendurchmesser liegen. In [Vos22] sind Streben mit 300 µm Strebendurchmesser hergestellt und damit 33% größer als in den Versuchen dieser Arbeit bei gleicher Porenbreite b_P. Darüber hinaus liegt bei der Verwendung des BCC-Strukturtyps in [Vos22] ein biegedominiertes Verformungsverhalten vor, sodass die Duktilität vergrößert wird. Bei der f_2cc_z-Struktur ist die Verformung hingegen streckdominiert und daher spröder [Mer15]. Aufgrund der axialen Kraft auf die Scaffoldstruktur kann die Bestimmung der Eigenschaften nicht vollständig für die praktische Verwendbarkeit als Implantat ausgelegt werden. Im menschlichen Körper treten unter realen Bedingungen sowohl axiale als auch Biege- und Torsionsbelastungen auf, die bei der Auslegung berücksichtigt werden müssen. Die untersuchten ZnMg-Legierungen werden mit anderen bioresorbierbaren Materialien verglichen, um mögliche Potentiale für die Verwendung als Werkstoff für additiv gefertigte Implantate aufzuzeigen. In Tabelle 7.5 ist eine Gegenüberstellung der mechanischen Eigenschaften von Zn, Zn0,5Mg und ZnMg1 im Vergleich zu WE43 dargestellt.

Tabelle 7.5: Vergleich der mechanischen Eigenschaften von Zn [Vos22], Zn0,5Mg, Zn1Mg und WE43 [Jau18, S. 131]

	Zn	Zn0,5Mg	Zn1Mg	WE43
Zugfestigkeit R_m	119 MPa	322,3 MPa	389,18 MPa	308 MPa
E-Modul	60 GPa	83,98 GPa	74,42 GPa	50 GPa
Bruchdehnung A	23%	7,94%	1,94%	12%
Druckspannung R_{eH}*	7,34 MPa, BCC	19,57 MPa, f_2cc_z	18,26 MPa, f_2cc_z	19,59 MPa, BCC

* Abhängig von Geometrie und Strukturtyp bzw. Porosität

Für Zn wird eine geringe Zugfestigkeit von 119 MPa gemessen, sodass eine Verwendung als Implantatwerkstoff ohne Nachbearbeitung infrage gestellt wird. Die Bruchdehnung, der E-Modul und das duktile Stauchverhalten entsprechen jedoch den Anforderungen für die Verwendung als Implantat (vgl. Kapitel 2.1.1, Abbildung 2-1). Im Vergleich zu Zn und WE43 weisen Zn0,5Mg und Zn1Mg eine größere Zugfestigkeit, aber eine kleinere Bruchdehnung auf. Die Eignung von Zn0,5Mg und Zn1Mg als Implantatmaterial hinsichtlich der Zugfestigkeit ist gegeben, aber die kleine Bruchdehnung kann einen Nachteil darstellen. Der E-Modul von Zn0,5Mg und Zn1Mg ist höher als bei Zn oder WE43. Die Druckspannung von dünnwandigen Strukturen hängt neben den werkstofftechnischen Eigenschaften von der Geometrie und Porosität ab, sodass ein direkter Vergleich erschwert wird. Der Vergleich von Zn0,5Mg, Zn1Mg, WE43 zeigt bei ähnlichen Porositätswerten höhere Druckfestigkeiten als reines Zn.

7.5 Zwischenfazit und Ableitung von Handlungsempfehlungen

In diesem Kapitel wird der Einfluss der Scanvektorlänge auf die Geometrie der ZnMg-Probekörper untersucht. Bei einer kurzen Scanvektorlänge < 1,5 mm kann durch die Maßnahme der Vergrößerung der Belichtungspause eine Akkumulation der Schmelze reduziert werden, sodass eine höhere Maßhaltigkeit an den hergestellten Strukturen gemessen wird. Bei einer Belichtungspause von 4 ms wird ein gleichmäßigeres Schmelzbad ausgebildet und im geätzten Querschliff durch die Darstellung der Schmelzspuren bestätigt. Die Ansinterungen werden reduziert und die Rauheit wird durch Linien- und Flächenmessungen analysiert. Die Linienmessung auf der Oberseite der Dreiecke ergibt eine mittlere Rauheit von R_a = 26,5 µm bei einer Belichtungspause von 0,25 ms und R_a = 17,07 µm bei 4 ms. Die Ansinterungen werden anhand von dünnen Wänden bewertet. Bei einer Belichtungspause von 0,25 ms wird eine Wanddicke von 490 µm gemessen, bei einer Belichtungspause von 4 ms werden 270 µm erzielt.

Zur weiteren Reduzierung der Ansinterungen und Homogenisierung der Oberfläche wird das Partikelstrahlen als Maßnahme eingeführt. Die dünnwandigen Strukturen werden abrasiv nachbearbeitet und eine potenzielle Anwendung in der Medizin kann durch die homogene Oberfläche abgeleitet werden. Für die Seitenflächen wird nach dem Partikelstrahlen mit 2 bar bei einer Belichtungspause von 4 ms ein Wert von S_a = 2,90 µm gemessen.

Durch die Kombination in der Prozesskette von angepasster Belichtungsstrategie und abrasiver Nachbearbeitung mittels Partikelstrahlen werden die Ansinterungen entfernt und eine Maßhaltigkeit von ± 20 µm bei den Scaffoldstrukturen erreicht. Mechanische Eigenschaften der dünnwandigen Strukturen werden anhand von Kompressionsproben analysiert. Die maximale Druckkraft von Zn0,5Mg liegt bei 2046,31 N und bei Zn1Mg bei 1927,83 N. Die Stauchung an dem Punkt liegt bei ε_{max} = 8,42% für Zn0,5Mg und bei ε_{max} = 6,57% für Zn1Mg. Die Abnahme der Dehnung bei steigendem Magnesiumgehalt ist auf den Anstieg der intermetallischen Phasen zurückzuführen. Für alle Probekörper wird ein sprödes Materialverhalten mit Bruch beobachtet. Zusätzlich wird eine große Abhängigkeit von der Geometrie, bspw. durch Vergrößerung des Strebendurchmessers, auf die mechanischen Eigenschaften beobachtet. Aufgrund der beschriebenen Ergebnisse können die folgenden Handlungsempfehlungen zur Herstellung von dünnwandigen Strukturen aus ZnMg-Legierungen abgeleitet werden:

- Berücksichtigung der geforderten mechanischen Eigenschaften und Belastungen bei der Designauslegung
- Anpassen der Belichtungsstrategie bei Scanvektoren < 1,5 mm zur Vermeidung der Akkumulation der Schmelze, Reduzierung der Ansinterungen und Verkleinerung der Oberflächenrauheit

- Nachbearbeitung der Probekörper mittels Partikelstrahlen bei 2 bar zur Homogenisierung der Oberfläche auf S_a = 2,85 µm
- In den verwendeten Anlagensetup mit 75 µm Fokusdurchmesser in der Arbeitsebene wird eine Spurbreitenkompensation von 50 µm als zielführend für eine vergrößerte Maßhaltigkeit bei ZnMg-Legierungen festgestellt
- Dünnwandige Strukturen mit einem Strebendurchmesser von 200 µm können, unter Beachtung der aufgezeigten Maßnahmen, reproduzierbar aus einer ZnMg-Legierung gefertigt werden
- Durch die Einführung der Belichtungspausen können keine negativen Effekte auf die Bauteilqualität beobachtet werden
- Die Produktivität wird bei der Einführung von Belichtungspausen verkleinert. Am Beispiel der Kompressionsprobe wird die Herstellungszeit bei einer Erhöhung der Belichtungspause von 1 ms auf 4 ms um das 2,3-fache vergrößert

Mit den in Kapitel 7 entwickelten Maßnahmen zur reproduzierbaren Herstellung von Scaffoldstrukturen wird der zweite Teil der Forschungsfrage beantwortet und die Scaffoldstrukturen können mit reproduzierbarer Qualität mittels PBF aus einer ZnMg-Legierung gefertigt werden.

8 Anwendungsdemonstration

Nach den Untersuchungen zur Verarbeitung von ZnMg-Legierungen mittels PBF und Identifikation einer Prozesskette zur Herstellung dünnwandiger Strukturen sollen die Ergebnisse exemplarisch anhand der vorlegierten Zn1Mg-Legierung (vgl. AA11 in Anhang) demonstriert werden. Zum einen soll ein Implantat zur Heilung eines „critical size bone defect" parlamentarisch ausgelegt und hergestellt werden. Zum anderen soll mittels der entwickelten Prozesskette wird ein indikationsangepasstes Kieferimplantat mit patientenindividuellem Design additiv gefertigt.

8.1 Critical Size Bone Defect

Die beschriebenen Vorteile der additiven Fertigung liegen in der Designfreiheit bei der Bauteilauslegung. Am Beispiel der Tibia (Unterschenkelknochen) wird ein „critical size bone defect" mit einer Länge von 30 mm als Design Space definiert. In diesem Beispiel soll die Lastübertragung durch einen Marknagel (vgl. Abbildung 8-1 links) erfolgen, der durch den Knochen mittig eingebracht wird. Zur Regeneration muss die Strecke zwischen den Knochenhälften mittels eines Implantates überbrückt werden. Aus der Bildgebung, bspw. CT-Scan, werden die Abmessungen ermittelt und in der Softwareumgebung Rhino Version 7.30 mit dem Plugin Grasshopper als grafischer Algorithmeneditor der Firma McNeel (Robert McNeel & Associates, Seattle, USA) die Scaffoldstrukturen eingerechnet. Dabei werden die Streben parametrisch auf Grundlage des Design Space für die patientenspezifischen Anforderungen und unter Berücksichtigung der AM-Restriktionen durch die Fertigung mittels PBF definiert. Die AM-Restriktionen inkludieren bspw. den minimalen Strebendurchmesser, den Überhangwinkel oder die Offenporigkeit zur Pulverentfernung. In Abbildung 8-1 ist links schematisch der Design Space in der Tibia mit Marknagel und Scaffoldstruktur dargestellt.

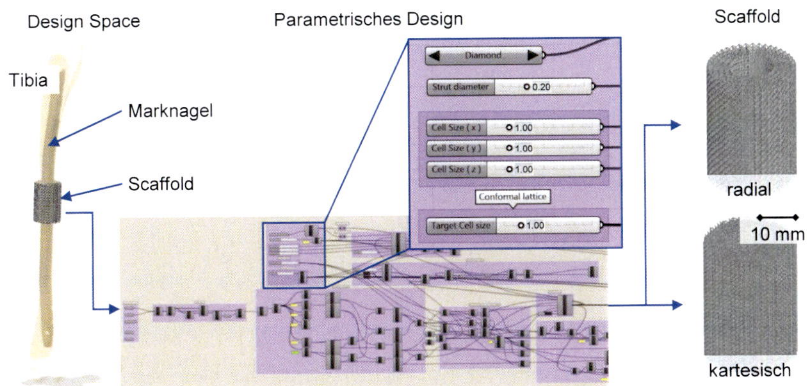

Abbildung 8-1: Prozesskette zur parametrischen Designerstellung am Beispiel eines „critical size bone defect" in der Tibia, links: Ausgewählter Design Space in der Tibia, mittig: Screenshot zum parametrischen Design der Scaffoldstrukturen, rechts: Exemplarische Darstellung der Scaffoldstrukturen mit f_2cc_z-Elementarzellen im CAD, oben radial angeordnet, unten kartesisch angeordnet

Durch das parametrische Design werden die Anforderungen an das Implantat in das Design umgesetzt. Bspw. können die Art der Elementarzelle, der Strebendurchmesser oder die Zellgröße angepasst werden (vgl. Abbildung 8-1 mittig).

In Abbildung 8-1 sind rechts exemplarisch die Scaffoldstrukturen mit f_2cc_z-Elementarzelle dargestellt, oben mit Strukturen, die auf einem Graph entlang des äußeren Radius mit Polarkoordinaten angeordnet sind, unten in kartesischer Ausrichtung der Struktur mit konstanter Größe der vollständigen Einheitszellen.

Eine hergestellte Scaffoldstruktur ist angepasst für den Design Space und die Aussparung für den Marknagel mit der beschriebenen Prozessroute hergestellt, was in Abbildung 8-2 oben dargestellt ist. Der Marknagel besteht aus Titan und die Knochenstücke sind mittels MSLA-Verfahren (engl.: Masked Stereolithographie) hergestellt. In Abbildung 8-2 sind unten Detailaufnahmen der Scaffoldstrukturen links mit kartesisch angeordneter f_2cc_z-Gitterstruktur und rechts mit polar angeordneten Strukturen dargestellt.

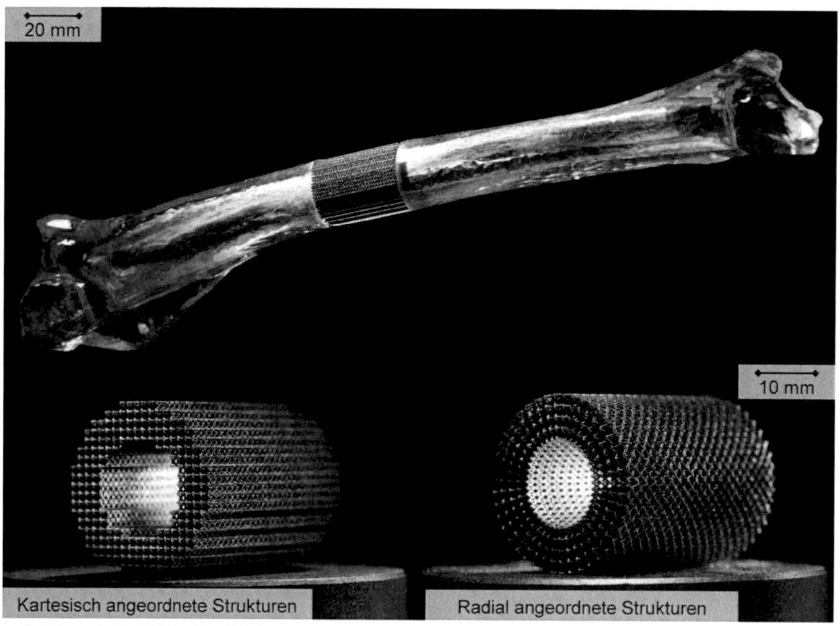

Abbildung 8-2: Zn1Mg Scaffoldstrukturen am Beispiel eines „critical size bone defect“ mit parametrischem Design der Strukturen

8.2 Patientenindividuelles Kieferimplantat

Die Basis bildet ein Unterkiefer mit einem konstruierten Knochendefekt. Bei der Rekonstruktion wird die Fehlstelle durch eine parametrische Designauslegung unter Verwendung der f_2cc_z-Gitterstruktur angenähert. Der Strebendurchmesser und die Porengröße werden analog zur Scaffoldstruktur (vgl. Kapitel 2.1.1) mit d_{st} = 200 µm bzw. b_P = 800 µm gewählt. Die Außenkontur der Scaffoldstruktur wird parametrisch an den Defekt angepasst. In Abbildung 8-3 ist ein CAD-Modell des Unterkiefers (links) sowie die rekonstruierte Version des Knochendefekts in Form eines individuellen Kieferimplantats (rechts) dargestellt.

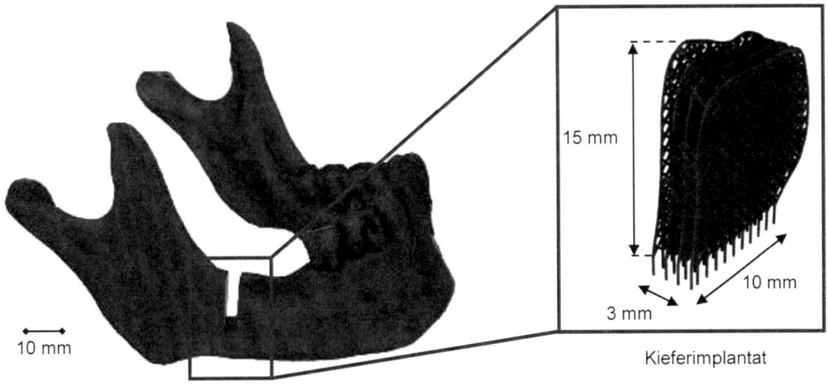

Abbildung 8-3: links: CAD-Modell eines Unterkiefers mit Defekt und rechts: rekonstruierte Version des individuell angepassten Implantats

Die Unterseite des Kieferimplantats hat eine Breite von 3 mm und eine Tiefe von 10 mm. Die Kontur des Demonstrators wird an die Form des Knochendefekts angepasst, während die Breite konstant bleibt. Die maximale Höhe beträgt 15 mm. Als Supportstruktur werden einzelne Streben mit einem Durchmesser von 200 µm und einer Höhe von 2 mm verwendet. Die Supportstrukturen werden nach der PBF-Fertigung und mechanischen Nachbearbeitung durch Partikelstrahlen vollständig entfernt.

Das Kieferimplantat wird additiv mit der erforschten Prozesskette zur reproduzierbaren Herstellung dünnwandiger Strukturen gefertigt und nachbearbeitet. Das Modell des Unterkiefers wird aus dem Kunststoff Polylactid mittels Fused Deposition Modeling hergestellt. In Abbildung 8-4 sind verschiedene Ansichten des zusammengesetzten Demonstrators dargestellt.

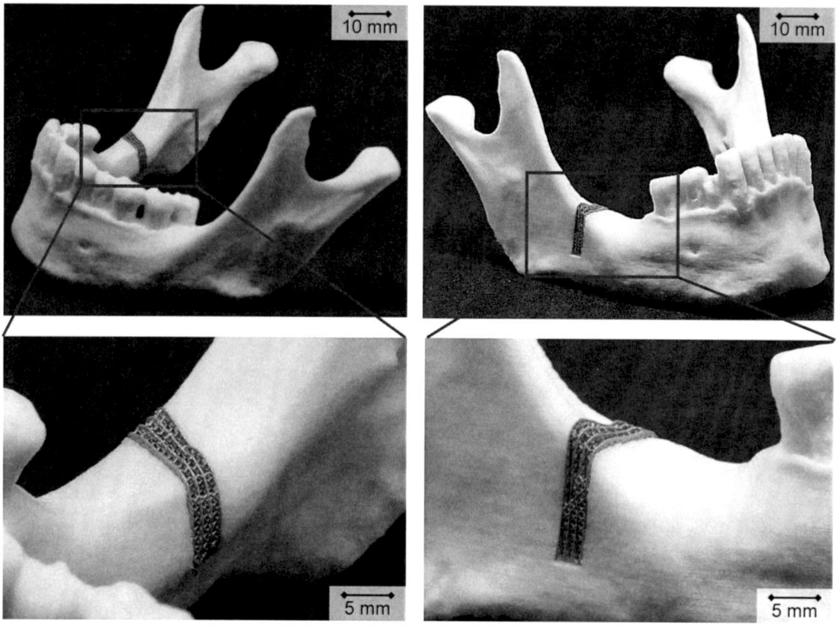

Abbildung 8-4: Unterkiefer mit defektangepasstem Kieferimplantat aus Zn1Mg

Mit der im Rahmen dieser Arbeit entwickelten Prozesskette ist ein indikationsangepasster, dünnwandiger Demonstrator herstellbar. Durch die Nachbearbeitungsschritte werden bei komplexen, dünnwandigen Geometrien die Ansinterungen vollständig entfernt und die Oberfläche homogenisiert, sodass das hergestellte Bauteil dem rekonstruierten Modell entspricht. Die gesamte Prozesskette ist somit zur reproduzierbaren Herstellung validiert.

9 Zusammenfassung und Ausblick

Die Verarbeitung von Zink-Magnesium-Legierungen mittels Powder Bed Fusion ist aufgrund der physikalisch-chemischen Eigenschaften eine große Herausforderung. Der hohe Dampfdruck bei niedriger Schmelztemperatur und das kleine Temperaturfenster zwischen Schmelz- und Verdampfungstemperatur führen zu ungewöhnlich vielen Prozessnebenprodukten, sodass das Prozessfenster zur Herstellung von Probekörpern mit hoher relativer Bauteildichte (> 99,5%) klein ausfällt. Zusätzlich ist die Reaktivität von dem Mg in den ZnMg-Legierungen eine Herausforderung, da das Pulver im Ausgangszustand bereits voroxidiert ist, die Oxide in der Schmelze stabil bleiben und Defekte verursachen können. Trotz der Herausforderungen wird in dieser Arbeit eine geeignete Prozessführung zur reproduzierbaren Herstellung von Quadern und eine Prozesskette zur Herstellung komplexer Bauteile beschrieben.

Die Ausgangssituation zur Verarbeitung von bioresorbierbarem Zn0,5Mg oder Zn1Mg stellen vorangegangene Untersuchungen [Dem17, Voj11, Vos19, Vos22, Yan18] dar. Anhand einer quaderförmigen Geometrie wird der Einfluss verschiedener Verfahrensparameter auf die relative Bauteildichte und Defektstrukturen der Probekörper im Querschliff mittels LOM-Aufnahmen bestimmt. Bei hohen Volumenenergiedichten > 267 J/mm^3 werden Gasporositäten beobachtet; eine kleine Volumenenergiedichte < 100 J/mm^3 führt zu Bindefehlern im Bauteil. Durch die Wahl geeigneter Verfahrensparameter ist die Herstellung von PBF-Probekörpern aus Zn0,5Mg und Zn1Mg mit hohen relativen Bauteildichten > 99,5% möglich, allerdings weisen alle hergestellten Zn0,5Mg- und Zn1Mg-Probekörper Mikroporositäten < 10 µm auf. Diese können auf oxidinduzierte Bindefehler zurückgeführt werden und sind wahrscheinlich durch die Verwendung von oxidfreiem Pulver mit sauerstofffreier Handhabung vermeidbar. In Querschliffen von Probekörpern, die in einem Bereich der Volumenenergiedichte knapp unterhalb der hohen relativen Bauteildichte hergestellt sind, wird eine längliche Defektstruktur beobachtet (vgl. Abbildung 5-27). Schmelzbadinstabilitäten tragen zur Entstehung von Defekten, insbesondere Bindefehlern, im Bauteil durch Störungen der Schmelzbadkonvektion, Scherspannungen durch umströmendes Schutzgas sowie Oberflächenrauheiten der vorangegangenen Schichten bei [Zho15]. Die in das Pulverbett eingebrachte Volumenenergiedichte reicht bei ungeeigneter VPK nicht aus, um alle Pulverpartikel in den Zwischenräumen der Materialanhäufungen oder in bereits vorhandenen Hohlräumen aufzuschmelzen. Die entstehenden Bindefehler können sich in dem Bereich über mehrere Schichten zu kanalartigen, länglichen Mehrschichtdefekten aufbauen. Kleinere, globulitische Körner werden an Defekten beobachtet. Diese resultieren aus der heterogenen Keimbildung auf den teilweise aufgeschmolzenen Pulverpartikeln, Oxiden oder hohen Oberflächenrauheiten, die an und in den Defekten vorzufinden sind. Die Defekte im Vollmaterial können visuell anhand einer ausgeprägten Topografie an der Oberseite der Probekörper beurteilt werden. Bspw. sind bei länglichen Defektstrukturen Materialanhäufungen zu beobachten. Die Ausbildung der Defekte wird vornehmlich an Oxiden beobachtet und kann durch eine Anpassung der VPK reduziert werden. Eine Möglichkeit, die Defekte zu reduzieren, ist die

Verwendung von unbenutztem Pulver mit möglichst geringem Oxidanteil. Prozessbedingt werden Prozessnebenprodukte gebildet und insbesondere das Zink, aufgrund der niedrigen Verdampfungstemperatur, abgetragen, sodass die hergestellten Probekörper eine vergrößerte Menge Magnesium aufweisen. Die prozessbedingte Veränderung der Legierungszusammensetzung muss bei der Verarbeitung berücksichtigt werden. Einen Teil der Prozessnebenprodukte stellen Magnesiumoxide dar, die eine schlechte Benetzung in der ZnMg-Schmelze aufweisen. Bei der Wiederverwendung des Pulvers bleiben die Oxide in der Legierung vorhanden und die Defekte werden voraussichtlich zunehmen.

Mittels EDX- und EBSD-Analysen kann ein untereutektisches Gefüge mit dendritisch ausgeprägten Zn-Primärphasen, hexagonaler Gitterstruktur und interdendritisch, eutektischer Zn+Mg_2Zn_{11}-Phase für Zn0,5Mg und Zn1Mg festgestellt werden. Zur Bestimmung der mechanischen Eigenschaften in Zug- und Kompressionsversuchen werden geeignete Verfahrensparameter für Zn0,5Mg und Zn1Mg gewählt und Probekörper hergestellt. Beide VPK weisen in den PBF-Probekörpern relative Bauteildichten von mindestens 99,5% und lediglich vereinzelte oxidinduzierte Mikroporen auf. Anhand der Ergebnisse ist eine Festigkeitssteigerung durch Kornfeinung und dem Ausbilden von intermetallischen Phasen mit zunehmendem Mg-Gehalt erkennbar. Zn0,5Mg weist aufgrund eines geringeren Anteils eutektischer Phasen ein duktileres Verhalten als Zn1Mg auf. Aufgrund der kleineren Korngröße im Längsschliff und der länglichen Morphologie der Körner in Aufbaurichtung wird ein Kornwachstum in Aufbaurichtung angenommen. Die mechanischen Eigenschaften von gemischten Zn1Mg und Zn0,5Mg werden untersucht. Der E-Modul beträgt 74,42 ± 0,52 GPa für Zn1Mg und 83,98 ± 5,30 GPa für Zn0,5Mg. Rp0,2 und Rm liegen bei 268,15 ± 2,72 MPa und 389,18 ± 0,45 MPa für Zn1Mg sowie 237,22 ± 7,11 MPa und 323,30 ± 1,56 MPa für Zn0,5Mg. Die Bruchdehnung wird mit 1,94 ± 0,42% für Zn1Mg und 7,94 ± 0,30% für Zn0,5Mg gemessen. Die Reduzierung des Elastizitätsmoduls bei Erhöhung des Mg-Gehaltes wird bereits in [Qin19a, Qin22, Vos22] beschrieben und kann bestätigt werden. Rp0,2 und Rm steigen bei Zn1Mg im Vergleich zu Zn0,5Mg, allerdings wird eine Versprödung beobachtet und die Duktilität nimmt ab. Ursachen können eine Mischkristallverfestigung und ein erhöhter Anteil an Oxiden in den Zn1Mg-Probekörpern sein. Damit kann das erste Sub-Ziel mit der Herstellung von Probekörpern mit einer relativen Bauteildichte > 99,5%, der Beschreibung der Defektstrukturen, Analyse der Mikrostruktur und Bestimmung der mechanischen Eigenschaften der Probekörper aus ZnMg-Legierungen erfolgreich abgeschlossen werden.

Erste Untersuchungen der ZnMg-Legierung hinsichtlich Biokompatibilität werden anhand von Schafszellen nach DIN EN ISO 10993-5:2009 durchgeführt. In den Untersuchungen kann eine Biokompatibilität bestätigt werden und die Ansiedelung von Osteoblasten und Chondrozyten auf der Zn1Mg-Oberfläche wird nachgewiesen. Auf der Grundlage der Ergebnisse kann eine Eignung von Zn1Mg-Legierungen für die Besiedlung mit Schafszellen für Tissue-Engineering-Anwendungen, insbesondere zur Behandlung von Knochendefekten, geschlussfolgert und damit das zweite Sub-Ziel erreicht werden. Weitere Experimente werden benötigt, um diese Ergebnisse in-vivo zu bewerten.

Durch die Verwendung von dünnwandigen, porösen Strukturen bei medizinischen Implantaten wird ein Einwachsen des angrenzenden Knochens in das Implantat befähigt und das Ausschwämmen der Abbauprodukte des degradierenden Materials ermöglicht [Bob17]. Die Geometrie und Anordnung der dünnwandigen Streben ist dabei maßgeblich für das Einwachsverhalten und die mechanischen Eigenschaften verantwortlich [Ahm15, Tan16]. Zur Übertragung der Ergebnisse vom Vollmaterial mit einer Kantenlänge von 5 mm auf dünnwandige Strukturen wird anhand von Probekörpern die Prozessführung untersucht und der Einfluss der Scanvektorlänge auf das Schmelzverhalten im Bereich < 1,5 mm verdeutlicht. Eine Überhöhung der oberflächlichen Topografie von fast 200 µm wird bei kleiner Repetitionsrate mit Belichtungspause von 0,25 ms der aufeinanderfolgenden Scanvektoren beobachtet. Ansinterungen werden dabei an den Seitenflächen gebildet. Zur maßhaltigen Fertigung von dünnwandigen Strukturen werden Belichtungspausen von 4 ms bei einer bidirektionalen Belichtung eingeführt und der Wärmehaushalt angepasst. Durch zusätzliche abrasive Nachbearbeitung der Bauteile kann die seitliche Flächenrauheit auf S_a = 2,85 µm verkleinert werden. Anhand von Scaffoldstrukturen werden die Kompressionseigenschaften bei unterschiedlichen Strebendurchmessern validiert. Durch ein reproduzierbares Versagen über mehrere Probekörper hinweg können eine konstante geometirische Abbildung und ein schmelzmetallurgischer Zusammenhalt abgeleitet werden. Gleichzeitig wird eine große Abhängigkeit der mechanischen Eigenschaften zu der Geometrie bzw. dem Strebendurchmesser beobachtet.

Die Kompressionsprüfung von zellularen Probekörpern mit Porosität > 50% wird gemäß DIN 50134 durchgeführt, um die Druckfestigkeit zu bestimmen. Ein sprödes Materialverhalten wird bei allen Probekörpern beobachtet. Mit steigendem Magnesiumgehalt sinkt die maximale Dehnung. Im Mittel liegt die maximale Druckkraft von Zn0,5Mg bei 2046,31 N und von Zn1Mg bei 1927,83 N. Die Stauchung an dem Punkt gibt die maximale Druckspannung an und beträgt bei Zn0,5Mg 8,42% und bei Zn1Mg 6,57%. Daraus kann die Druckspannung R_{eH} von Zn0,5Mg mit 19,57 MPa und von Zn1Mg mit 18,26 MPa berechnet werden.

Die Prozesskette mit der Datenaufbereitung, der PBF-Fertigung mit Belichtungspausen und der Nachbearbeitung mittels Partikelstrahlen ist damit beschrieben. Das Sub-Ziel der reproduzierbaren Herstellung dünnwandiger Strukturen wird erreicht. Die Maßhaltigkeit der dünnwandigen Strukturen mit einem Strebendurchmesser von 200 µm und einer Porenbreite von 800 µm wird in x/y-Richtung mit ± 3 µm analysiert. In z/y-Richtung (Seitenansicht des Probekörpers) wird bei Streben im 45°-Winkel durch das geometrieabhängige Schmelzverhalten im Überhang der Strebendurchmesser mit ± 20 µm gemessen. Dieser Wert könnte durch eine Anpassung des Designs hin zu elliptischen Strebenformen ausgeglichen werden.

Die erforschte Prozesskette wird anhand von additiv hergestellten, individuellen Demonstratoren validiert. Als Demonstrator wird zum einen ein parametrisch ausgelegter Scaffold zur Überbrückung eines „critical size bone defect“ und zum anderen ein patientenindividuelles Kieferimplantat ausgewählt, das an einen Defekt angepasst ist. Mit der entwickelten Prozesskette ist die Herstellung eines indikationsangepassten, dünnwandigen, bioresorbierbaren Implantats aus der Zn1Mg-Legierung möglich. Die Prozesskette zur reproduzierbaren Herstellung von komplexen Bauteilen ist damit validiert.

In dieser Zusammenfassung ist die Forschungsfrage aus Kapitel 3 beantwortet und die wissenschaftlichen Defizite zur Verarbeitung von ZnMg-Legierungen werden verkleinert. Der Einfluss von Legierungszusammensetzungen und PBF-Verfahrensparametern auf die Defektbildung, Mikrostruktur und mechanischen Eigenschaften von ZnMg-Probekörper sind beschrieben und prozessbedingte Maßnahmen zur reproduzierbaren Herstellung von Scaffoldstrukturen sind demonstriert. Auf Grundlage der Ergebnisse und Erkenntnisse dieser Arbeit ergeben sich eine Vielzahl von Anknüpfungspunkten für zukünftige Untersuchungen:

Aus Sicht der Prozessführung ist es wünschenswert, die Verdampfung zu reduzieren bzw. die Interaktion zwischen Laserstrahlung und Prozessrauch zu minimieren. Dies könnte bspw. durch eine angepasste Hardware mit einer lokalen Schutzgasführung unmittelbar über dem Schmelzbereich umgesetzt werden. Zusätzlich könnte durch die Vergrößerung des Umgebungsdrucks in der Prozesskamme der Dampfdruck angepasst und die Entstehung der Prozessnebenprodukte reduziert werden.

Viele Studien zur Gefügeausbildung und mechanischen Eigenschaften von Probekörpern aus ZnMg-Legierungen, die mittels PBF hergestellt wurden, können erstmals in dieser Arbeit durchgeführt werden. Hierbei werden aus materialwissenschaftlicher Sicht einige Effekte beobachtet, die für die untersuchten Werkstoffe neu sind und nur in Ansätzen durch die verfügbare Analytik erklärt werden können. Das feine und einzigartige Gefüge, das durch die hohen Abkühlraten beim PBF verursacht wird, kann mittels REM nicht eindeutig identifiziert werden. Höher aufgelöste Methoden, wie die Transmissionselektronenspektroskopie könnten zu einem besseren Verständnis beitragen. Durch die Variation von Verfahrensparametern oder die Verwendung anderer Belichtungsstrategien könnte das Gefüge weiter beeinflusst werden.

Eine genauere Analyse der chemischen Zusammensetzung, insbesondere des Anteils an Sauerstoff in den Probekörpern, sollte neben den EDX-Messungen bspw. mittels Atomemissionsspektroskopie durchgeführt werden. Die Analyse der Oxide in der Legierungszusammensetzung vor und nach der Verwendung kann zur Bewertung der Pulveralterung herangezogen werden und so eine Aussage zur defektarmen Verarbeitung abgeleitet werden.

Durch die in dieser Arbeit entwickelte Prozessführung wird eine Grundlage für weitere Studien zur Analyse von Einfluss-Wirk-Zusammenhängen beim PBF von Zink-Magnesium-Legierungen geschaffen. Hierbei sollte einerseits die Verarbeitung weiterer

Zusammensetzungen der binären Legierungen erfolgen, andererseits weitere Legierungen mit zusätzlichen Elementen und PBF-angepasste Legierungen entwickelt werden. Beispiele für unterschiedliche chemische Zusammensetzungen sind in [Zhe14] dargestellt. Insbesondere die Zugabe von Lithium soll nach [Yan20] die mechanischen Eigenschaften vergrößern. Das Ziel ist eine Verbesserung der mechanischen Eigenschaften zur Nutzung als Implantatmaterial sowie die Steigerung der Prozessierbarkeit mit einer Reduktion der Defektstrukturen bei vorhandener Biokompatibilität.

In [Qin22] wird der Einfluss des Magnesiumgehalts auf die Degradation von ZnMg-Scaffoldstrukturen untersucht, die zukünftig für die Knochenwiederherstellung eingesetzt werden sollen. Die Ergebnisse der in-vitro und in-vivo Untersuchungen zeigen, dass eine Zn1Mg-Legierung passende Eigenschaften für die Anwendung als Knochenimplantat aufweist. Eine gute Biokompatibilität mit osteogenem Effekt für die Förderung des Knochenwachstums wird beschrieben. Allerdings müssen einige Aspekte weiter untersucht werden, um die Bauteilperformance der ZnMg-Scaffoldstrukturen zu vergrößern. Beispiele hierfür sind das lastangepasste Design der Strukturen, die Prozesskette mit Nacharbeitung und bspw. Sterilisation, sowie das angepasste Verhältnis von mechanischen Eigenschaften zu den biologischen Funktionen.

Im Rahmen dieser Arbeit wird die Prozesskette bis zur abrasiven Nachbearbeitung mittels Partikelstrahlen untersucht. Weitere Schritte in der Prozesskette sind bis zum Einsatz als Implantat notwendig. Um eine Kontamination auszuschließen, kann die Oberfläche der Probekörper bspw. mittels Eigenstrahlgut (ZnMg-Pulver) in unterschiedlichen Kornfraktionen untersucht werden. Durch das duktilere Material könnten nur die Ansinterungen abrasiv abgetragen werden und ggf. die Oberfläche modifizieren. Bei einer Nachbearbeitung mittels elektrochemischer Prozesse kann gleichzeitig die Oberfläche geglättet werden, um die Kerbwirkungen weiter zu reduzieren. Bei der Nachbearbeitung ist darauf zu achten, dass die Streben auch im Inneren des Probekörpers entsprechend behandelt werden. Neben der Entfernung von prozessbedingten Ansinterungen können durch nachgelagerte Schritte, wie eine Wärmebehandlung, die mechanischen Eigenschaften angepasst und bspw. durch heiß isostatisches Pressen die Defekte geschlossen werden. Anschließend müssen eine Sterilisation (vgl. ISO 14937:2009) sowie die Verpackung des Implantates erfolgen.

Zur Vermeidung einer zusätzlichen Belastung auf den menschlichen Körper aufgrund von Entzündungen muss die Degradationsrate auf den patientenindividuellen Fall angepasst werden und sollte die RDA nicht überschreiten (vgl. Kapitel 2.2). Alle Metallimplantate im menschlichen Körper korrodieren und Metallionen werden freigesetzt. Die Freisetzung ist bekannt und stellt für die meisten Patienten keine Gefahr dar. Wenn jedoch eine kritische Metallionenkonzentration überschritten wird, können lokale oder systemische Probleme auftreten [Lüt20]. Der Metallionenspiegel muss immer zusammen mit den klinischen Symptomen und den Ergebnissen der Bildgebung interpretiert werden. Die Degradation und die Biokompatibilität der ZnMg-Legierungen werden untersucht und sind Teil aktueller Forschungen. Bei einer passender Degradationsrate könnte ggf. auf eine Beschichtung eines Zinkimplantates verzichtet werden und so einen erheblichen Vorteil gegenüber Magnesiumimplantaten bieten.

Das Design des Implantates muss auf den Menschen mit angepasster mechanischer Stabilität und den Korrosionseigenschaften, bspw. in dem Verhältnis von Volumen zur Oberfläche, angepasst sein. In bisherigen Arbeiten sind Untersuchungen zum Vollmaterial beschrieben. Durch die Designfreiheit der additiven Fertigung können neue, bisher unerforschte Geometrien zur verbesserten Heilung des Menschen durchgeführt werden. Erste Simulationsmodelle mit dem Einfluss der Abbauprodukte auf die elastische Steifigkeit poröser, resorbierbarer Scaffolds aus Zn1Mg mit numerischem Modellierungsansatz sind in [Büh21] beschrieben. Weitere Analysen sollten folgen, damit sowohl die Auslegung des Implantates als auch das Verhalten im menschlichen Körper in den Modellen berücksichtig werden kann und zur optimalen Patientenversorgung beiträgt.

10 Literaturverzeichnis

[Abe15] E. Abele et al. Selective laser melting for manufacturing of thin-walled porous elements. *Journal of Materials Processing Technology*, **2015**, *215*, 114–122. https://doi.org/10.1016/j.jmatprotec.2014.07.017

[Agr98] G. Agricola. De Re Metallica: Vom Bergkwerck XII Buecher, Repr. d. Ausg. 1557, **1998**. ISBN: 0-486-60006-8

[Ahm15] S. M. Ahmadi et al. Additively Manufactured Open-Cell Porous Biomaterials Made from Six Different Space-Filling Unit Cells: The Mechanical and Morphological Properties. *Materials (Basel, Switzerland)*, **2015**, *8* (4), 1871–1896. https://doi.org/10.3390/ma8041871

[Ala14] S. Alavi et al. In: *Polymers for Packaging Applications*, **2014**. ISBN: 978-1-926895-77-2

[Ama98] W. Amass, A. Amass, B. Tighe. A review of biodegradable polymers: uses, current developments in the synthesis and characterization of biodegradable polyesters, blends of biodegradable polymers and recent advances in biodegradation studies. *Polymer International*, **1998**, *47* (2), 89–144. https://doi.org/10.1002/(SICI)1097-0126(1998100)47:2<89:AID-PI86>3.0.CO;2-F

[Ant13] A. A. Antonysamy, J. Meyer, P. B. Prangnell. Effect of build geometry on the β-grain structure and texture in additive manufacture of Ti6Al4V by selective electron beam melting. *Materials Characterization*, **2013**, *84*, 153–168. https://doi.org/10.1016/j.matchar.2013.07.012

[Ape81] D. Apelian, M. Paliwal, D. C. Herrschaft. Casting with Zinc Alloys. *JOM*, **1981**, *33* (11), 12–20. https://doi.org/10.1007/bf03339527

[Ash20] D. Ashouri et al. Mechanical behaviour of additive manufactured 316L f2ccz lattice structure under static and cyclic loading. *International Journal of Fatigue*, **2020**, *134*, 105503. https://doi.org/10.1016/j.ijfatigue.2020.105503

[Ash77] A. Ashman, M. L. Moss. Implantation of porous polymethylmethacrylate resin for tooth and bone replacement. *The Journal of prosthetic dentistry*, **1977**, *37* (6), 657–665. https://doi.org/10.1016/0022-3913(77)90216-5

[Att15] H. Attar et al. Mechanical behavior of porous commercially pure Ti and Ti–TiB composite materials manufactured by selective laser melting. *Materials Science and Engineering: A*, **2015**, 350–356. https://doi.org/10.1016/j.msea.2014.12.036

[Bal13] A. F. Balzer. Tissue engineering von axial vaskularisiertem bioartifiziellen Knochen im critical size Femurdefektmodell der Ratte. Dissertation,

Ludwig-Maximilians-Universität: Tierärztliche Fakultät, München, **2013.** https://doi.org/10.5282/edoc.17389

[Bar08] R. Bartl. Osteoporose, **2008.** https://doi.org/10.1055/b-002-8292

[Bär19] F. Bär et al. Laser additive manufacturing of biodegradable magnesium alloy WE43: A detailed microstructure analysis. *Acta biomaterialia*, **2019**, *98*, 36–49. https://doi.org/10.1016/j.actbio.2019.05.056.

[Bau14] A. Bauereiß, T. Scharowsky, C. Körner. Defect generation and propagation mechanism during additive manufacturing by selective beam melting. *Journal of Materials Processing Technology*, **2014** (11), 2522–2528. https://doi.org/10.1016/j.jmatprotec.2014.05.002

[Ben22] F. Benn et al. Printability, mechanical and degradation properties of Mg-(x)Zn elemental powder mixes processed by laser powder bed fusion. *Additive Manufacturing Letters*, **2022.** https://doi.org/10.1016/j.addlet.2021.100025

[Bio23a] Biotronik. Vaskuläre Intervention // Koronar, Resorbierbarer Magnesium-Scaffold (RMS), **2023** (abgerufen am 06.07.2023). https://www.biotronik.com/de-de/products/coronary/magmaris

[Bio23b] Bioretec. Bioretec Products, **2023** (abgerufen am 07.05.2023). https://bioretec.com/products/6/remeos-screw-magnesium-screw-implants

[Bob17] F. S. L. Bobbert et al. Additively manufactured metallic porous biomaterials based on minimal surfaces: A unique combination of topological, mechanical, and mass transport properties. *Acta biomaterialia*, **2017**, 572–584. https://doi.org/10.1016/j.actbio.2017.02.024

[Bow13] P. K. Bowen, J. Drelich, J. Goldman. Zinc exhibits ideal physiological corrosion behavior for bioabsorbable stents. *Advanced materials (Deerfield Beach, Fla.)*, **2013** (18), 2577–2582. https://doi.org/10.1002/adma.201300226

[Bra04] C. R. Bragdon et al. Biologic fixation of total hip implants. Insights gained from a series of canine studies. *The Journal of bone and joint surgery. American volume*, **2004**, *86-A Suppl 2*, 105–117. PubMed ID: 15691115

[Bra89] S. G. Bratsch. Standard Electrode Potentials and Temperature Coefficients in Water at 298.15 K. *Journal of Physical and Chemical Reference Data*, **1989** (1), 1–21. https://doi.org/10.1063/1.555839

[Büh21] J. Bühring et al. Influence of Degradation Product Thickness on the Elastic Stiffness of Porous Absorbable Scaffolds Made from an Bioabsorbable Zn-Mg Alloy. *Materials (Basel, Switzerland)*, **2021** (20). https://doi.org/10.3390/ma14206027

[Cam03] J. Campbell. Castings, 2. Edition, **2003**. ISBN: 0-7506-4790-6

[Cap22] L. Caprio, F. Guaglione, A. G. Demir. Development of Single Point Exposure Strategy to Suppress Vapour Formation During the Laser Powder Bed Fusion of Zinc and Its Alloys. In: *Selected Topics in Manufacturing*, **2022**; S. 107–129. https://doi.org/10.1007/978-3-030-82627-7_7

[Che13] J. Cheng et al. Comparative in vitro Study on Pure Metals (Fe, Mn, Mg, Zn and W) as Biodegradable Metals. *Journal of Materials Science & Technology*, **2013** (7), 619–627. https://doi.org/10.1016/j.jmst.2013.03.019

[Che15] Q. Chen, G. A. Thouas. Metallic implant biomaterials. *Materials Science and Engineering: R: Reports*, **2015**, 1–57. https://doi.org/10.1016/j.mser.2014.10.001

[Che23] Chemie am Auto. PHYSIK, CHEMIE, WIRTSCHAFTSLEHRE (SEK. 1), **2023** (abgerufen am 12.07.2023). https://chemie-am-auto.de/metalle/zink.html

[Coc20] I. Cockerill et al. Porous zinc scaffolds for bone tissue engineering applications: A novel additive manufacturing and casting approach. *Materials science & engineering. C, Materials for biological applications*, **2020.** https://doi.org/10.1016/j.msec.2020.110738

[Cov18] E. E. Covarrubias, M. Eshraghi. Effect of Build Angle on Surface Properties of Nickel Superalloys Processed by Selective Laser Melting. *JOM*, **2018**, *70* (3), 336–342. https://doi.org/10.1007/s11837-017-2706-y

[Cun17] R. Cunningham et al. Synchrotron-Based X-ray Microtomography Characterization of the Effect of Processing Variables on Porosity Formation in Laser Power-Bed Additive Manufacturing of Ti-6Al-4V. *JOM*, **2017** (3), 479–484. https://doi.org/10.1007/s11837-016-2234-1

[Cun19] R. Cunningham et al. Keyhole threshold and morphology in laser melting revealed by ultrahigh-speed x-ray imaging. *Science (New York, N.Y.)*, **2019**, *363* (6429), 849–852. https://doi.org/10.1126/science.aav4687

[Cur16] A. S. Curry et al. Taking cues from the extracellular matrix to design bone-mimetic regenerative scaffolds. *Matrix biology : journal of the International Society for Matrix Biology*, **2016**, *52-54*, 397–412. https://doi.org/10.1016/j.matbio.2016.02.011

[Deb18] T. DebRoy et al. Additive manufacturing of metallic components – Process, structure and properties. *Progress in Materials Science*, **2018**, *92*, 112–224. https://doi.org/10.1016/j.pmatsci.2017.10.001

[Dem17] A. G. Demir, L. Monguzzi, B. Previtali. Selective laser melting of pure Zn with high density for biodegradable implant manufacturing. *Additive Manufacturing*, **2017**, *15*, 20–28. https://doi.org/10.1016/j.addma.2017.03.004

[DGE23] DGE - Deutsche Gesellschaft für Ernährung e. V. Referenzwerte für Zink, **2023** (abgerufen am 12.07.2023). https://www.dge.de/wissenschaft/referenzwerte/zink/

[Din14] W. Dinkelacker. Implantatprothetik, **2014.** https://doi.org/10.1055/b-002-96298

[Dob10] L. Dobrzanski, M. Król, T. Tomasz. Effect of cooling rate and aluminum contents on the Mg-Al-Zn alloys' structure and mechanical properties. *Journal of Achievements in Materials and Manufacturing Engineering*, **2010** (43), https://www.researchgate.net/publication/50863961_Effect_of_cooling_rate_and_aluminum_contents_on_the_Mg-Al-Zn_alloys'_structure_and_mechanical_properties

[Dow11] N. E. Dowling. Mechanical behavior of materials, 4th Edition, **2011**. ISBN: 9780131395060

[Edw14] P. Edwards, M. Ramulu. Fatigue performance evaluation of selective laser melted Ti–6Al–4V. *Materials Science and Engineering: A*, **2014**, 327–337. https://doi.org/10.1016/j.msea.2014.01.041

[Emi15] M. H. Emily Walker. Magnesium, Iron and Zinc Alloys, the Trifecta of Bioresorbable Orthopaedic and Vascular Implantation - A Review. *Journal of Biotechnology & Biomaterials*, **2015** (02). https://doi.org/10.4172/2155-952X.1000178

[Fis13] J. Fischer. In vitro-Tests für die Charakterisierung von Magnesium als resorbierbares Implantatmaterial. Dissertation, Technische Universität Hamburg, Hamburg, **2013.** https://doi.org/10.15480/882.1172

[Fre05] C. J. Frederickson, J.-Y. Koh, A. I. Bush. The neurobiology of zinc in health and disease. *Nature reviews. Neuroscience*, **2005** (6), 449–462. https://doi.org/10.1038/nrn1671

[Gan06] D. Ganten, K. Ruckpaul. Encyclopedic reference of genomics and proteomics in molecular medicine, **2006**. ISBN: 978-3-540-29623-2

[Gas18] A. Gasper et al. Spatter and oxide formation in laser powder bed fusion of Inconel 718. *Additive Manufacturing*, **2018**, 446–456. https://doi.org/10.1016/j.addma.2018.09.032

[Ge21] W. Ge, J. Y. Fuh, S. J. Na. Numerical modelling of keyhole formation in selective laser melting of Ti6Al4V. *Journal of Manufacturing Processes*, **2021**, 646–654. https://doi.org/10.1016/j.jmapro.2021.01.005

[Geb14] A. Gebhardt. 3D-Drucken: Grundlagen und Anwendungen des Additive Manufacturing, **2014**. ISBN: 978-3-446-44238-2

[Geb96] A. Gebhardt. Rapid Prototyping: Werkzeug für die schnelle Produktentwicklung, **1996**. ISBN: 3446182403

[GIB15] I. GIBSON, D. W. ROSEN, B. Stucker. Additive manufacturing technologies: 3D printing, rapid prototyping and direct digital manufacturing, 2nd ed., **2015**. ISBN: 978-1-4939-2113-3

[Gon15] H. Gong et al. In vitro biodegradation behavior, mechanical properties, and cytotoxicity of biodegradable Zn-Mg alloy. *Journal of biomedical materials research. Part B, Applied biomaterials*, **2015** (8), 1632–1640. https://doi.org/10.1002/jbm.b.33341

[Gor20] J. V. Gordon et al. Defect structure process maps for laser powder bed fusion additive manufacturing. *Additive Manufacturing*, **2020.** https://doi.org/10.1016/j.addma.2020.101552

[Got14] G. Gottstein. Materialwissenschaft und Werkstofftechnik, **2014**. ISBN: 978-3-642-36602-4

[Gra18] M. Grasso et al. In situ monitoring of selective laser melting of zinc powder via infrared imaging of the process plume. *Robotics and Computer-Integrated Manufacturing*, **2018**, 229–239. https://doi.org/10.1016/j.rcim.2017.07.001

[Gro13] X. Große. Bioinspired adsorption of particles: Polyelectrolyte multilayers on structured substrates. Dissertation, Philipps-Universität Marburg, Marburg, **2013.** https://doi.org/10.17192/z2014.0069

[Gu10] X.-N. Gu, Y.-F. Zheng. A review on magnesium alloys as biodegradable materials. *Frontiers of Materials Science in China*, **2010** (2), 111–115. https://doi.org/10.1007/s11706-010-0024-1

[Gua21] F. Guaglione et al. Single point exposure LPBF for the production of biodegradable Zn-alloy lattice structures. *Additive Manufacturing*, **2021.** https://doi.org/10.1016/j.addma.2021.102426

[Gun17] V. Gunenthiram et al. Analysis of laser–melt pool–powder bed interaction during the selective laser melting of a stainless steel. *Journal of Laser Applications*, **2017** (2). https://doi.org/10.2351/1.4983259

[Gun18] V. Gunenthiram et al. Experimental analysis of spatter generation and melt-pool behavior during the powder bed laser beam melting process. *Journal of Materials Processing Technology*, **2018**, 376–386. https://doi.org/10.1016/j.jmatprotec.2017.08.012

[Guo18] Q. Guo et al. Transient dynamics of powder spattering in laser powder bed fusion additive manufacturing process revealed by in-situ high-speed high-energy x-ray imaging. *Acta Materialia*, **2018**, 169–180. https://doi.org/10.1016/j.actamat.2018.03.036

[Guv16] M. Guvendiren et al. Designing Biomaterials for 3D Printing. *ACS biomaterials science & engineering*, **2016** (10), 1679–1693. https://doi.org/10.1021/acsbiomaterials.6b00121

[Hag21] N. Haghdadi et al. Additive manufacturing of steels: a review of achievements and challenges. *Journal of Materials Science*, **2021** (1), 64–107. https://doi.org/10.1007/s10853-020-05109-0

[Har08] O. L. Harrysson et al. Direct metal fabrication of titanium implants with tailored materials and mechanical properties using electron beam melting technology. *Materials Science and Engineering: C*, **2008**, *28* (3), 366–373. https://doi.org/10.1016/j.msec.2007.04.022

[Har18] W. Harun et al. A review of powder additive manufacturing processes for metallic biomaterials. *Powder Technology*, **2018**, 128–151. https://doi.org/10.1016/j.powtec.2017.12.058

[He17] J. He et al. Electrohydrodynamic 3D printing of microscale poly (ε-caprolactone) scaffolds with multi-walled carbon nanotubes. *Biofabrication*, **2017** (1). https://doi.org/10.1088/1758-5090/aa53bc

[Heh19] C. Hehrlein et al. Zn-alloy provides a novel platform for mechanically stable bioresorbable vascular stents. *PloS one*, **2019** (1). https://doi.org/10.1371/journal.pone.0209111

[Hen13] L. L. Hench, J. Wilson. INTRODUCTION. In: *An Introduction to Bioceramics*; S. 1–26. https://doi.org/10.1142/9781908977168_0001

[Her06] H. Hermawan, D. Dubé, D. Mantovani. Development of Degradable Fe-35Mn Alloy for Biomedical Application. *Advanced Materials Research*, **2006**, 107–112. https://doi.org/10.4028/www.scientific.net/AMR.15-17.107

[Her12] H. Hermawan. Biodegradable Metals: From Concept to Applications, 1st Edition, **2012**. ISBN: 978-3-642-31169-7

[Hof19] H. Hofmann, J. Spindler. Aktuelle Werkstoffe: Neue Materialien für innovative Produkte, korrigierte Publikation, **2019**. ISBN: 978-3-662-59439-1

[Hoj19] S. M. H. Hojjatzadeh et al. Pore elimination mechanisms during 3D printing of metals. *Nature communications*, **2019** (1). https://doi.org/10.1038/s41467-019-10973-9

[Hol16] S. J. Hollister et al. Integrating Image-Based Design and 3D Biomaterial Printing to create Patient Specific Devices within a Design Control Framework for Clinical Translation. *ACS biomaterials science & engineering*, **2016** (10), 1827–1836. https://doi.org/10.1021/acsbiomaterials.6b00332

[Hol86] J. O. Hollinger, G. C. Battistone. Biodegradable bone repair materials. Synthetic polymers and ceramics. *Clinical orthopaedics and related research*, **1986** (207), 290–305

[Hoo18] P. A. Hooper. Melt pool temperature and cooling rates in laser powder bed fusion. *Additive Manufacturing*, **2018**, 548–559. https://doi.org/10.1016/j.addma.2018.05.032

[Hor13] E. Hornbogen, H. Warlimont. Metalle: Struktur und Eigenschaften der Metalle und Legierungen, 5., neu bearb. Aufl., **2013**. ISBN: 3-540-34010-6

[Hor15] E. Hornbogen. Metalle: Struktur und Eigenschaften der Metalle und Legierungen, 6th ed., **2015**. ISBN: 978-3-662-47951-3

[Hye20] H. Hyer et al. Additive manufacturing of dense WE43 Mg alloy by laser powder bed fusion. *Additive Manufacturing*, **2020.** https://doi.org/10.1016/j.addma.2020.101123

[Jau18] L. Jauer. Laser powder bed fusion von Magnesiumlegierungen. Dissertation, RWTH Aachen University, Aachen, **2018**. ISBN: 978-3-86359-682-8

[Kal12] Kalweit Andreas, Paul Christof, Peters Sascha, Wallbaum Reiner. Material und Fertigung, Entscheidungsgrundlagen für Designer und Ingenieure, 2., bearb. Aufl., **2012**. ISBN: 9783642026416

[Kan22] W. H. Kan et al. A critical review on the effects of process-induced porosity on the mechanical properties of alloys fabricated by laser powder bed fusion. *Journal of Materials Science*, **2022** (21). https://doi.org/10.1007/s10853-022-06990-7

[Kan23] H. Kania, M. Saternus. Evaluation and Current State of Primary and Secondary Zinc Production—A Review. *Applied Sciences*, **2023** (3). https://doi.org/10.3390/app13032003

[Kar05] V. Karageorgiou, D. Kaplan. Porosity of 3D biomaterial scaffolds and osteogenesis. *Biomaterials*, **2005**, *26* (27), 5474–5491. https://doi.org/10.1016/j.biomaterials.2005.02.002

[Kay02] P. Kaye, H. Young, I. O'Sullivan. Metal fume fever: a case report and review of the literature. *Emergency medicine journal : EMJ*, **2002** (3), 268–269. https://doi.org/10.1136/emj.19.3.268

[Keb15] M. Kebernik. Charakterisierung der mechanischen Eigenschaften der Schrauben-Knochen-Verbindung im kortikalen Knochen. Dissertation, Universität Ulm, Ulm, **2015.** https://doi.org/10.18725/OPARU-603

[Kha16] S. A. Khairallah et al. Laser powder-bed fusion additive manufacturing: Physics of complex melt flow and formation mechanisms of pores, spatter, and denudation zones. *Acta Materialia*, **2016**, 36–45. https://doi.org/10.1016/j.actamat.2016.02.014

[Kha20] S. A. Khairallah et al. Controlling interdependent meso-nanosecond dynamics and defect generation in metal 3D printing. *Science (New York, N.Y.)*, **2020**, 660–665. https://doi.org/10.1126/science.aay7830

[Kin14] W. E. King et al. Observation of keyhole-mode laser melting in laser powder-bed fusion additive manufacturing. *Journal of Materials Processing Technology*, **2014** (12). https://doi.org/10.1016/j.jmatprotec.2014.06.005

[Kin15] W. E. King et al. Laser powder bed fusion additive manufacturing of metals; physics, computational, and materials challenges. *Applied Physics Reviews*, **2015** (4). https://doi.org/10.1063/1.4937809

[Kol22] T. Kolb. Laserstrahl-Schmelzen von Metallen mit einer Serienanlage - Prozesscharakterisierung und Erweiterung eines Überwachungssystems. Dissertation, FAU Studien aus dem Maschinenbau, Erlangen, **2022**. ISBN: 978-3-96147-491-2

[Kop18] A. Kopp. Biokompatibilität plasma-elektrolytisch oxidierter Magnesiumwerkstoffe. Dissertation, Rheinisch-Westfälische Technische Hochschule Aachen; Apprimus Verlag, **2018**. ISBN: 978-3-86359-725-2

[Kru04] J. P. Kruth et al. Selective laser melting of iron-based powder. *Journal of Materials Processing Technology*, **2004**, 616–622. https://doi.org/10.1016/j.jmatprotec.2003.11.051

[Kub16] J. Kubásek et al. Structure, mechanical characteristics and in vitro degradation, cytotoxicity, genotoxicity and mutagenicity of novel biodegradable Zn-Mg alloys. *Materials science & engineering. C, Materials for biological applications*, **2016**, 24–35. https://doi.org/10.1016/j.msec.2015.08.015

[La07] D. de La Fuente, J. G. Castaño, M. Morcillo. Long-term atmospheric corrosion of zinc. *Corrosion Science*, **2007**, *49* (3), 1420–1436. https://doi.org/10.1016/j.corsci.2006.08.003

[Lac17] R. Lachmayer, R. B. Lippert. Additive Manufacturing Quantifiziert: Visionäre Anwendungen und Stand der Technik, 1. Auflage, **2017**. ISBN: 978-3-662-54112-8

[Lac22] R. Lachmayer, T. Ehlers, R. B. Lippert. Entwicklungsmethodik für die Additive Fertigung, 2. Auflage, **2022**. ISBN: 978-3-662-65923-6

[Lad16] A. Ladewig et al. Influence of the shielding gas flow on the removal of process by-products in the selective laser melting process. *Additive Manufacturing*, **2016**, 1–9. https://doi.org/10.1016/j.addma.2016.01.004

[Le20] Le Zhou et al. Process-Dependent Composition, Microstructure, and Printability of Al-Zn-Mg and Al-Zn-Mg-Sc-Zr Alloys Manufactured by Laser Powder Bed Fusion. *Metallurgical and Materials Transactions A*, **2020.** https://doi.org/10.1007/s11661-020-05768-3

[Leu13] S. Leuders et al. On the mechanical behaviour of titanium alloy TiAl6V4 manufactured by selective laser melting: Fatigue resistance and crack growth performance. *International Journal of Fatigue*, **2013**, 300–307. https://doi.org/10.1016/j.ijfatigue.2012.11.011

[Li20a] C. Li et al. Design of biodegradable, implantable devices towards clinical translation. *Nature Reviews Materials*, **2020**, 61–81. https://doi.org/10.1038/s41578-019-0150-z

[Li20b] Y. Li et al. Corrosion fatigue behavior of additively manufactured biodegradable porous zinc. *Acta biomaterialia*, **2020**, 439–449. https://doi.org/10.1016/j.actbio.2020.02.001

[Li20c] Y. Li et al. Additively manufactured biodegradable porous zinc. *Acta biomaterialia*, **2020**, 609–623. https://doi.org/10.1016/j.actbio.2019.10.034

[Lia16] X. Liao, M. Makris, X. M. Luo. Fluorescence-activated Cell Sorting for Purification of Plasmacytoid Dendritic Cells from the Mouse Bone Marrow. *Journal of visualized experiments : JoVE*, **2016** (117). https://doi.org/10.3791/54641

[Lie16] Lietaert, K., Baekelant, W., Thijs, L., Vleugels, J., Mellin, P., & Mellin, P. Direct metal printing of zinc: From single laser tracks to high density parts: Proceedings, 9 -13 October 2016, Congress Centre Hamburg (CCH), Germany, **2016**. ISBN: 9781899072484

[Lie18] K. Lietaert. Design, Manufacturing and Validation of Cellular Zn Alloys as Biodegradable Implant Materials: Dissertation, Leuven, **2018**

[Lie20] K. Lietaert et al. Mechanical properties and cytocompatibility of dense and porous Zn produced by laser powder bed fusion for biodegradable implant applications. *Acta biomaterialia*, **2020**, 289–302. https://doi.org/10.1016/j.actbio.2020.04.006

[Liu21] B. Liu et al. Femoral Stems With Porous Lattice Structures: A Review. *Frontiers in Bioengineering and Biotechnology*, **2021.** https://doi.org/10.3389/fbioe.2021.772539

[Lüt20] J. Lützner et al. Metallionenfreisetzung nach Hüft- und Kniegelenkendoprothetik – Mechanismen, biologische Wirkungen und notwendige Diagnostik. *Zeitschrift fur Orthopadie und Unfallchirurgie*, **2020** (4), 369–382. https://doi.org/10.1055/a-0929-8121

[Ma21] Z.-C. Ma et al. The Plastic Deformation Mechanisms of hcp Single Crystals with Different Orientations: Molecular Dynamics Simulations. *Materials (Basel, Switzerland)*, **2021** (4). https://doi.org/10.3390/ma14040733

[Mah16] F. Mahyudin. Biomaterials and Medical Devices: A Perspective from an Emerging Country, **2016**. ISBN: 978-3-319-14844-1

[Man17] V. Manakari, G. Parande, M. Gupta. Selective Laser Melting of Magnesium and Magnesium Alloy Powders: A Review. *Metals*, **2017** (1). https://doi.org/10.3390/met7010002

[Mar19] A. A. Martin et al. Dynamics of pore formation during laser powder bed fusion additive manufacturing. *Nature communications*, **2019.** https://doi.org/10.1038/s41467-019-10009-2

[Mat13] J. S. Matsumura et al. The United States StuDy for EvalUating EndovasculaR TreAtments of Lesions in the Superficial Femoral Artery and Proximal Popliteal By usIng the Protégé EverfLex NitInol STent SYstem II. *Journal of vascular surgery*, **2013.** https://doi.org/10.1016/j.jvs.2012.12.066

[Mat16] M. J. Matthews et al. Denudation of metal powder layers in laser powder bed fusion processes. *Acta Materialia*, **2016**, 33–42. https://doi.org/10.1016/j.actamat.2016.05.017

[McC00] K. A. McCall, C. Huang, C. A. Fierke. Function and mechanism of zinc metalloenzymes. *The Journal of nutrition*, **2000.** https://doi.org/10.1093/jn/130.5.1437S

[Med23] Medical Magnesium GmbH. Medical-Magnesium - Produkte, **2023** (abgerufen am 07.05.2023). https://www.medical-magnesium.com/produkte/

[Mei99] W. Meiners. Direktes selektives Laser Sintern einkomponentiger metallischer Werkstoffe. Dissertation, RWTH Aachen University, Aachen, **1999**. ISBN: 3826565711

[Mer15] S. J. Merkt. Qualifizierung von generativ gefertigten Gitterstrukturen für maßgeschneiderte Bauteilfunktionen: https://publications.rwth-aachen.de/record/565601. Dissertation, RWTH Aachen University, Aachen, **2015.** https://doi.org/565601

[Mon17] M. Montani et al. Processability of pure Zn and pure Fe by SLM for biodegradable metallic implant manufacturing. *Rapid Prototyping Journal*, **2017** (3), 514–523. https://doi.org/10.1108/RPJ-08-2015-0100

[Mos16] E. Mostaed et al. Novel Zn-based alloys for biodegradable stent applications: Design, development and in vitro degradation. *Journal of the mechanical behavior of biomedical materials*, **2016**, 581–602. https://doi.org/10.1016/j.jmbbm.2016.03.018

[Mos18] E. Mostaed et al. Zinc-based alloys for degradable vascular stent applications. *Acta biomaterialia*, **2018**, 1–23. https://doi.org/10.1016/j.actbio.2018.03.005

[Mos21] M. H. Mosallanejad et al. In-situ alloying in laser-based additive manufacturing processes: A critical review. *Journal of Alloys and Compounds*, **2021.** https://doi.org/10.1016/j.jallcom.2021.159567

[Mur10] L. E. Murr et al. Next-generation biomedical implants using additive manufacturing of complex, cellular and functional mesh arrays. *Philosophical transactions. Series A, Mathematical, physical, and engineering sciences*, **2010** (1917), 1999–2032. https://doi.org/10.1098/rsta.2010.0010

[Mur15] N. S. Murni et al. Cytotoxicity evaluation of biodegradable Zn-3Mg alloy toward normal human osteoblast cells. *Materials science & engineering. C,*

Materials for biological applications, **2015**, *49*, 560–566. https://doi.org/10.1016/j.msec.2015.01.056

[Nii11] M. Niinomi, M. Nakai. Titanium-Based Biomaterials for Preventing Stress Shielding between Implant Devices and Bone. *International journal of biomaterials*, **2011.** https://doi.org/10.1155/2011/836587

[Oli20] J. P. Oliveira, A. D. LaLonde, J. Ma. Processing parameters in laser powder bed fusion metal additive manufacturing. *Materials & Design*, **2020.** https://doi.org/10.1016/j.matdes.2020.108762

[Ovs18] A. Ovsianikov, J. Yoo, V. Mironov. 3D Printing and Biofabrication, **2018.** https://doi.org/10.1007/978-3-319-45444-3

[Pas20] M. Paschen et al. Ermüdungssicherheit von vollverschlossenen Seilen mit Korrosionsschäden, **2020**. ISBN: 978-3-95606-453-1

[Pic19] T. Pichler, J. H. Schleifenbaum. Examination of the LPBF Process by Means of Thermal Imaging for the Development of a Geometric-Specific Process Control. In: *Proceedings of the 2019 International Solid Freeform Fabrication Symposium*, **2019.** https://doi.org/10.26153/tsw/17376

[Pic22] T. Pichler. Adaptives Laser Powder Bed Fusion der Titanlegierung TiAl6V4. Dissertation, RWTH Aachen University, Aachen, **2022**. ISBN: 9783985550968

[Pin16] A. Pineau, A. A. Benzerga, T. Pardoen. Failure of metals I: Brittle and ductile fracture. *Acta Materialia*, **2016**, 424–483. https://doi.org/10.1016/j.actamat.2015.12.034

[Pol20] A. Pola, M. Tocci, F. E. Goodwin. Review of Microstructures and Properties of Zinc Alloys. *Metals*, **2020** (2). https://doi.org/10.3390/met10020253

[Pra21] K. Prasad et al. The effect of laser scanning strategies on the microstructure, texture and crystallography of grains exhibiting hot cracks in additively manufactured Hastelloy X. *Mechanics of Materials*, **2021.** https://doi.org/10.1016/j.mechmat.2021.103816

[Pro08] T. Prosek et al. Corrosion mechanism of model zinc–magnesium alloys in atmospheric conditions. *Corrosion Science*, **2008.** https://doi.org/10.1016/j.corsci.2008.06.008

[Pro23] Protiq GmbH. Zinkdruckguss ZAMAK, **2023** (abgerufen am 07.05.2023). https://www.protiq.com/zinkdruckguss-zamak

[Qin19a] Y. Qin et al. Additive manufacturing of biodegradable Zn-xWE43 porous scaffolds: Formation quality, microstructure and mechanical properties. *Materials & Design*, **2019.** https://doi.org/10.1016/j.matdes.2019.107937

[Qin19b] Y. Qin et al. Additive manufacturing of biodegradable metals: Current research status and future perspectives. *Acta biomaterialia*, **2019**, 3–22. https://doi.org/10.1016/j.actbio.2019.04.046

[Qin20] Y. Qin et al. Effect of grain structure on the mechanical properties and in vitro corrosion behavior of additively manufactured pure Zn. *Additive Manufacturing*, **2020.** https://doi.org/10.1016/j.addma.2020.101134

[Qin21] Y. Qin et al. Influence of Laser Energy Input and Shielding Gas Flow on Evaporation Fume during Laser Powder Bed Fusion of Zn Metal. *Materials (Basel, Switzerland)*, **2021** (10). https://doi.org/10.3390/ma14102677

[Qin22] Y. Qin et al. Additive manufacturing of Zn-Mg alloy porous scaffolds with enhanced osseointegration: In vitro and in vivo studies. *Acta biomaterialia*, **2022**, 403–415. https://doi.org/10.1016/j.actbio.2022.03.055

[Raf13] H. K. Rafi et al. Microstructures and Mechanical Properties of Ti6Al4V Parts Fabricated by Selective Laser Melting and Electron Beam Melting. *Journal of Materials Engineering and Performance*, **2013** (12). https://doi.org/10.1007/s11665-013-0658-0

[Rea15] N. Read et al. Selective laser melting of AlSi10Mg alloy: Process optimisation and mechanical properties development. *Materials & Design (1980-2015)*, **2015**, *65*, 417–424. https://doi.org/10.1016/j.matdes.2014.09.044

[reA23] reACT. Medtech made in Aachen, **2023** (abgerufen am 11.07.2023). http://react-aachen.de/

[Reh10] O. Rehme. Cellular Design for Laser Freeform Fabrication. Dissertation, TU Hamburg, Göttingen, **2010**. ISBN: 9783736932739

[Röm22] Römpp. Römpp Online Lexikon, **2022** (abgerufen am 27.07.2022). https://roempp.thieme.de

[Rup21] M. Rupp et al. Knochentransplantation oder Biomaterial? : Eine Analyse von 99.863 Operationen in Orthopädie und Unfallchirurgie aus dem Jahr 2018 in Deutschland. *Der Unfallchirurg*, **2021** (2), 146–152. https://doi.org/10.1007/s00113-020-00861-z

[Sal18] M. Salehi et al. An investigation into interaction between magnesium powder and Ar gas: Implications for selective laser melting of magnesium. *Powder Technology*, **2018**, 252–261. https://doi.org/10.1016/j.powtec.2018.04.026

[Sam49] S. Samson et al. Die Kristallstruktur von Mg2Zn11. Isomorphie zwischen Mg2Zn11 und Mg2Cu6Al5. *Acta Chemica Scandinavica*, **1949**, 835–843. https://doi.org/10.3891/acta.chem.scand.03-0835

[San18] J. Sander. Selektives Laserschmelzen hochfester Werkzeugstähle. Dissertation, Technische Universität Dresden, Dresden, **2018**

[San20] E. Santecchia, S. Spigarelli, M. Cabibbo. Material Reuse in Laser Powder Bed Fusion: Side Effects of the Laser—Metal Powder Interaction. *Metals*, **2020** (3). https://doi.org/10.3390/met10030341

[San21] N. Sanaei, A. Fatemi. Defects in additive manufactured metals and their effect on fatigue performance: A state-of-the-art review. *Progress in Materials Science*, **2021.** https://doi.org/10.1016/j.pmatsci.2020.100724

[Šče12] P. Ščeglov. Study of vapour-plasma plume during high power fiber laser beam influence on metals. Dissertation, BAM Bundesanstalt für Materialforschung und -prüfung, Berlin, **2012**. ISBN: 978-3-9815134-3-1

[Sch06a] A. Schreiber. Ermittlung der Texturabhängigkeit elektrochemischer Eigenschaften von Eisen mit ortsaufgelösten Methoden. Dissertation, Heinrich-Heine-Universität Düsseldorf, **2006**. ISBN: urn:nbn:de:hbz:061-20060410-001369-2

[Sch06b] M. Schieker, W. Mutschler. Die Uberbrückung von posttraumatischen Knochendefekten. Bewährtes und Neues. *Der Unfallchirurg*, **2006** (9), 715–732. https://doi.org/10.1007/s00113-006-1152-z

[Sch12] J. H. Schleifenbaum. Verfahren und Maschine zur individualisierten Produktion mit High Power Selective Laser Melting. Dissertation, RWTH Aachen University, Aachen, **2012**. ISBN: 978-3-8440-0689-6

[Sch14] K. Schwister. Kleine Formelsammlung Chemie, 4., aktualisierte Auflage, **2014**. ISBN: 978-3-446-44175-0

[Sch19] K. Schmidt-Bleek. Der Einfluss des Immunsystems auf die regenerativen Vorgänge der Knochenheilung. Dissertation, Charité - Universitätsmedizin Berlin, **2019.** https://doi.org/10.17169/refubium-26044

[Sch20] M. Schniedenharn. Einfluss von Fokusshift und Prozessnebenprodukten auf den Laser Powder Bed Fusion Prozess. Dissertation, RWTH Aachen University, Aachen, **2020**. ISBN: 978-3-86359-910-2

[Sci17] U. Scipioni Bertoli et al. In-situ characterization of laser-powder interaction and cooling rates through high-speed imaging of powder bed fusion additive manufacturing. *Materials & Design*, **2017**, 385–396. https://doi.org/10.1016/j.matdes.2017.09.044

[Sei15] J.-M. Seitz et al. Recent advances in biodegradable metals for medical sutures: a critical review. *Advanced healthcare materials*, **2015** (13), 1915–1936. https://doi.org/10.1002/adhm.201500189

[Sey18] V. Seyda. Werkstoff- und Prozessverhalten von Metallpulvern in der laseradditiven Fertigung. Dissertation, Technische Universität Hamburg, **2018.** https://doi.org/10.1007/978-3-662-58233-6

[Shu19] C. Shuai et al. Laser additive manufacturing of Zn-2Al part for bone repair: Formability, microstructure and properties. *Journal of Alloys and Compounds*, **2019**, *798*, 606–615. https://doi.org/10.1016/j.jallcom.2019.05.278

[Sim15] M. Simonelli et al. A Study on the Laser Spatter and the Oxidation Reactions During Selective Laser Melting of 316L Stainless Steel, Al-Si10-Mg, and Ti-6Al-4V. *Metallurgical and Materials Transactions A*, **2015** (9), 3842–3851. https://doi.org/10.1007/s11661-015-2882-8

[Son07] G. Song, S. Song. A Possible Biodegradable Magnesium Implant Material. *Advanced Engineering Materials*, **2007** (4), 298–302. https://doi.org/10.1002/adem.200600252

[Son11] G.-L. Song. Corrosion of Magnesium Alloys: Woodhead Publishing Series in Metals and Surface Engineering, **2011**. ISBN: 978-1-84569-708-2

[Son17] W. Song et al. Corona Discharge: A Novel Approach To Fabricate Three-Dimensional Electrospun Nanofibers for Bone Tissue Engineering. *ACS biomaterials science & engineering*, **2017** (6), 1146–1153. https://doi.org/10.1021/acsbiomaterials.7b00061

[Sti16] T. G. Stichel. Die Herstellung von Scaffolds aus funktionellen Hybridpolymeren für die regenerative Medizin mittels Zwei-Photonen-Polymerisation. Dissertation, Universität Würzburg, Würzburg, **2016**

[Sti22] T. Stittgen. Grundlagen zur produktionslogistischen Positionierung im Umfeld der Additiven Fertigung am Beispiel des Laser Powder Bed Fusion. Dissertation, RWTH Aachen University, Aachen, **2022**. ISBN: 978-3-98555-026-5

[Suc20] J. Suchy et al. Effect of Laser Parameters on Processing of Biodegradable Magnesium Alloy WE43 via Selective Laser Melting Method. *Materials (Basel, Switzerland)*, **2020** (11). https://doi.org/10.3390/ma13112623

[Sut20] A. T. Sutton et al. Characterization of laser spatter and condensate generated during the selective laser melting of 304L stainless steel powder. *Additive Manufacturing*, **2020.** https://doi.org/10.1016/j.addma.2019.100904

[Tan16] N. Taniguchi et al. Effect of pore size on bone ingrowth into porous titanium implants fabricated by additive manufacturing: An in vivo experiment. *Materials science & engineering. C, Materials for biological applications*, **2016**, 690–701. https://doi.org/10.1016/j.msec.2015.10.069

[Tan17a] M. Tang, P. C. Pistorius. Oxides, porosity and fatigue performance of AlSi10Mg parts produced by selective laser melting. *International Journal of Fatigue*, **2017**, 192–201. https://doi.org/10.1016/j.ijfatigue.2016.06.002

[Tan17b] X. P. Tan et al. Metallic powder-bed based 3D printing of cellular scaffolds for orthopaedic implants: A state-of-the-art review on manufacturing, topological design, mechanical properties and biocompatibility. *Materials science & engineering. C, Materials for biological applications*, **2017**, *76*, 1328–1343. https://doi.org/10.1016/j.msec.2017.02.094

[Tan20] C. Tang, K. Q. Le, C. H. Wong. Physics of humping formation in laser powder bed fusion. *International Journal of Heat and Mass Transfer*, **2020.** https://doi.org/10.1016/j.ijheatmasstransfer.2019.119172

[Ton22] P. Tong et al. Recent progress on coatings of biomedical magnesium alloy. *Smart Materials in Medicine*, **2022**, 104–116. https://doi.org/10.1016/j.smaim.2021.12.007

[Tow16] A. Townsend et al. Surface texture metrology for metal additive manufacturing: a review. *Precision Engineering*, **2016**, 34–47. https://doi.org/10.1016/j.precisioneng.2016.06.001

[Tsa21] V. Tsakiris, C. Tardei, F. M. Clicinschi. Biodegradable Mg alloys for orthopedic implants – A review. *Journal of Magnesium and Alloys*, **2021** (6), 1884–1905. https://doi.org/10.1016/j.jma.2021.06.024

[TU23] TU Wien. Vapor Pressure Calculator, **2023** (abgerufen am 12.07.2023). https://www.iap.tuwien.ac.at/www/surface/vapor_pressure

[Vil19] A. M. Vilardell et al. Fracture mechanisms in the as-built and stress-relieved laser powder bed fusion Ti6Al4V ELI alloy. *Optics & Laser Technology*, **2019**, 608–615. https://doi.org/10.1016/j.optlastec.2018.08.042

[Voj11] D. Vojtěch et al. Mechanical and corrosion properties of newly developed biodegradable Zn-based alloys for bone fixation. *Acta biomaterialia*, **2011** (9), 3515–3522. https://doi.org/10.1016/j.actbio.2011.05.008

[Vos19] M. Voshage et al. Formation Quality, Mechanical Properties, and Processing Behavior of Pure Zinc Parts Produced by Laser-Based Manufacturing for Biodegradable Implants. *BHM Berg- und Hüttenmännische Monatshefte*, **2019** (3), 133–140. https://doi.org/10.1007/s00501-019-0829-x

[Vos22] M. Voshage et al. Additive manufacturing of biodegradable Zn-xMg alloys: Effect of Mg content on manufacturability, microstructure and mechanical properties. *Materials Today Communications*, **2022.** https://doi.org/10.1016/j.mtcomm.2022.103805

[Wad20] M. Waddell et al. Small fatigue crack growth behavior of Ti-6Al-4V produced via selective laser melting: In situ characterization of a 3D crack tip interactions with defects. *International Journal of Fatigue*, **2020.** https://doi.org/10.1016/j.ijfatigue.2020.105638

[Wal21] K. Waly et al. Zinc-Magnesium alloy as a degradable bone plate. In: *2021 9th International Japan-Africa Conference on Electronics, Communications, and Computations (JAC-ECC)*, **2021**; S. 89–92. https://doi.org/10.1109/JAC-ECC54461.2021.9691455

[Wan15] T. Wang et al. Grain morphology evolution behavior of titanium alloy components during laser melting deposition additive manufacturing. *Journal of Alloys and Compounds*, **2015**, 505–513. https://doi.org/10.1016/j.jallcom.2015.01.256

[Wan20] L. Wang, Y. Zhang, W. Yan. Evaporation Model for Keyhole Dynamics During Additive Manufacturing of Metal. *Physical Review Applied*, **2020** (6). https://doi.org/10.1103/PhysRevApplied.14.064039

[Wan22] D. Wang et al. A review and a statistical analysis of porosity in metals additively manufactured by laser powder bed fusion. *Opto-Electronic Advances*, **2022** (10). https://doi.org/10.29026/oea.2022.210058

[Was62] G. Wassermann, J. Grewen. Texturen metallischer Werkstoffe, 2. Auflage, **1962.** https://doi.org/10.1007/978-3-662-13128-2

[Wei14] K. Wei et al. Effect of energy input on formability, microstructure and mechanical properties of selective laser melted AZ91D magnesium alloy. *Materials Science and Engineering: A*, **2014**, 212–222. https://doi.org/10.1016/j.msea.2014.05.092

[Wei15a] C. Weingarten et al. Formation and reduction of hydrogen porosity during selective laser melting of AlSi10Mg. *Journal of Materials Processing Technology*, **2015**, 112–120. https://doi.org/10.1016/j.jmatprotec.2015.02.013

[Wei15b] K. Wei, Z. Wang, X. Zeng. Influence of element vaporization on formability, composition, microstructure, and mechanical performance of the selective laser melted Mg–Zn–Zr components. *Materials Letters*, **2015**, 187–190. https://doi.org/10.1016/j.matlet.2015.05.074

[Wei19] K. Wei et al. Selective laser melting of Mg-Zn binary alloys: Effects of Zn content on densification behavior, microstructure, and mechanical property. *Materials Science and Engineering: A*, **2019**, 226–236. https://doi.org/10.1016/j.msea.2019.04.067

[Wen18a] P. Wen et al. Densification behavior of pure Zn metal parts produced by selective laser melting for manufacturing biodegradable implants. *Journal of Materials Processing Technology*, **2018**, 128–137. https://doi.org/10.1016/j.jmatprotec.2018.03.007

[Wen18b] P. Wen et al. Laser additive manufacturing of Zn metal parts for biodegradable applications: Processing, formation quality and mechanical properties. *Materials & Design*, **2018**, 36–45. https://doi.org/10.1016/j.matdes.2018.05.057

[Wen19] P. Wen et al. Laser additive manufacturing of Zn porous scaffolds: Shielding gas flow, surface quality and densification. *Journal of Materials Science & Technology*, **2019** (2), 368–376. https://doi.org/10.1016/j.jmst.2018.09.065

[Wil09] D. B. Williams, C. B. Carter. Transmission Electron Microscopy: A Textbook for Materials Science, 2. Edition, **2009**. ISBN: 978-0-387-76500-6

[Win09] E. Wintermantel, S.-W. Ha. Medizintechnik: Life Science Engineering, 5. Auflage, **2009**. ISBN: 978-3-540-93935-1

[Win16] T. W. Windisch. Ergebnisse für den Beweis einer Sirolimus-Resistenz in der Behandlung von In-Stent Restenosen. Dissertation, Universitätsbibliothek der TU München, München, **2016**

[Wit16] W. W. Wits et al. Porosity testing methods for the quality assessment of selective laser melted parts. *CIRP Annals*, **2016**, 201–204. https://doi.org/10.1016/j.cirp.2016.04.054

[Wol91] J. Wolff. Das Gesetz der Transformation der Knochen, Repr. der Ausg. Berlin, Hirschwald, 1892, **1991**. ISBN: 3-7945-1451-3

[Wyc14] E. Wycisk et al. Effects of Defects in Laser Additive Manufactured Ti-6Al-4V on Fatigue Properties. *Physics Procedia*, **2014**, 371–378. https://doi.org/10.1016/j.phpro.2014.08.120

[Xia23] D. Xia et al. Additively manufactured pure zinc porous scaffolds for critical-sized bone defects of rabbit femur. *Bioactive materials*, **2023**, 12–23. https://doi.org/10.1016/j.bioactmat.2022.03.010

[Yad09] I. Yadroitsev. Selective laser melting: Direct manufacturing of 3D-objects by selective laser melting of metal powders, **2009**. ISBN: 3838317947

[Yad10] I. Yadroitsev et al. Single track formation in selective laser melting of metal powders. *Journal of Materials Processing Technology*, **2010** (12), 1624–1631. https://doi.org/10.1016/j.jmatprotec.2010.05.010

[Yad11] I. Yadroitsev, I. Smurov. Surface Morphology in Selective Laser Melting of Metal Powders. *Physics Procedia*, **2011**, 264–270. https://doi.org/10.1016/j.phpro.2011.03.034

[Yan18] Y. Yang et al. A combined strategy to enhance the properties of Zn by laser rapid solidification and laser alloying. *Journal of the mechanical behavior of biomedical materials*, **2018**, 51–60. https://doi.org/10.1016/j.jmbbm.2018.03.018

[Yan20] H. Yang et al. Alloying design of biodegradable zinc as promising bone implants for load-bearing applications. *Nature communications*, **2020.** https://doi.org/10.1038/s41467-019-14153-7

[Yeu20] H. Yeung, B. Lane. A residual heat compensation based scan strategy for powder bed fusion additive manufacturing. *Manufacturing letters*, **2020.** https://doi.org/10.1016/j.mfglet.2020.07.005

[Yin20] J. Yin et al. Correlation between forming quality and spatter dynamics in laser powder bed fusion. *Additive Manufacturing*, **2020.** https://doi.org/10.1016/j.addma.2019.100958

[Yin21] J. Yin et al. Vaporization of alloying elements and explosion behavior during laser powder bed fusion of Cu–10Zn alloy. *International Journal of Machine Tools and Manufacture*, **2021.** https://doi.org/10.1016/j.ijmachtools.2020.103686

[Zap19] A. Zaparte et al. Cocaine Use Disorder Is Associated With Changes in Th1/Th2/Th17 Cytokines and Lymphocytes Subsets. *Frontiers in immunology*, **2019.** https://doi.org/10.3389/fimmu.2019.02435

[Zen19] G. H. Zeng et al. 3D printed breathable mould steel: Small micrometer-sized, interconnected pores by creatively introducing foaming agent to additive manufacturing. *Materials & Design*, **2019.** https://doi.org/10.1016/j.matdes.2019.107693

[Zeu17] H. M. Zeus. Erprobung eines neuen degradierbaren, metallischen Knochenersatzwerkstoffes. Dissertation, Ludwig-Maximilians-Universität München, Tierärztliche Fakultät, München, **2017.** https://doi.org/10.5282/edoc.21184

[Zha11] Y. Zhang, J. R. G. Evans, S. Yang. Corrected Values for Boiling Points and Enthalpies of Vaporization of Elements in Handbooks. *Journal of Chemical & Engineering Data*, **2011**, 328–337. https://doi.org/10.1021/je1011086

[Zha17a] B. Zhang, Y. Li, Q. Bai. Defect Formation Mechanisms in Selective Laser Melting: A Review. *Chinese Journal of Mechanical Engineering*, **2017**, 515–527. https://doi.org/10.1007/s10033-017-0121-5

[Zha17b] D. Zhao et al. Current status on clinical applications of magnesium-based orthopaedic implants: A review from clinical translational perspective. *Biomaterials*, **2017**, 287–302. https://doi.org/10.1016/j.biomaterials.2016.10.017

[Zha19] C. Zhao et al. Bulk-Explosion-Induced Metal Spattering During Laser Processing. *Physical Review X*, **2019.** https://doi.org/10.1103/PhysRevX.9.021052

[Zha20] C. Zhao et al. Critical instability at moving keyhole tip generates porosity in laser melting. *Science (New York, N.Y.)*, **2020**, 1080–1086. https://doi.org/10.1126/science.abd1587

[Zhe14] Y. F. Zheng, X. N. Gu, F. Witte. Biodegradable metals. *Materials Science and Engineering: R: Reports*, **2014**, 1–34. https://doi.org/10.1016/j.mser.2014.01.001

[Zho15] X. Zhou et al. 3D-imaging of selective laser melting defects in a Co–Cr–Mo alloy by synchrotron radiation micro-CT. *Acta Materialia*, **2015**, 1–16. https://doi.org/10.1016/j.actamat.2015.07.014

[Zho22] Y. Zhou et al. Laser Additive Manufacturing of Zinc Targeting for Biomedical Application. *International journal of bioprinting*, **2022.** https://doi.org/10.18063/ijb.v8i1.501

[Zhu17] D. Zhu et al. Biological Responses and Mechanisms of Human Bone Marrow Mesenchymal Stem Cells to Zn and Mg Biomaterials. *ACS applied materials & interfaces*, **2017.** https://doi.org/10.1021/acsami.7b06654

[Zin23] Zinc - IZA. International Zinc Association, **2023** (abgerufen am 12.07.2023). https://www.zinc.org/

[Zum19] N. A. Zumdick et al. Additive manufactured WE43 magnesium: A comparative study of the microstructure and mechanical properties with those of powder extruded and as-cast WE43. *Materials Characterization*, **2019**, 384–397. https://doi.org/10.1016/j.matchar.2018.11.011

11 Abbildungsverzeichnis

12 Tabellenverzeichnis

13 Anhang

A1 Verwendete Geräte und Anlagen

Gerät/Anlage	Name/Typenbezeichnung	Hersteller
EBSD-Detektor	Symmetry CMOS-EBSD-Kamera	Oxford Instruments, Abingdon, Vereinigtes Königreich
EBSD-Software	Aztec V 5.3 & V 6.0	Oxford Instruments, Abingdon, Vereinigtes Königreich
EBSD-Software zur Auswertung	OIM Analysis V. 8.0	EDAX, Mahwah, New Jersey, USA
EDX-Detektor	Octane plus	EDAX, Mahwah, New Jersey, USA
	UltimMas 65 SDD-Detektor	Oxford Instruments, Abingdon, Vereinigtes Königreich
EDX-Software	TEAM	EDAX, Mahwah, New Jersey, USA
	Aztec V 5.3 & V 6.0	Oxford Instruments, Abingdon, Vereinigtes Königreich
Fluoreszenzmikroskop	Leica DM IRB	Leica Microsystems GmbH, Wetzlar, Deutschland
Ionenpräparationssystem	SM-09010	JEOL GmbH, Freising, Deutschland
Lichtmikroskop	VHX-6000	Keyence, Osaka, Japan
PBF-Anlage	AconityMini	Aconity3D GmbH, Herzogenrath, Deutschland
Partikelanalysator	Camsizer X2	Retsch, Haan, Deutschland

Rasterelektronen-mikroskop (REM)	XL30	Koninklijke Philips N.V., Amsterdam, Niederlande
	GeminiSEm 300	Carl Zeiss AG, Oberkochen, Deutschland
	Quattro S	Thermo Fisher Scientific Inc., Waltham, Massachusetts, USA
Sauerstoffsensor	ZR5	ZIROX Sensoren & Elektronik GmbH, Greifswald, Deutschland
Sputtergerät	Sputter Coater S150B	Edwards, Crawley, Vereinigtes Königreich
	Sputter Coater EM SCD500	Leica Microsystems GmbH, Wetzlar, Deutschland
Thermo-Calc	Thermo-Calc Version 2022a	Thermo-Calc Software AB, Solna, Schweden
Universalprüfmaschine	AllroundLine Z010	ZwickRoell AG, Ulm, Deutschland
Ytterbium Faserlaser	YLR-400	IPG Photonics Corporation, Oxford, Massachusetts, USA
Zugprüfmaschine	Z010	ZwickRoell AG, Ulm, Deutschland

A2 Zusammenfassung bekannter Zinklegierungen

Tabelle 13.1: Mechanische Eigenschaften von gegossenen Zinklegierungen: Druckgießen (D), Sand- (S) und Schwerkraftguss (G) mit unterschiedlichen Gefügeausbildungen [Cam03].

Legierung	Zugfestigkeit (MPa)	Streckgrenze (MPa)	Bruchdehnung [%]
Zamak 2 (D)	358	-	7
Zamak 3 (D)	283	-	10
Zamak 5 (D)	331	-	7
Zamak 7 (D)	283	-	13
ZA-8 (S)	248-276	200	1-2
ZA-8 (G)	221-255	207	1-2
ZA-8 (D)	372	290	6-10
ZA-12 (S)	276-317	207	1-3
ZA-12 (G)	310-345	270	1-3
ZA-12 (D)	400	317	4-7
ZA-27 (S)	400-440	365	3-6
ZA-27 (G)	421-427	365	1
ZA-27 (D)	421	365	1-3
ACuZinc 5 (D)	407	338	0,4
ACuZinc 5 (G)	297	-	5

A3 Kaustikmessung bei 40W

CINOGY TECHNOLOGIES

Measurement Name:	Mini_40W_M2_20210916_110316_0003	Type:			Manufacturer:	
Serial:	FBP-FW2-000-U2-3419-0024	Wavelength:	1064	nm	Type:	
Accessory Type:	plain	Manufacturer:			Model:	
Date:	16.09.2021	Model:			Serial Number:	
Comment:		Serial Number:			Beam Attenuator:	
		Polarization:			Beam Splitter:	
		Output Power:			Focusing Element:	
Total planes:	20	Operation Mode:	CW		Other Optical Units:	
Active planes:	20	Pulse Energy:			Laser Temp.:	
		Pulse Width:			Ambient Temp.:	
		Pulse Frequency:			Humidity:	
		Comment:				

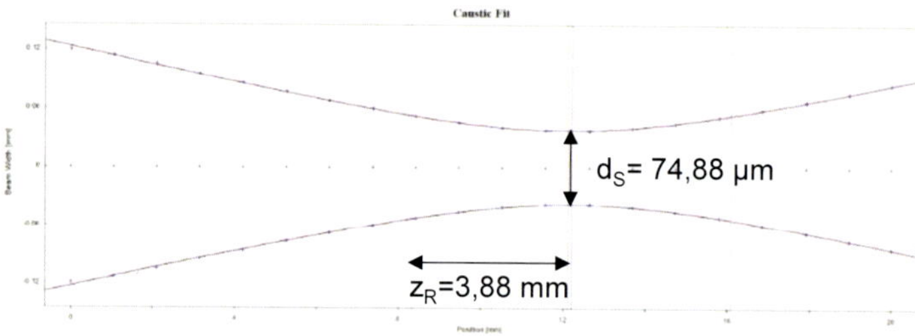

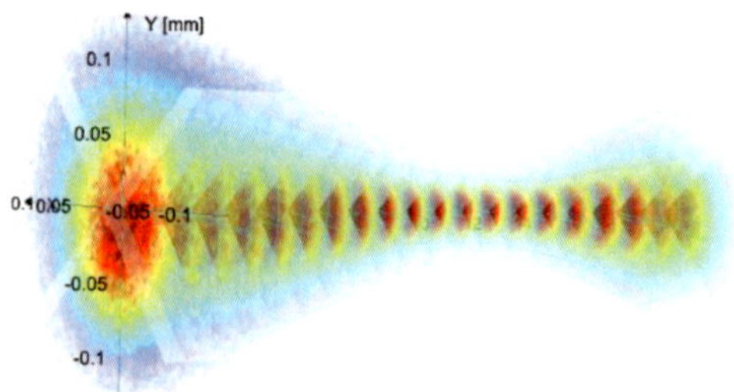

Calculation Parameter

Beam Width:	2nd Moments (D 4.00 Sigma)
Ignore center pos.:	yes
Method:	EN ISO 11146-1
Results:	after lens
Beam Type:	**(stigmatic)**

Caustic U

ISO 11146-1:	Conform	
z0:	12.102(38)	mm
d0:	0.07488(83)	mm
zR:	3.88(28)	mm
theta:	19.3(12)	mrad
BPP:	0.361(20)	mm mrad
M^2:	**1.067(59)**	
K:	0.938(52)	

Caustic V

ISO 11146-1:	Conform	
z0:	12.198(37)	mm
d0:	0.07488(97)	mm
zR:	3.89(29)	mm
theta:	19.2(12)	mrad
BPP:	0.360(20)	mm mrad
M^2:	**1.063(59)**	
K:	0.941(52)	

Caustic U,V

Ast:	2.5(14)	%
Asy:	1.000(17)	

→ 2D Projektion

→ 3D Projektion

FBP-2KF, 1kW, 3x

Printed on 16.09.2021
Created with RayCi professional 64bit V2.7.7

Abbildung 13-1: Messprotokoll der Strahlkaustik bei 40 W Laserleistung

A4 Definition zum Sky-Writing und der Belichtungspause

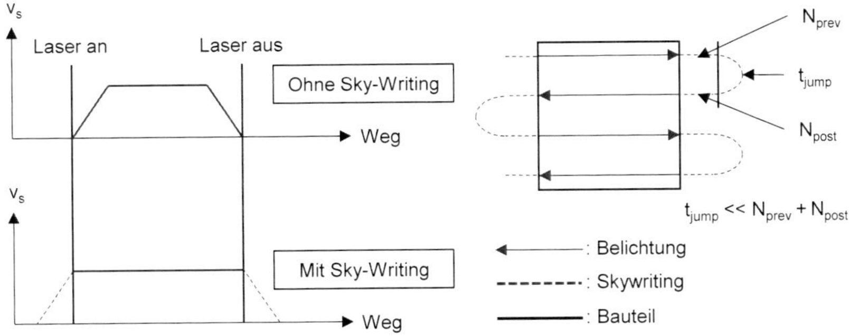

Abbildung 13-2: Sky-Writing und Belichtungspause

t_{Jump} ist deutlich kleiner als N_{prev} und N_{post} und wird im Rahmen dieser Arbeit nicht näher betrachtet (N_{prev} + N_{post} = Belichtungspause)

A5 Verwendete Verfahrensparameterkombinationen

VPK-Nr.	P_L [W]	v_S [mm/s]	Δy_S [µm]	E_V [J/mm³]
1	30	150	50	133
2	30	200	50	100
3	35	150	50	156
4	40	150	50	178
5	40	200	50	133
6	40	300	50	89
7	40	600	50	44
8	50	200	50	167
9	50	300	50	111
10	60	300	50	133
11	70	400	50	117
12	70	500	50	93
13	80	200	50	267
14	80	400	50	133
15	80	500	50	107
16	30	200	40	125
17	40	200	40	167
18	40	200	60	111
19	40	200	70	95
20	50	250	40	167
21	50	167	60	167
22	50	143	70	167
23	40	200	40	167
24	60	200	60	167
25	70	200	70	167

Konstante Parameter: D_s = 30 µm, N_{prev} = 500 µs, N_{post} = 500 µs (→ Belichtungspause = 1 ms)

A6 Detailliertes Vorgehen der Probenpräparation

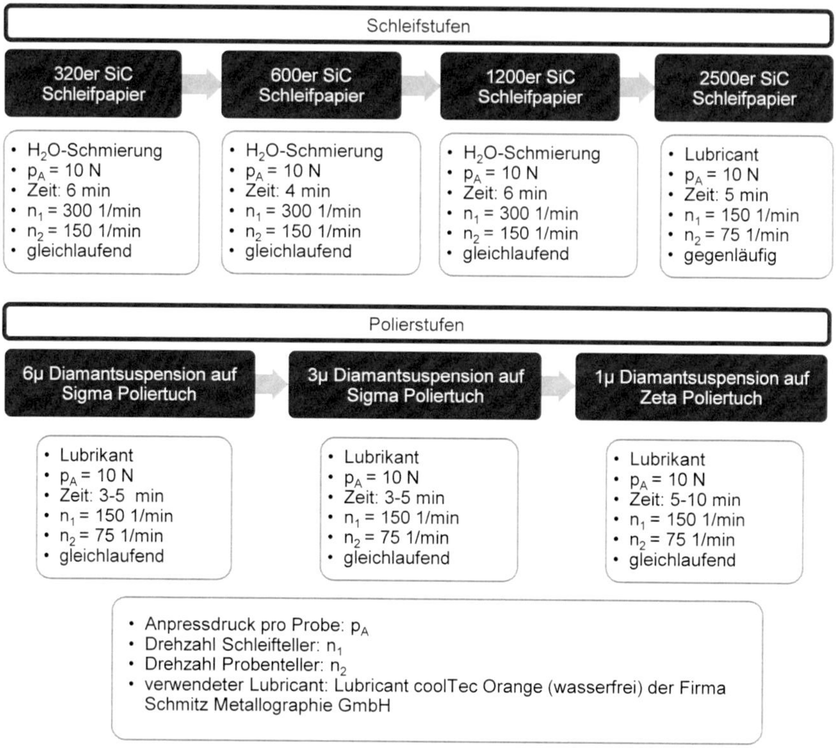

Abbildung 13-3: Schematische Darstellung zum detaillierten Vorgehen der Probenpräparation

A7 Fotografische Aufnahmen der hergestellten Baujobs

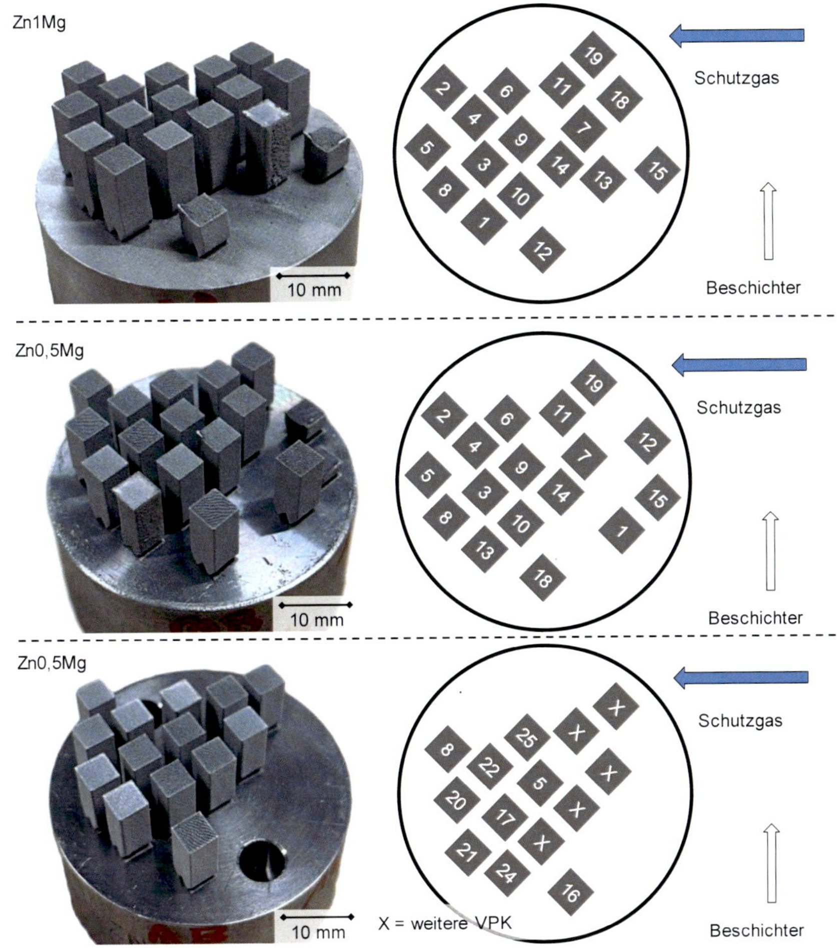

Abbildung 13-4: Fotografische Aufnahmen der Baujobs mit schematischer Darstellung der Anordnung der Probekörper auf einer Zink-Substratplatte mit dazugehörigen VPK-Nummern

A8 Untersuchung der Konturbelichtung

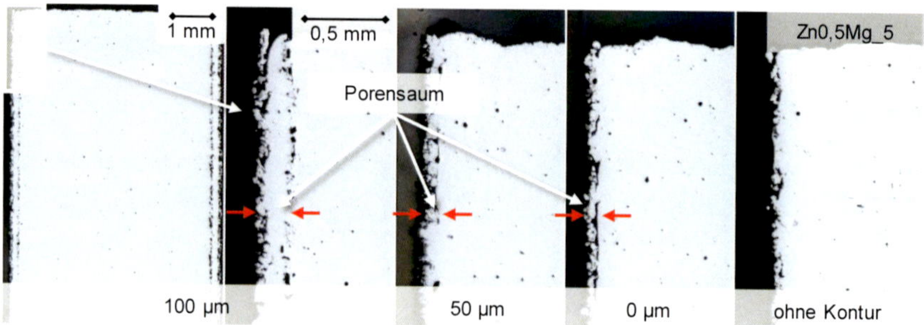

Abbildung 13-5: Exemplarische LOM-Aufnahmen von Zn1Mg-Probekörpern mit Konturbelichtungen bei unterschiedlichen Konturabständen bei VPK 5

A9 Lichtmikroskopische Aufnahmen

Lichtmikroskopische Aufnahmen von der Oberseite und dem Querschliff mit dazugehörigen Verfahrensparameter sowie ermittelte Mittelwerte (RelD) und Standardabweichungen (± s) der relativen Bauteildichten für Zn1Mg und Zn0,5Mg.

VPK-Nr.	1	2	3	4	5
P_L [W]	30	30	35	40	40
v_S [mm/s]	150	200	150	150	200
E_V [J/mm³]	133	100	156	178	133
RelD [%]	97,06	96,74	99,78	99,73	99,53
± s	0,57	0,42	0,08	0,10	0,05

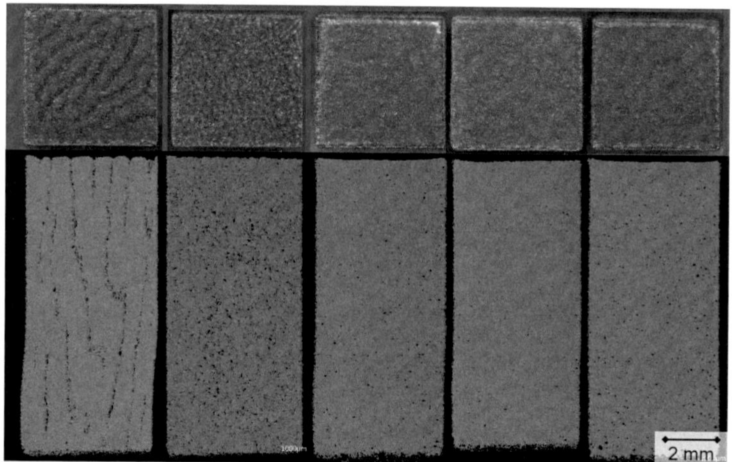

VPK-Nr.	6	7	8	9	10
P_L [W]	40	40	50	50	60
v_S [mm/s]	300	600	200	300	300
E_V [J/mm³]	89	44	167	111	133
RelD [%]	97,32	94,60	99,19	99,53	98,79
± s	0,72	0,67	0,17	0,14	0,38

VPK-Nr.	11	12	13	14	15
P_L [W]	70	70	80	80	80
v_S [mm/s]	400	500	200	400	500
E_V [J/mm³]	117	93	267	133	107
RelD [%]	99,14	X	90,61	99,00	X
± s	0,15		2,08	0,21	

Abbildung 13-6: Zn1Mg - Validierung und Erweiterung der Parameterkombinationen: Konstante Parameter: D_S = 30 µm, Δy_s = 50 µm, N_{prev} = 500 µs, N_{post} = 500 µs

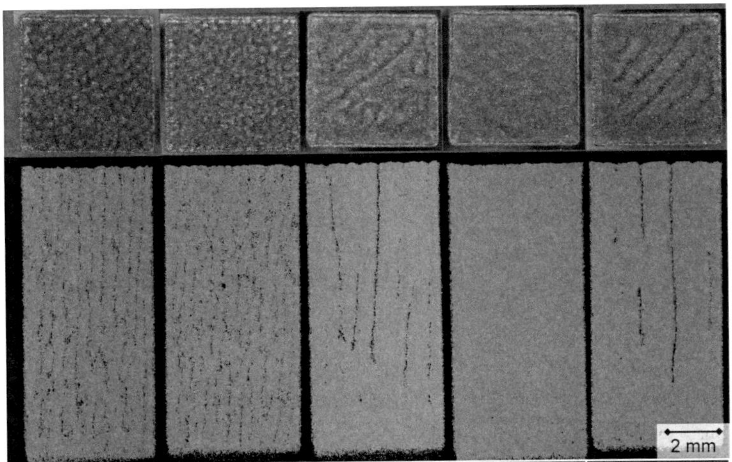

VPK-Nr.	1	2	3	4	5
P_L [W]	30	30	35	40	40
v_S [mm/s]	150	200	150	150	200
E_V [J/mm³]	133	100	156	178	133
RelD [%]	96,72	96,54	97,80	99,94	97,97
± s	0,97	0,84	0,59	0,03	1,0

VPK-Nr.	6	7	8	9	10
P_L [W]	40	40	50	50	60
v_S [mm/s]	300	600	200	300	300
E_V [J/mm³]	89	44	167	111	133
RelD [%]	96,85	96,15	99,25	99,88	99,17
± s	0,60	0,57	0,15	0,05	0,36

VPK-Nr.	11	12	13	14	15
P_L [W]	70	70	80	80	80
v_S [mm/s]	400	500	200	400	500
E_V [J/mm³]	117	93	267	133	107
RelD [%]	99,50	X	95,38	99,16	X
± s	0,12		0,85	0,29	

Abbildung 13-7: Zn0,5Mg - Validierung und Erweiterung der Parameterkombinationen: Konstante Parameter: D_S = 30 µm, Δy_s = 50 µm, N_{prev} = 500 µs, N_{post} = 500 µs

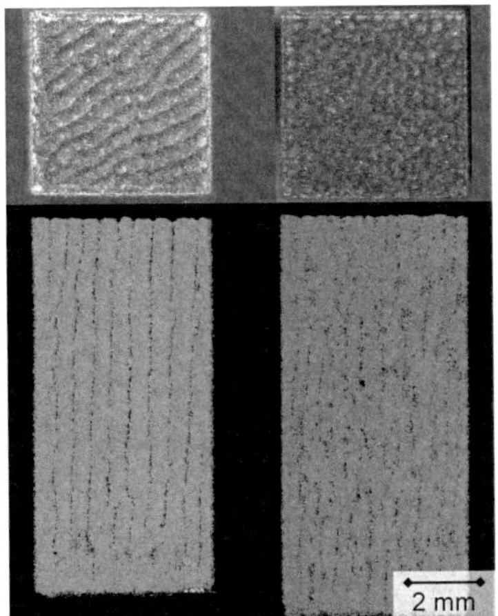

VPK-Nr.	16	2
P_L [W]	30	30
v_S [mm/s]	200	200
Δy_S [µm]	40	50
E_V [J/mm³]	125	100
RelD [%]	96,66	96,54
± s	0,35	0,84

Abbildung 13-8: Zn0,5Mg – Versuchsreihe zum Einfluss des Hatchabstandes auf die Ausbildung der Defektstrukturen: Konstante Parameter: D_S = 30 µm, N_{prev} = 500 µs, N_{post} = 500 µs, Konstante Parameter, unterschiedliche Hatches

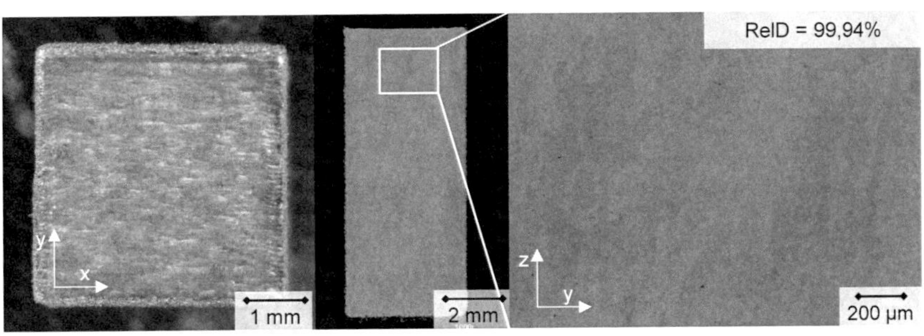

Abbildung 13-9: Reines Zink: E_V = 200 J/mm³, P_L = 60 W, v_S = 200 mm/s, Δy_s = 50 µm

A10 Beschreibung der EBSD-Analyse

Electron Back Scattered Diffraction (EBSD) bezeichnet nach DIN ISO 24173:2013-04 eine Elektronenmikroskopische Untersuchungsmethode, mit welcher lokal die Kristallstruktur und Kristallorientierung untersucht werden kann. Die Probekörper werden in einem Winkel von etwa 70° horizontal verkippt und in den Elektronenstrahl positioniert. Der Elektronenstrahl wird bei hohen Beschleunigungsspannungen von 20 - 30 kV auf die Probenoberfläche fokussiert. Der primäre Elektronenstrahl wird in der Probe diffus in alle Richtungen unelastisch gestreut. Diese diffus gestreuten Elektronen wirken im Inneren der Probe als neue Primärstrahlen und erfahren an den Gitterebenen Braggsche Reflexionen. Da die unelastisch gestreuten Elektronen in der Probe aus allen Richtungen wirken, existiert zu jeder Gitterebene auch ein Winkel, der die Braggsche Gleichung erfüllt.

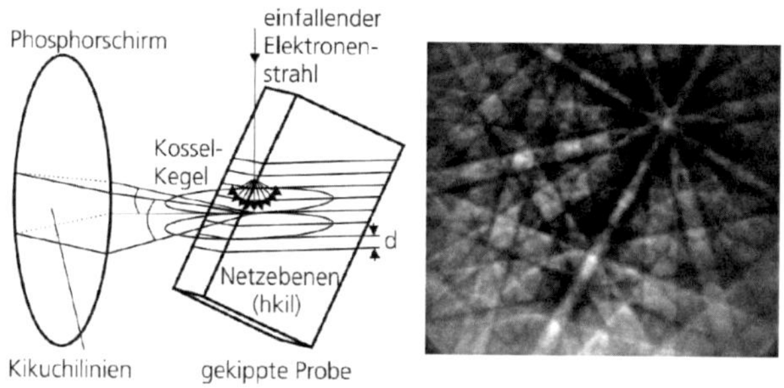

Abbildung 13-10: Darstellung des EBSD-Prinzips (links) [Sch06a]; schematische Darstellung der Kikuchi-Linien (rechts) [Wil09]

Wie links in Abbildung 13-10 schematisch dargestellt, bilden sich zu den Gitternetzebenen Beugungskegel, die sogenannten Kossel-Kegel, aus, deren Normalen parallel zu den Kegelachsen stehen. Die Kossel-Kegel bilden sich symmetrisch zu den Gitternetzebenen aus. Aufgrund der geringen Wellenlänge der Elektronen haben diese einen großen Öffnungswinkel und die auf dem CCD-Sensor projizierten Schnittlinien der Kossel-Kegel erscheinen als parallele Geraden (Kikuchi-Linien). Die Kikuchi-Linien sind links in Abbildung 13-10 schematisch und als Originalaufnahme rechts zu sehen. Mit spezieller Software können die Kikuchi-Linien rechnergestützt ausgewertet werden.

A11 Beschreibung der Pulvermischungen

In ZnMg-Probekörper, deren Legierungszusammensetzung mittels Mischen von Zn und Mg erzielt wird, können inhomogene Verteilungen der Legierungszusammensetzung auftreten, die so unterschiedliche Gefügestrukturen bewirken [Qin19a]. Aus diesem Grund wird untersucht, ob das Mischen von Zn- und Zn2Mg-Pulver auf die gewünschte Legierungszusammensetzung die relative Bauteildichte der hergestellten Probekörper verändert. Hierfür wird das gemischte Pulver (Zn + Zn2Mg) mit dem vorlegierten Zn1Mg-Pulver des gleichen Herstellers verglichen (vgl. Abbildung 13-11).

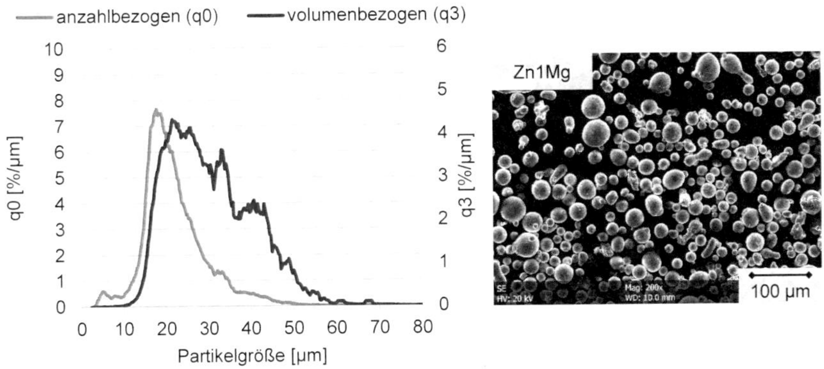

Abbildung 13-11: Partikelgrößenverteilungs-Messung und REM-Übersichtsaufnahme des vorlegierten Zn1Mg-Pulvers

Zum Vergleich der relativen Bauteildichten, resultierend aus den in Kapitel 5.1 aufgeführten VPK, werden die Probekörper präpariert und lichtmikroskopisch betrachtet. In Abbildung 13-12 sind die lichtmikroskopischen Übersichtsaufnahmen der Querschliffe mit den dazugehörigen Verfahrensparametern und den ermittelten relativen Bauteildichten dargestellt.

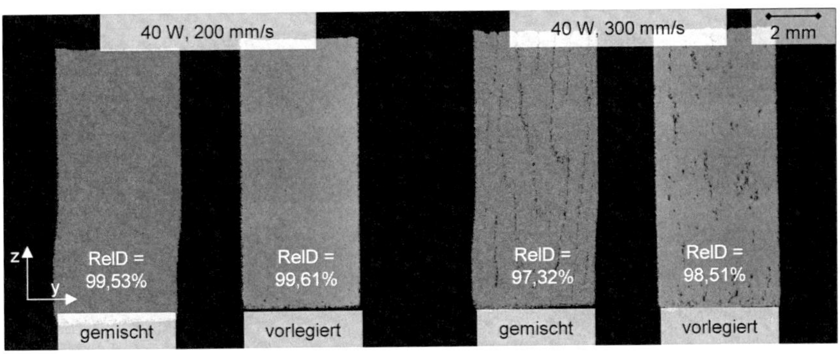

Abbildung 13-12: LOM von Querschliffen von Zn1Mg-Probekörpern unterschiedlicher Verfahrensparameter, hergestellt aus gemischtem und vorlegiertem Pulver

Für die Probekörper mit 40 W Laserleistung und 200 mm/s beträgt die relative Bauteildichte aus dem Pulvergemisch 99,53% und ist mit einer Differenz von 0,08% nahezu identisch mit der relativen Bauteildichte von 99,61% des Probekörpers aus vorlegiertem Zn1Mg-Pulver. Mit Erhöhung der Scangeschwindigkeit auf 300 mm/s und dadurch Reduzierung der eingebrachten Volumenenergiedichte steigt die Porosität der Zn1Mg-Probekörper. Die relative Bauteildichte beträgt 97,32% für den Probekörper aus dem Pulvergemisch. Die Verwendung von vorlegiertem Pulver bewirkt eine Steigerung der relativen Bauteildichte auf 98,51% im Querschliff des Quaders. Bei dem Probekörper mit 40 W Laserleistung und 300 mm/s Scangeschwindigkeit werden bei vorlegiertem und gemischtem Pulver eine längliche Defektstruktur und dadurch erhöhte Porosität beobachtet. Diese kann auf Bindefehler durch eine zu geringe Volumenenergiedichte zurückgeführt werden. Der Unterschied von bis zu 1,19% der relativen Bauteildichten kann anhand verschiedener Ansätze erklärt werden:

- Messungenauigkeiten bzw. unterschiedliche Schliffebene
- Legierungszusammensetzung im Pulver aufgrund des Mischens unterschiedlich
- Mehr Oxide bei dem Pulvergemisch, dadurch eine schlechtere Benetzbarkeit mit der Folge einer höheren Porosität

Eine Zusammenfassung der Pulvergemische mit der Analyse der Legierungszusammensetzung anhand des Pulvers und der hergestellten Probekörpern ist in Tabelle 13.2 aufgelistet.

Tabelle 13.2: Ergebnisse ICP-OES Messungen von Pulver und Quader mit der Different zur Mg-Zunahme aufgrund von Zn-Verdampfung im PBF-Prozess (v_s = 200 mm/s, Δy_S = 50 µm und P_L = 40 W)

Legierungszusammensetzung nach dem Trockenmischen im Taumelmischer	Zn	Zn0,2Mg	Zn0,4Mg	Zn0,6Mg	Zn0,8Mg	Zn1Mg	Zn1,2Mg	Zn1,4Mg	Zn2Mg
Pulver: Mg [gew.-%]	0	0,201	0,402	0,605	0,798	0,994	1,14	1,35	1,95
Probekörper: Mg [gew.-%]	0	0,224	0,446	0,662	0,926	1,129	1,29	1,53	2,18
Differenz	0	0,023	0,044	0,057	0,128	0,135	0,15	0,18	0,23

A12 Mechanische Eigenschaften der Scaffoldstrukturen

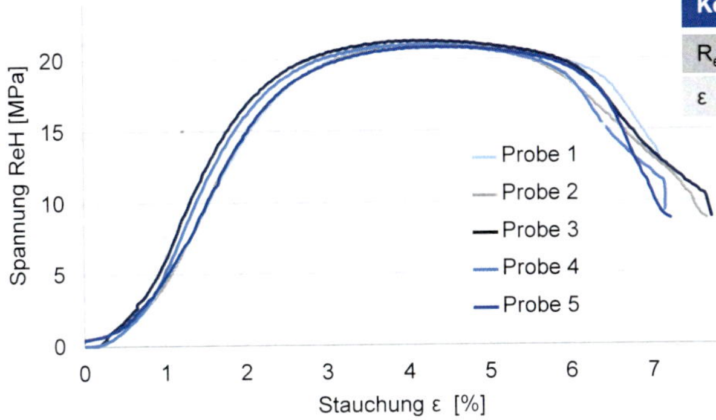

Kennwert	Betrag
R_{eH} [MPa]	21,04 ± 0,17
ε [%]	4,32 ± 0,10

Abbildung 13-13: Spannungs-Stauchungs-Diagramm mit mechanischen Eigenschaften der Scaffoldstrukturen

A13 Exemplarische REM-Aufnahmen der Mikrostruktur

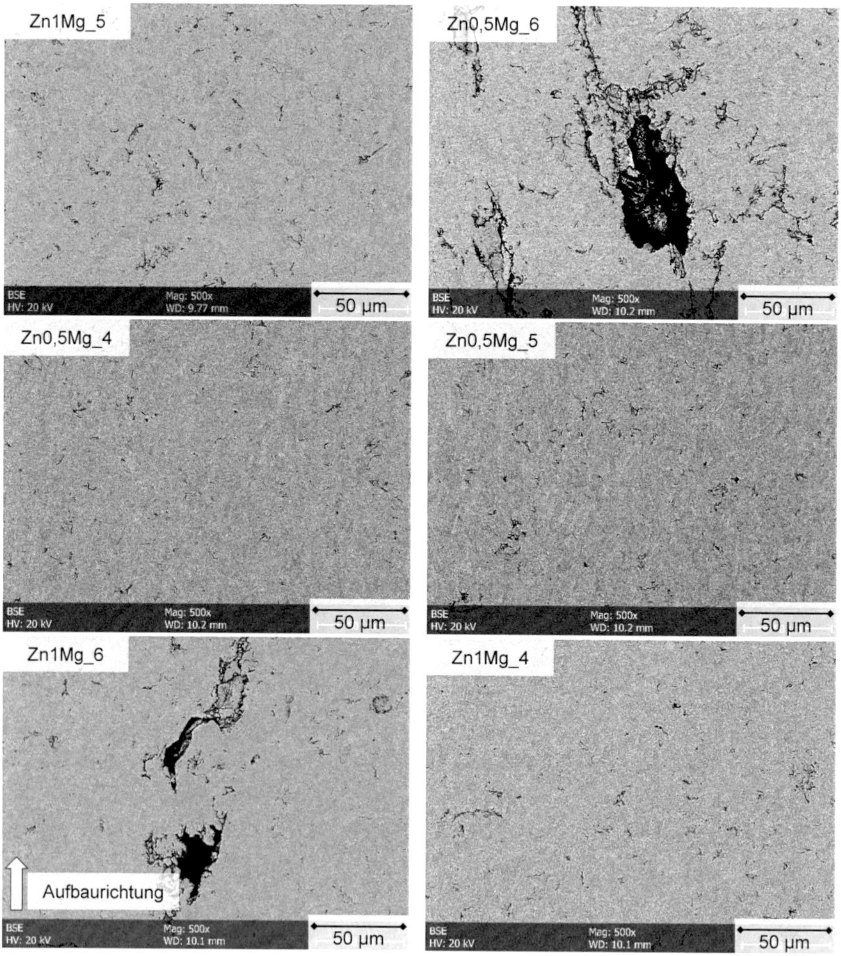

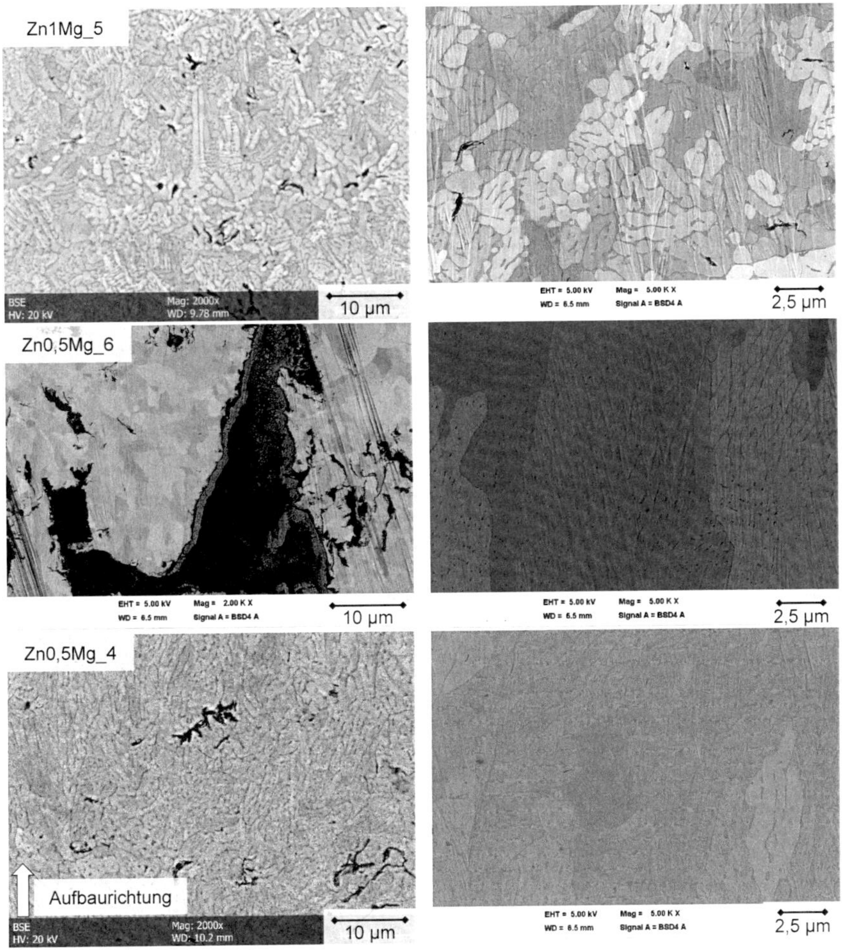
Zn1Mg_5
BSE
HV: 20 kV
Mag: 2000x
WD: 9.78 mm
10 µm
EHT = 5.00 kV
WD = 6.5 mm
Mag = 5.00 K X
Signal A = BSD4 A
2,5 µm
Zn0,5Mg_6
EHT = 5.00 kV
WD = 6.5 mm
Mag = 2.00 K X
Signal A = BSD4 A
10 µm
EHT = 5.00 kV
WD = 6.5 mm
Mag = 5.00 K X
Signal A = BSD4 A
2,5 µm
Zn0,5Mg_4
Aufbaurichtung
BSE
HV: 20 kV
Mag: 2000x
WD: 10.2 mm
10 µm
EHT = 5.00 kV
WD = 6.5 mm
Mag = 5.00 K X
Signal A = BSD4 A
2,5 µm

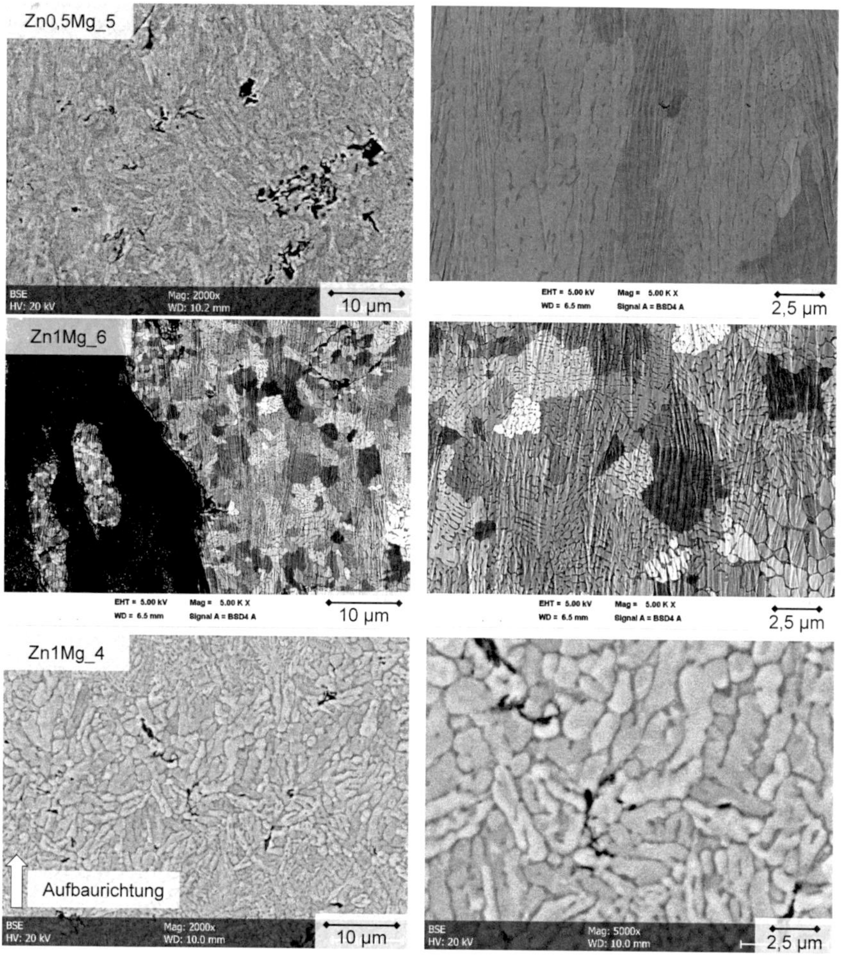

Abbildung 13-14: Übersichts- und Detailaufnahmen ausgewählter Probekörper im REM

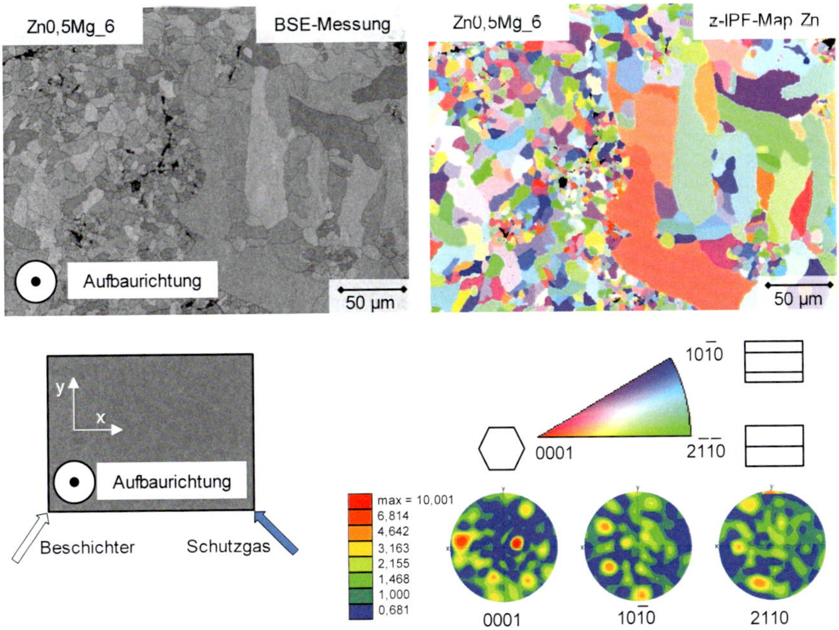

Abbildung 13-15: EBSD-Analyse des Gefüges von Zn0,5Mg_6 im Längsschliff mit schematischer Darstellung des Messbereiches, z-IPF-Map Zn und Zn-Polfiguren mit Einfärbung entsprechend ODF

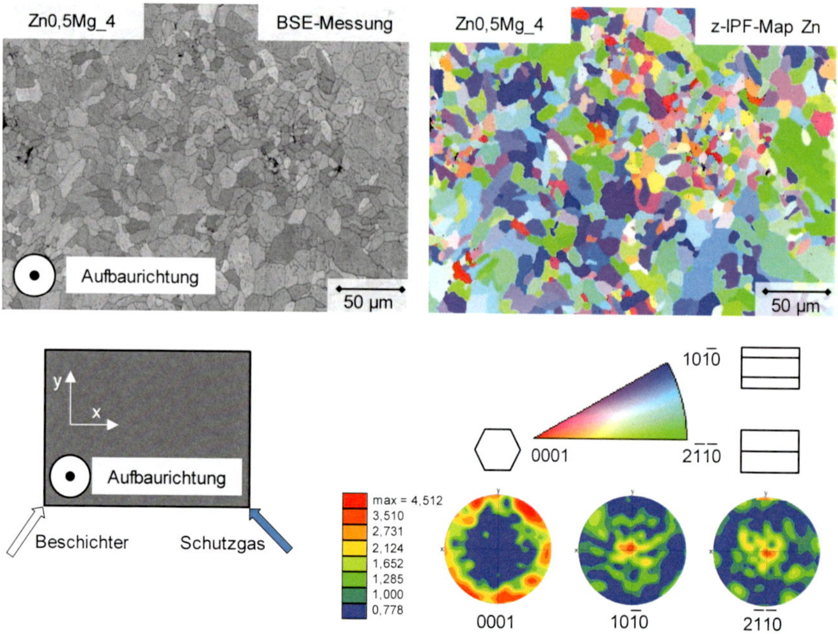

Abbildung 13-16: EBSD-Analyse des Gefüges von Zn0,5Mg_4 im Längsschliff mit schematischer Darstellung des Messbereiches, z-IPF-Map Zn und Zn-Polfiguren mit Einfärbung entsprechend ODF

FSC
www.fsc.org
MIX
Papier | Fördert
gute Waldnutzung
FSC® C083411

Zeitfracht Medien GmbH
Ferdinand-Jühlke-Straße 7
99095 Erfurt, Deutschland
produktsicherheit@kolibri360.de